會計學原理

劉衛、蔣琳玲 主編

前言

經濟越發展，會計越重要。會計人才的培養是經濟發展的需要，一本好的教材對會計人才的培養是非常重要的。本教材的特點有兩個。一是內容結構新穎。本教材以會計核算方法為主線索，先對會計的產生發展等基礎理論進行闡述，接著分章節——介紹了七種會計核算方法，然後介紹帳務處理的程序、帳戶體系、會計工作如何組織、要遵循哪些會計法規制度、有哪些常用的財務軟件，內容安排合理，結構嚴謹。此外，本教材還編寫了專門的具有針對性的學習輔導書《會計學原理學習輔導書》，對教材的相應內容的知識點進行梳理，把要點以表格的形式歸納整理，條理性強，思路清晰，便於讀者復習鞏固，也完善了教材的體系結構。二是實用性強，在闡述會計產生與發展，會計在經濟管理和經濟發展中的地位、作用的基礎上，層層深入地論述了會計基礎知識，如會計要素、記帳方法、會計科目與帳戶、借貸復式記帳法等，在論述中緊密結合企業實際發生的經濟業務，從而使理論與實踐有機結合，使枯燥的理論更好地被初學者理解掌握。

本教材既可作為會計、審計、財務管理等經濟管理類專業在校學生學習會計知識的入門教材，也可以作為從事會計工作的會計人員的專業參考書，還可以作為其他從事經濟管理工作的有關人員學習會計知識的參考書。選用本書作為教材，教師在教學過程中應抓住本書的主線，即製造業企業如何運用借貸復式記帳法對基本的經濟業務進行處理，突出會計的基本理論和基本經濟業務；對會計基本理論的講解應盡量簡明扼要、通俗易懂，對企業基本經濟業務的分析應詳細透澈、歸納對比。

本教材由劉衛教授、蔣琳玲副教授主編，各章的具體編寫分工如下：第一章和第三章由劉衛教授編寫，第二章和第五章由蔣曉鳳教授、唐冬妮講師編寫，第四章由蔣琳玲副教授、陸婉彥老師編寫，第六章和第九章由吳春璇副教授編寫，第七章由陸建英副教授、嚴丹良老師編寫，第八章和第十章由蔣琳玲副教授編寫，第十一章和第十二章由陸建英副教授、趙瑾講師編寫。全書由劉衛、蔣琳玲

前言

進行初審，最后由劉衛對全書進行終審和總纂定稿。

由於編者的學識水平有限，本書在結構和內容上難免存在不足之處，懇請讀者批評、指正。

編者

目錄

第一章　總論 ……………………………………………… (1)
第一節　會計概述 …………………………………………… (1)
第二節　會計信息質量要求 ………………………………… (7)
第三節　會計基本假設與會計基礎 ………………………… (9)
第四節　會計要素 …………………………………………… (12)
第五節　會計核算方法 ……………………………………… (20)
第六節　會計準則體系 ……………………………………… (21)

第二章　會計科目與帳戶 ………………………………… (24)
第一節　會計科目 …………………………………………… (24)
第二節　會計帳戶 …………………………………………… (28)

第三章　復式記帳 ………………………………………… (34)
第一節　單式記帳法 ………………………………………… (34)
第二節　復式記帳法 ………………………………………… (35)
第三節　借貸記帳法的基本理論 …………………………… (36)
第四節　借貸記帳法在企業中的應用 ……………………… (48)

第四章　會計憑證 ………………………………………… (71)
第一節　會計憑證的概述 …………………………………… (71)
第二節　原始憑證 …………………………………………… (72)
第三節　記帳憑證 …………………………………………… (80)
第四節　會計憑證的傳遞、裝訂及保管 …………………… (88)

第五章　會計帳簿 ………………………………………… (92)
第一節　會計帳簿概述 ……………………………………… (92)
第二節　會計帳簿的啟用與記帳規則 ……………………… (96)
第三節　會計帳簿的登記方法 ……………………………… (99)
第四節　對帳 ………………………………………………… (107)
第五節　結帳 ………………………………………………… (109)
第六節　錯帳更正 …………………………………………… (111)

第六章　成本計算 ………………………………………… (115)
第一節　成本計算概述 ……………………………………… (115)
第二節　企業生產經營過程中的成本計算 ………………… (120)

第七章　財產清查 ………………………………………… (126)
第一節　財產清查概述 ……………………………………… (126)
第二節　財產清查的方法 …………………………………… (129)

1

目　錄

　　　　第三節　財產清查結果的處理 ………………………………（134）
第八章　財務會計報告 …………………………………………………（139）
　　　　第一節　財務會計報告的意義 …………………………………（139）
　　　　第二節　資產負債表 ……………………………………………（144）
　　　　第三節　利潤表 …………………………………………………（154）
　　　　第四節　現金流量表 ……………………………………………（158）
　　　　第五節　所有者權益變動表 ……………………………………（161）
　　　　第六節　附註 ……………………………………………………（163）
　　　　第七節　財務報表的分析 ………………………………………（163）
第九章　帳務處理程序 …………………………………………………（176）
　　　　第一節　帳務處理程序概述 ……………………………………（176）
　　　　第二節　記帳憑證帳務處理程序 ………………………………（177）
　　　　第三節　科目匯總表帳務處理程序 ……………………………（178）
　　　　第四節　匯總記帳憑證帳務處理程序 …………………………（181）
　　　　第五節　多欄式日記帳帳務處理程序 …………………………（184）
　　　　第六節　日記總帳帳務處理程序 ………………………………（186）
第十章　帳戶體系 ………………………………………………………（189）
　　　　第一節　帳戶分類的意義 ………………………………………（189）
　　　　第二節　帳戶按用途結構分類形成的帳戶體系 ………………（190）
　　　　第三節　帳戶按其他標準分類形成的帳戶體系 ………………（201）
第十一章　會計工作組織 ………………………………………………（204）
　　　　第一節　會計工作組織概述 ……………………………………（204）
　　　　第二節　會計機構 ………………………………………………（206）
　　　　第三節　會計人員 ………………………………………………（210）
　　　　第四節　會計規範體系 …………………………………………（217）
　　　　第五節　會計檔案管理和會計工作交接 ………………………（221）
第十二章　會計信息系統 ………………………………………………（229）
　　　　第一節　會計信息系統概述 ……………………………………（229）
　　　　第二節　會計信息系統的構成 …………………………………（232）
　　　　第三節　會計信息系統的應用管理 ……………………………（234）

第一章 總論

【學習要求】

通過本章的學習，要求讀者瞭解會計產生與發展的歷史進程，掌握會計的概念與特徵；明確會計假設的重要意義，掌握會計四大假設與會計核算基礎；理解會計核算的質量信息要求；掌握會計對象、會計要素與會計等式；瞭解會計目標及會計準則體系。

【案例】

班會費與會計

學期初，班上每位同學交了 50 元作為班會費，並決定由生活委員保管，同時要求生活委員要記錄好班會費的收支數額，如果遇到一次性超過 100 元的班會費支出，需要得到全班同學的同意。這與我們要學的會計有什麼關係嗎？

第一節 會計概述

一、會計的產生與發展

（一）會計的產生

物質生產是人類社會存在和發展的前提，會計就是人類生產活動發展到一定階段的產物。在社會生產力水平極低的情況下，生活資料的生產無法滿足人類生存的需要，人類過著朝不保夕的生活，自然不會形成會計的意識。只有當社會生產發展到能夠滿足人類生存的需要並且產生剩餘時，人們開始用結繩記事、刻石計數，才產生了對生產活動進行專門計量與記錄的會計。會計隨著人類社會生產的發展和經濟管理的發展需求而不斷完善，經濟越發展，會計越重要。因此，在學習會計的相關知識之前，先瞭解會計發展演進的歷史，有助於我們更好地理解和掌握會計的含義。

（二）會計的發展階段

隨著社會生產的發展，會計的發展大致經歷了古代會計、近代會計和現代會計三個主要階段。

1. 古代會計

古代會計一般是指復式記帳法出現以前的漫長時期。巴比倫、埃及、印度、希臘與中國等文明古國都留下了對會計活動的記載。例如，歐洲莊園的管家須將其管理成

效向莊園主匯報；巴比倫人民精於組織管理，設置「專門記錄官」；埃及首先出現了「內部控制思想」；印度與希臘出現鑄幣，並記錄在帳簿中。我國《周禮》中提到有會計官職「司會」的設置，司會掌管賦稅收入、錢銀支出等財務工作，採取了「月計歲會」（零星算之為計，總合算之為會）的方法；宋代就形成了「四柱清冊」，即「舊管+新收＝開除+實在」。

2. 近代會計

近代會計始於復式簿記的形成。1494年，數學家盧卡·帕喬利（Luca Pacioli）在《算術、幾何、比及比例概要》中專門闡述了復式記帳的基本原理，這是近代會計發展史上的里程碑。復式簿記首先出現在義大利，隨后傳播至荷蘭、西班牙、葡萄牙，又傳入德國、英國、法國等國。工業化革命后，會計理論和方法出現了明顯的發展，從而完成了由簿記到會計的轉化。

3. 現代會計

現代會計始於20世紀50年代，在發達的市場經濟國家首先發展起來，尤其是在美國。現代會計的形成和發展主要表現在以下兩個方面：

第一，會計由手工簿記系統發展為電子數據處理系統（EDP會計）和網路系統。會計處理的電算化，是會計在記錄與計算技術方面的重大革命。會計信息的網路化，大大促進了會計信息的傳遞，提高了會計信息的使用效率。

第二，隨著企業內部和外部對會計信息的不同要求，會計分化為財務會計和管理會計兩個子系統。財務會計也稱「對外報告會計」，以向投資者、債權人和企業外部相關方面提供投資、信貸和其他經濟決策所需要的信息為主。管理會計也稱為「對內報告會計」，以向企業內部各級管理人員提供短期和長期經營、管理和理財決策所需要的經濟信息為主。財務會計側重於過去信息，為外部有關各方提供所需數據；管理會計側重於未來信息，為內部管理部門提供數據。

隨著經濟的不斷發展，新生事物不斷湧現，現代會計除了上述兩個方面的發展外，還有許多新的發展領域，如人力資源會計、通貨膨脹會計、綠色會計和國際會計等。

(三) 會計的含義及特徵

會計的含義一般表述為：會計是以貨幣為主要計量單位，運用專門的方法，核算和監督一個單位經濟活動的一種經濟管理工作。它具有以下四個方面的特徵：

1. 會計是一種經濟管理活動

會計是對一個單位的經濟活動進行確認、計量和報告，作出預測，參與決策，實行監督，以實現最佳經濟效益的一種管理活動。

2. 會計採用一系列專門的方法

會計方法是指從事會計工作所使用的各種技術方法，一般包括會計核算方法、會計分析方法和會計檢查方法。其中會計核算方法是會計方法中最基本的方法。會計核算方法主要包括：設置帳戶、復式記帳、填製和審核憑證、登記會計帳簿、成本計算、財產清查、編製會計報表。上述七種會計核算方法並不是獨立的，而是相互聯繫、相互依存、彼此制約的，構成了一個完整的會計核算方法體系。

3. 會計具有核算和監督的基本職能

會計的基本職能是對經濟活動進行核算和監督。會計核算是為經濟管理活動搜集、處理、存儲和輸送各種會計信息。會計監督是對特定主體的經濟活動的真實性、合理

性和合法性進行考核與評價，並採取措施，施加影響，以實現預期的目標。

4. 會計以貨幣作為主要計量單位

會計主體的經濟活動是多種多樣的，為了實現會計目的，必須綜合反應會計主體的各種經濟活動，這就要求有一個統一的計量尺度。可供選擇的計量尺度有貨幣、重量、體積、數量和時間等，但在商品經濟條件下，貨幣是一種特殊的商品，具有綜合性，最適合充當統一的計量尺度。會計在選擇貨幣作為統一的計量尺度的同時，還可輔助採用實物和時間計量尺度。

二、會計職能

會計職能是指會計在經濟管理過程中所具有的功能。會計職能隨著經濟的發展及會計內容和作用的不斷擴大而發展變化。從會計的本質來講，核算和監督是會計的兩大基本職能，同時，會計還具有預測、決策和評價等擴展職能。

(一) 會計的基本職能

1. 會計核算職能

會計核算職能又稱會計反應職能，是指會計以貨幣為主要計量單位，對特定主體的經濟活動進行確認、計量和報告。

會計確認是運用特定會計方法，以文字和金額同時描述某一交易或事項，使其金額反應在特定主體財務報表的合計數中的會計程序。會計確認解決的是定性問題，以判斷發生的經濟活動是否屬於會計核算的內容、歸屬於哪類性質的業務，是作為資產還是負債或其他會計要素等。會計確認分為初始確認和后續確認。

會計計量是在會計確認的基礎上確定具體金額，會計計量解決的是定量問題。

會計報告是確認、計量的結果，即通過報告，將確認、計量的結果進行歸納和整理，以財務報告的形式提供給信息使用者。

會計核算貫穿於經濟活動的全過程，是會計最基本的職能。會計核算的內容具體表現為生產經營過程中的各種經濟業務，包括：①款項和有價證券的收付；②財物的收發、增減和使用；③債權債務的發生和結算；④資本、基金的增減和經費的收支；⑤收入、費用、成本的計算；⑥財務成果的計算和處理；⑦需要辦理會計手續、進行會計核算的其他事項。

2. 會計監督職能

會計監督職能又稱會計控制職能，是指會計機構和會計人員在進行會計核算的同時，對特定主體和相關會計核算的真實性、合法性和合理性進行審查。真實性審查是指檢查各項會計核算是否根據實際發生的經濟業務事項進行；合法性審查是指保證各項經濟業務符合國家的有關法律法規，遵守財經紀律，執行國家的各項方針政策，杜絕違法亂紀行為；合理性審查是指檢查各項財務收支是否符合特定對象的財務收支計劃，是否有利於預算目標的實現，是否有奢侈浪費行為，是否有違背內部控制制度要求等現象，為提高經濟效益嚴格把關。

上述兩項基本會計職能是相輔相成、辯證統一的關係。會計核算是會計監督的基礎，沒有核算所提供的各種信息，監督就失去了依據；而會計監督又是會計核算質量的保障，只有核算、沒有監督，就難以保證核算所提供信息的真實性、可靠性。

（二）會計擴展職能

隨著生產力水平的提高，社會經濟關係的日益複雜和管理理論的不斷深化，會計所發揮的作用日趨重要，其職能也在不斷豐富和發展。除上述基本職能外，會計還具有預測經濟前景、參與經濟決策、評價經營業績等職能。

1. 預測經濟前景

會計預測是根據已有的會計信息和相關資料，對生產經營過程及其發展趨勢進行判斷、預計和估測，找到財務方面的預定目標，作為下一個會計期間實行經濟活動的指標。

2. 參與經濟決策

會計決策是指會計按照提供的預測信息和既定目標，在多個備選方案中，選出最佳方案的過程。

3. 評價經營業績

會計評價是以會計核算資料為基礎，結合其他相關資料，運用專門的方法，對經濟活動的過程和結果進行分析，肯定成績，找出不足，提出改進措施，改善經營管理。

三、會計對象

（一）會計的一般對象

會計對象是指會計所核算和監督的內容，具體是指社會再生產過程中能夠以貨幣表現的經濟活動，即價值運動或資金運動。因此，凡是特定主體能夠以貨幣表現的經濟活動，都是會計核算和監督的內容，也就是會計對象。

（二）會計的具體對象

由於各單位的性質不同，經濟活動的內容不同，因此會計的具體對象也就不盡相同。下面以工業企業為例來說明工業企業會計的具體對象。工業企業是從事工業生產和銷售的營利性經濟組織，為了從事產品的生產與銷售活動，企業必須擁有一定數量的資金。企業的資金，是企業所擁有的各項財產物資的貨幣表現。企業的資金運動表現為資金投入、資金循環與週轉和資金退出三個過程，如圖1-1所示。

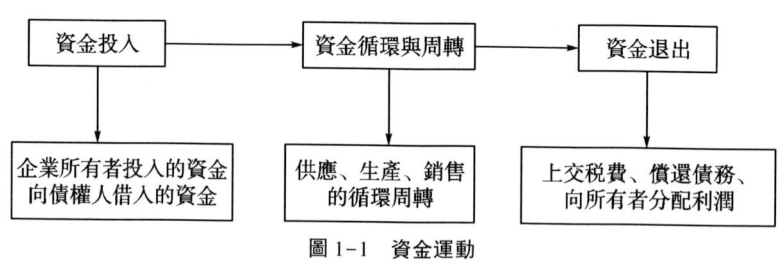

圖1-1　資金運動

1. 資金投入

資金投入包括企業所有者投入的資金和向債權人借入的資金兩部分，前者屬於企業所有者權益，後者屬於企業債權人權益即企業負債。投入企業的資金一部分構成流動資產，另一部分構成非流動資產。

2. 資金循環與週轉

工業企業的資金循環與週轉分為供應、生產、銷售三個階段。在供應過程中，企

業要購買原材料等勞動對象，發生材料費、運輸費、裝卸費等材料採購成本，與供應單位發生貨款的結算關係。在生產過程中，勞動者借助於勞動手段將勞動對象加工成特定的產品，發生原材料消耗的材料費、生產工人勞動耗費的人工費、固定資產磨損的折舊費等，構成產品使用價值與交換價值的統一體。同時，還將發生企業與工人之間的工資結算關係、與有關單位之間的勞務結算關係等。在銷售過程中，將生產的產品銷售出去，發生有關銷售費用、收回貨款、交納稅費等業務活動，並同購貨單位發生貨款結算關係、同稅務機關發生稅務結算關係等；企業獲得的銷售收入，扣除各項成本費用后的利潤，還要提取盈余公積並向所有者分配利潤。

3. 資金退出

資金退出包括上交稅費、償還債務、向所有者分配利潤等，這部分資金將退出本企業的資金循環與週轉。

上述資金運動的三個階段，是相互支撐、相互制約的統一體。沒有資金投入，就不會有資金循環與週轉；沒有資金循環與週轉，就不會有償還債務、上交稅費和利潤分配等；沒有這類資金退出，就不會有新一輪的資金投入，企業就不能進一步發展。

值得注意的是，不是企業生產經營過程的全部內容都是會計核算的對象，只有能以貨幣表現的經濟活動，才是會計核算的內容。

四、會計目標

會計目標也稱會計目的，是要求會計工作完成的任務或達到的標準。由於會計可分為財務會計與管理會計兩大領域，兩者目標略有不同。財務會計側重於對外報告，即對外向股東、債權人、銀行、政府機關和其他經濟利益關係的團體或個人報告。因此，我國《企業會計準則——基本準則》中明確了我國企業財務報告的目標，是向財務報告使用者提供與企業財務狀況、經營成果和現金流量等有關的會計信息，反應企業管理層受託責任履行情況，有助於財務報告使用者做出經濟決策。而管理會計側重於對內報告，即主要用來規劃和控制日常的經濟活動，幫助企業內部管理人員預測前景、參與決策與規劃未來。

財務會計目標，具體包括以下兩個方面的內容：

(一) 向財務報告使用者提供決策有用的信息

企業編製財務報告的主要目的是滿足財務報告使用者的信息需要。財務報告使用者主要包括投資者、債權人、政府及其有關部門和社會公眾等。滿足投資者的信息需要是企業財務報告編製的首要出發點，將投資者作為企業財務報告的首要使用者，凸顯了投資者的地位，體現了保護投資者利益的要求，是市場經濟發展的必然。如果企業在財務報告中提供的會計信息與投資者的決策無關，那麼財務報告就失去了其編製的意義。根據投資者決策有用目標，財務報告所提供的信息應當如實反應企業所擁有或者控制的經濟資源、對經濟資源的要求權以及經濟資源及其要求權的變化情況；如實反應企業的各項收入、費用、利得和損失的金額及其變動情況；如實反應企業各項經營活動、投資活動和籌資活動等所形成的現金流入和現金流出情況等。從而有助於現在的或者潛在的投資者正確、合理地評價企業的資產質量、償債能力、盈利能力和營運效率等；有助於投資者根據相關會計信息做出理性的投資決策；有助於投資者評估與投資有關的未來現金流量的金額、時間和風險等。

除了投資者之外，企業財務報告的使用者還有債權人、政府及有關部門、社會公眾等。例如，債權人通常關心企業的償債能力和財務風險，他們需要信息來評估企業能否如期償還貸款本金及利息，能否如期支付所欠購貨款等；政府及其有關部門作為經濟管理和經濟監管部門，通常關心經濟資源分配的公平、合理，市場經濟秩序的公正、有序，宏觀決策所依據信息的真實、可靠等問題。所以，他們需要信息來監管企業的有關活動（尤其是經濟活動）、制定稅收政策、進行稅收徵管和國民經濟統計等；社會公眾也關心企業的生產經營活動，包括對所在地經濟做出的貢獻，如增加就業、刺激消費、提供社區服務等。因此，在財務報告中提供有關企業發展前景及其能力、經營效益及其效率等方面的信息，可以滿足社會公眾的信息需要。應當講，這些使用者的許多信息需求是共同的。由於投資者是企業資本的主要提供者，在通常情況下，如果財務報告能夠滿足這一群體的會計信息需求，也可以滿足其他使用者的大部分信息需求。

（二）反應企業管理層受託責任的履行情況

現代企業制度強調企業所有權和經營權相分離，企業管理層受委託人之托經營管理企業及其各項資產，負有受託責任。即企業管理層所經營的企業各項資產基本上為投資者投入的資本或向債權人借入的資金所形成的，企業管理層有責任妥善保管並合理、有效運用這些資產。企業投資者和債權人等也需要及時或者經常性地瞭解企業管理層保管、使用資產的情況，以便於評價管理層的責任情況和業績情況，並決定是否需要調整投資或者信貸政策，是否需要加強企業內部控制和其他制度建設，是否需要更換管理層等。

由此可見，會計的目標是由會計的本質特徵和經濟管理需要綜合作用的結果，對會計的服務對象、服務項目和內容、服務的質量標準產生重要的影響。

五、會計的作用

會計是現代企業的一項重要的基礎性工作，通過一系列會計程序，提供決策有用的信息，並積極參與經營管理決策，提高企業經濟效益。具體來說，會計在社會主義市場經濟中的作用，主要包括以下兩個方面：

（一）有助於提供決策有用的信息，提高企業透明度，規範企業行為

企業會計通過其核算職能，提供有關企業財務狀況、經營成果和現金流量方面的信息，高質量的會計信息是投資者和債權人等在內的各方進行決策的依據。比如，對於投資者來說，他們為了選擇投資對象、衡量投資風險、做出投資決策，不僅需要瞭解企業包括毛利率、總資產收益率、淨資產收益率等指標在內的盈利能力和發展趨勢方面的信息，也需要瞭解有關企業經營情況方面的信息及其所處行業的信息；對於債權人來說，他們為了選擇貸款對象、衡量貸款風險、做出貸款決策，不僅需要瞭解企業包括流動比率、速動比率、資產負債率等指標在內的短期償債能力和長期償債能力，也需要瞭解企業所處行業的基本情況及其在同行業所處的地位；對於政府部門來說，他們為了制定經濟政策、進行宏觀調控、配置社會資源，需要從總體上掌握企業的資產負債結構、損益狀況和現金流轉情況，從宏觀上把握經濟運行的狀況和發展變化趨勢。所有這一切，都需要會計提供有助於他們進行決策的信息，通過提高會計信息透明度來規範企業的會計行為。

(二) 有助於考核企業領導人經濟責任的履行情況

企業接受了包括國家在內的投資者和債權人的投資，就有責任按照其預定的發展目標和要求，合理利用資源，加強經營管理，提高經濟效益，接受考核和評價。會計信息有助於評價企業的業績，有助於考核企業領導人經濟責任的履行情況。比如，對於投資者來說，他們為了瞭解企業當年度經營活動成果、資產保值和增值情況，需要將利潤表中的淨利潤與上年度進行對比，以反應企業的盈利發展趨勢；需要將其與同行業進行對比以反應企業在與同行業競爭時所處的位置，從而考核企業領導人經濟責任的履行情況。

第二節　會計信息質量要求

會計信息質量要求是對企業財務報告中所提供會計信息質量的基本要求，是使財務報告中所提供會計信息對投資者等使用者決策有用應具備的基本特徵。根據《企業會計準則——基本準則》規定，它包括可靠性、相關性、可理解性、可比性、實質重於形式、重要性、謹慎性和及時性。

一、可靠性

可靠性要求企業應當以實際發生的交易或者事項為依據進行確認、計量和報告，如實反應符合確認和計量要求的各項會計要素及其他相關信息，保證會計信息真實可靠、內容完整。為了貫徹可靠性要求，企業應當做到：

（1）以實際發生的交易或者事項為依據進行確認、計量，將符合會計要素定義及其確認條件的資產、負債、所有者權益、收入、費用和利潤等如實反應在財務報表中，不得根據虛構的、沒有發生的、尚未發生的交易或者事項進行確認、計量和報告。

（2）在符合重要性和成本效益原則的前提下，保證會計信息的完整性，其中包括編製的報表及其附註內容等應當保持完整，不能隨意遺漏或減少應予以披露的信息。與使用者決策相關的有用信息都應當充分披露。

二、相關性

相關性要求企業提供的會計信息應當與投資者等財務報告使用者的經濟決策需要相關，有助於投資者等財務報告使用者對企業過去、現在或者未來的情況作出評價或者預測。

根據會計信息質量的相關性要求，需要企業在確認、計量和報告會計信息的過程中，充分考慮使用者的決策模式和信息需要。但是，相關性是以可靠性為基礎的，兩者之間並不矛盾，不應將兩者對立起來。也就是說，會計信息在可靠性的前提下，盡可能地做到相關性，以滿足投資者等財務報告使用者的決策需要。會計信息是否有用，是否具有價值，關鍵是看其與使用者的決策需要是否相關，是否有助於決策或者提高決策水平。相關的會計信息應當能夠有助於使用者評價企業過去的決策，證實或者修正過去的有關預測，因而具有反饋價值。相關的會計信息還應當具有預測價值，有助於使用者根據財務報告所提供的會計信息預測企業未來的財務狀況、經營成果和現金流量。

三、可理解性

可理解性要求企業提供的會計信息應當清晰明瞭，便於投資者等財務報告使用者理解和使用。

企業編製財務報告、提供會計信息的目的在於使用，為了讓使用者有效使用會計信息，應當讓其瞭解會計信息的內涵，明白會計信息的內容，這就要求財務報告所提供的會計信息應當清晰明瞭，易於理解。只有這樣，才能提高會計信息的有用性，實現財務報告的目標，滿足向投資者等財務報告使用者提供決策有用信息的要求。

四、可比性

可比性要求企業提供的會計信息應當相互可比。它主要包括兩層含義：

（一）同一企業不同時期可比

為了便於投資者等財務報告使用者瞭解企業財務狀況、經營成果和現金流量的變化趨勢，比較企業不同時期的財務報告信息，分期、客觀地評價過去、預測未來，從而做出決策，會計信息質量的可比性要求同一企業不同時期發生的相同或者相似的交易或者事項，應當採用一致的會計政策，不得隨意變更。但是，滿足會計信息可比性要求，並非表明企業不得變更會計政策，如果會計法律法規發生變化或者在會計政策變更后可以提供更可靠、更相關的會計信息，可以變更會計政策。有關會計政策變更的情況，應當在附註中予以說明。

（二）不同企業相同會計期間可比

為了便於投資者等財務報告使用者評價不同企業的財務狀況、經營成果和現金流量及其變動情況，會計信息質量的可比性要求不同企業同一會計期間發生的相同或者相似的交易或者事項，應當採用規定的會計政策，確保會計信息口徑一致、相互可比。

五、實質重於形式

實質重於形式要求企業應當按照交易或者事項的經濟實質進行會計確認、計量和報告，不僅僅以交易或者事項的法律形式為依據。

企業發生的交易或事項在多數情況下其經濟實質和法律形式是一致的，但在有些情況下也會出現不一致。例如，企業按照銷售合同銷售商品但又簽訂了售後回購協議，雖然從法律形式上看實現了收入，但如果企業沒有將商品所有權上的主要風險和報酬轉移給購貨方，沒有滿足收入確認的各項條件，即使簽訂了商品銷售合同或者已將商品交付給購貨方，也不應當確認銷售收入。

六、重要性

重要性要求企業提供的會計信息應當反應與企業財務狀況、經營成果和現金流量有關的所有重要交易或者事項。

如果財務報告中提供的會計信息的省略或者錯報會影響使用者據此做出決策，該信息就具有重要性。重要性的應用需要依賴職業判斷，企業應當根據其所處環境和實際情況，從項目的性質和金額大小兩方面加以判斷。

七、謹慎性

謹慎性要求企業對交易或者事項進行會計確認、計量和報告時保持應有的謹慎，不應高估資產或者收益，低估負債或者費用。

在市場經濟環境下，企業的生產經營活動面臨著許多風險和不確定性，如應收款項的可收回性、固定資產的使用壽命等。會計信息質量的謹慎性要求，需要企業在面臨不確定性因素的情況下作出職業判斷時，應當保持應有的謹慎，充分估計到各種風險和損失，既不高估資產或者收益，也不低估負債或者費用。例如，要求企業對應收款項計提壞帳準備，就體現了會計信息質量的謹慎性要求。

謹慎性的應用也不允許企業設置「秘密準備」，如果企業故意低估資產或者收入，或者故意高估負債或者費用，將不符合會計信息的可靠性和相關性要求，會損害會計信息質量，扭曲企業實際的財務狀況和經營成果，從而對使用者的決策產生誤導，這是會計準則所不允許的。

八、及時性

及時性要求企業對於已經發生的交易或者事項，應當及時進行確認、計量和報告，不得提前或者延后。

會計信息的價值在於幫助所有者或者其他方做出經濟決策，具有時效性。即使是可靠的、相關的會計信息，如果不及時提供，就失去了時效性，對於使用者的效用就大大降低，甚至不再具有實際意義。在會計確認、計量和報告過程中貫徹及時性，一是要求及時收集會計信息，即在經濟交易或者事項發生后，及時收集整理各種原始單據或者憑證；二是要求及時處理會計信息，即按照會計準則的規定，及時對經濟交易或者事項進行確認或者計量，並編製財務報告；三是要求及時傳遞會計信息，即按照國家規定的有關時限，及時地將編製的財務報告傳遞給財務報告使用者，便於其及時使用和決策。

在實務中，為了及時提供會計信息，可能需要在有關交易或者事項的信息全部獲得之前即進行會計處理，這樣就滿足了會計信息的及時性要求，但可能會影響會計信息的可靠性；反之，如果企業等到與交易或者事項有關的全部信息獲得之後再進行會計處理，這樣的信息披露可能會由於時效性問題，對於投資者等財務報告使用者決策的有用性大大降低。這就需要在及時性和可靠性之間作相應權衡，以最大限度地滿足投資者等財務報告使用者的經濟決策需要作為判斷標準。

第三節　會計基本假設與會計基礎

一、會計基本假設

會計基本假設是對會計核算所處時間、空間環境等所作的合理設定，是企業會計確認、計量和報告的前提。會計基本假設包括會計主體、持續經營、會計分期和貨幣計量。

（一）會計主體

會計主體，是指會計工作服務的特定對象，是企業會計確認、計量和報告的空間範圍。為了向財務報告使用者反應企業財務狀況、經營成果和現金流量，提供與其決策有用的信息，會計核算和財務報告的編製應當集中反應特定對象的活動，並將它與其他經濟實體區別開來。在會計主體假設下，企業應當對其本身發生的交易或者事項進行會計確認、計量和報告，反應企業本身所從事的各項生產經營活動和其他相關活動。明確界定會計主體是開展會計確認、計量和報告工作的重要前提。

首先，明確會計主體，才能劃定會計所要處理的各項交易或事項的範圍。在會計工作中，只有那些影響企業本身經濟利益的各項交易或事項才能加以確認、計量和報告，那些不影響企業本身經濟利益的各項交易或事項則不能加以確認、計量和報告。會計工作中通常所講的資產、負債的確認，收入的實現，費用的發生等，都是針對特定會計主體而言的。

其次，明確會計主體，才能將會計主體的交易或者事項與會計主體所有者的交易或者事項以及其他會計主體的交易或者事項區分開來。例如，企業所有者的經濟交易或者事項是由企業所有者主體所發生的，不應納入企業會計核算的範圍。但是企業所有者投入企業的資本或者企業向所有者分配的利潤，則屬於企業主體所發生的交易或者事項，應當納入企業會計核算的範圍。

會計主體不同於法律主體。一般來說，法律主體必然是一個會計主體。例如，一個企業作為一個法律主體，應當建立財務會計系統，獨立反應其財務狀況、經營成果和現金流量。但是，會計主體不一定是法律主體。例如，在企業集團的情況下，一個母公司擁有若干子公司，母子公司雖然是不同的法律主體但是母公司對於子公司擁有控制權，為了全面反應企業集團的財務狀況、經營成果和現金流量，就有必要將企業集團作為一個會計主體，編製合併財務報表。再如，由企業管理的證券投資基金、企業年金基金等，儘管不屬於法律主體，但屬於會計主體，應當對每項基金進行會計確認、計量和報告。

（二）持續經營

持續經營，是指在可以預見的將來，企業將會按當前的規模和狀態繼續經營下去，不會停業，也不會大規模削減業務。在持續經營的前提下，會計確認、計量和報告應當以企業持續、正常的生產經營活動為前提。

企業是否持續經營，在會計原則、會計方法的選擇上有很大差別。一般情況下，應當假定企業將會按照當前的規模和狀態繼續經營下去。明確這個基本假設，就意味著會計主體將按照既定用途使用資產，按照既定的合約條件清償債務，會計人員就可以在此基礎上選擇會計原則和會計方法。如果判斷企業會持續經營，就可以假定企業的固定資產會在持續經營的生產經營過程中長期發揮作用，並服務於生產經營過程，固定資產就可以根據歷史成本進行記錄，並採用一定的折舊方法，將歷史成本分攤到各個會計期間或相關產品的成本中。如果判斷企業不會持續經營，固定資產就不應採用歷史成本進行記錄並按期計提折舊。

如果一個企業在不能持續經營時還假定企業能夠持續經營，並仍按持續經營基本假設選擇會計確認、計量和報告原則與方法，就不能客觀地反應企業的財務狀況、經營成果和現金流量，會誤導會計信息使用者的經濟決策。

（三）會計分期

會計分期，是指將一個企業持續經營的生產經營活動劃分為一個個連續的、長短相同的期間。會計分期的目的，在於通過會計期間的劃分，將持續經營的生產經營活動劃分成連續、相等的期間，據以結算盈虧，按期編報財務報告，從而及時向財務報告使用者提供有關企業財務狀況、經營成果和現金流量的信息。

在會計分期的假設下，企業應當劃分會計期間，分期結算帳目和編製財務報告。會計期間通常分為年度和中期。我國的會計年度採用的是公曆年度，即從每年的1月1日到12月31日為一個會計年度。所謂中期是短於一個完整會計年度的報告期間，又可分為月度、季度、半年度。

由於會計分期，才產生了本期與非本期的區別，才產生了權責發生制和收付實現制的區別，進而出現了應收、應付、預收、預付、折舊、攤銷等會計處理方法。

（四）貨幣計量

貨幣計量，是指會計主體在會計確認、計量和報告時以貨幣計量，反應會計主體的生產經營活動。

在會計的確認、計量和報告過程中之所以選擇貨幣為基礎進行計量，是由貨幣的本身屬性決定的。貨幣是商品的一般等價物，是衡量一般商品價值的共同尺度，具有價值尺度、流通手段、貯藏手段和支付手段等特點。其他計量單位，如重量、長度、容積、臺、件等，只能從一個側面反應企業的生產經營情況，無法在量上進行匯總和比較，不便於會計計量和經營管理。只有選擇貨幣尺度進行計量才能充分反應企業的生產經營情況。所以，《企業會計準則——基本準則》規定，會計確認、計量和報告選擇貨幣作為計量單位。此外，《企業會計準則第19號——外幣折算》規定，企業通常應選擇人民幣作為記帳本位幣。業務收支以人民幣以外的貨幣為主的企業，可以選定某種外幣作為記帳本位幣進行會計核算，但是編製的財務報表應當折算為人民幣。

上述會計核算的四項基本假設，具有相互依存、相互補充的關係。會計主體確立了會計核算的空間範圍，持續經營與會計分期確立了會計核算的時間長度，而貨幣計量為會計核算提供了必要手段。沒有會計主體，就不會有持續經營；沒有持續經營，就不會有會計分期；沒有貨幣計量，就不會有現代會計。

二、會計基礎

（一）權責發生制

企業會計的確認、計量和報告應當以權責發生制為基礎。權責發生制要求，凡是當期已經實現的收入和已經發生或應當負擔的費用，無論款項是否收付，都應當作為當期的收入和費用，計入利潤表；凡是不屬於當期的收入和費用，即使款項已在當期收付，也不應當作為當期的收入和費用。

在實務中，企業交易或者事項的發生時間與相關貨幣收支時間有時並不完全一致。例如，企業3月份已按合同發出商品，並向銀行辦妥了托收貨款的手續，而貨款在4月份才能收到。在權責發生制下，該銷售應計入3月份。相反，有時款項已經收到，但銷售並未實現。在費用方面，有時款項已經支付，但並不是因本期生產經營活動而發生的，則不應作為本期的費用處理，而有些應屬於本期的費用，但尚未支付，則應作為預計應付費用處理。為了更加真實、公允地反應特定會計期間的財務狀況和經營

成果，《企業會計準則——基本準則》明確規定，企業在會計確認、計量和報告中應當以權責發生制為基礎。

(二) 收付實現制

收付實現制是與權責發生制相對應的一種會計基礎，是以收到或支付的現金作為確認收入和費用的依據。如前述的 3 月份已按合同發出商品，並向銀行辦妥了托收貨款的手續，而貨款在 4 月份才能收到時，在收付實現制下，該銷售應計入 4 月份。

第四節　會計要素

一、會計要素的含義及分類

(一) 會計要素的含義

為了具體實施會計核算，需要對會計核算和監督的內容進行分類。會計要素是對會計對象進行的基本分類，是會計核算對象的具體化，是用於反應會計主體財務狀況、確定經營成果的基本單位。

(二) 會計要素的分類

合理劃分會計要素，有利於清晰地反應產權關係和其他經濟關係。我國《企業會計準則——基本原則》將會計要素劃分為資產、負債、所有者權益、收入、費用、利潤六類。其中，資產、負債和所有者權益反應企業在一定日期的財務狀況，是對企業資金運動的靜態反應，屬於靜態要素，也稱財務狀況要素，在資產負債表中列示；收入、費用和利潤反應企業在一定時期內的經營成果，是對企業資金運動的動態反應，屬於動態要素，也稱經營成果要素，在利潤表中反應。

二、會計要素的確認

(一) 資產

1. 資產的定義與特徵

資產，是指企業過去的交易或者事項形成的，由企業擁有或者控制的，預期會給企業帶來經濟利益的資源。根據資產的定義，資產具有如下特徵：

(1) 資產預期會給企業帶來經濟利益

資產預期會給企業帶來經濟利益，是指資產直接或者間接導致現金或現金等價物流入企業的潛力。這種潛力可以來自企業日常的生產經營活動，也可以是非日常活動；帶來的經濟利益可以是現金或現金等價物，也可以是轉化為現金或者現金等價物的形式。

預期能為企業帶來經濟利益是資產的重要特徵。例如，企業採購的原材料、購置的固定資產等可以用於生產經營過程、製造商品或者提供勞務；將商品式服務對外出售後收回貨款，貨款即為企業所獲得的經濟利益。如果某一項目預期不能給企業帶來經濟利益，那麼就不能將其確認為企業的資產。前期已經確認為資產的項目，如果不能再為企業帶來經濟利益的，也不能再確認為企業的資產。

【例 1-1】某企業庫存的一批商品已霉爛變質，是否還屬於企業的資產？

該商品不應確認為該企業資產，因為該商品已霉爛變質，未來不能給企業帶來經

濟利益，不應作為資產反應在資產負債表中。

（2）資產應為企業擁有或者控制的資源

資產作為一項資源，應當由企業擁有或者控制，具體是指企業享有某項資源的所有權，或者雖然不享有某項資源的所有權，但該資源能被企業所控制。

企業享有資產的所有權，通常表明企業能夠排他性地從資產中獲取經濟利益。通常在判斷資產是否存在時，所有權是考慮的首要因素。在有些情況下，資產雖然不為企業所擁有，即企業並不享有其所有權，但企業控制了這些資產，同樣表明企業能夠從資產中獲取經濟利益，符合會計上對資產的定義。如果企業既不擁有也不控制資產所能帶來的經濟利益，就不能將其作為企業的資產予以確認。

【例1-2】甲企業的加工車間有兩臺設備。A設備是從乙企業融資租入獲得，B設備系從丙企業經營租入獲得，目前兩臺設備均投入使用。A、B是否為甲企業的資產？

這裡要注意經營租入與融資租入的區別。企業對經營租入的B設備既沒有所有權也沒有控制權，因此B設備不應確認為企業的資產。而企業對融資租入的A設備雖然沒有所有權，但享有與所有權相關的風險和報酬的權利，即擁有實際控制權，因此應將A設備確認為企業的資產。

（3）資產是由企業過去的交易或者事項形成的

資產應當由企業過去的交易或者事項所形成，過去的交易或者事項包括購買、生產、建造行為或者其他交易或事項。只有過去的交易或者事項才能形成資產，企業預期在未來發生的交易或者事項不形成資產。例如，企業有購買某項存貨的計劃，但購買行為尚未發生，就不符合資產的定義，不能確認該存貨為資產。

2. 資產的確認條件

將一項資源確認為資產，需要符合資產的定義，還應同時滿足兩個條件。

（1）與該資源有關的經濟利益很可能流入企業；

（2）該資源的成本或者價值能夠可靠計量。

3. 資產的分類

資產按其流動性不同，分為流動資產和非流動資產。

資產滿足下列條件之一的，應當歸類為流動資產：①預計在一個正常營業週期中變現、出售或耗用；②主要為交易目的而持有；③預計在資產負債表日起一年內變現；④自資產負債表日起一年內，交換其他資產或清償負債的能力不受限制的現金或現金等價物。流動資產主要包括貨幣資金、交易性金融資產、應收票據、應收帳款、預付帳款、應收利息、應收股利、其他應收款、存貨等。

流動資產以外的資產應當歸類為非流動資產，並應按其性質分類列示。非流動資產主要包括長期股權投資、工程物資、在建工程、固定資產、無形資產等。被劃分為持有待售的非流動資產應當歸類為流動資產。

一個正常營業週期是指企業從購買用於加工的資產起至實現現金或現金等價物的期間。正常營業週期通常短於一年。因生產週期較長等導致正常營業週期長於一年的，儘管相關資產往往超過一年才變現、出售或耗用，仍應當劃分為流動資產。正常營業週期不能確定的，應當以一年（12個月）作為正常營業週期。

（二）負債

1. 負債的定義與特徵

負債是指企業過去的交易或者事項形成的，預期會導致經濟利益流出企業的現時義務。根據負債的定義，負債具有如下特徵：

（1）負債是企業承擔的現時義務

負債必須是企業承擔的現時義務，它是負債的一個基本特徵。其中，現時義務是指企業在現行條件下已承擔的義務。未來發生的交易或者事項形成的義務，不屬於現時義務，不應當確認為負債。

這裡所指的義務可以是法定義務，也可以是推定義務。其中法定義務是指具有約束力的合同或者法律法規規定的義務，通常在法律意義上需要強制執行。例如，企業購買原材料形成應付帳款、企業向銀行貸入款項形成借款、企業按照稅法規定應當交納的稅款等，均屬於企業承擔的法定義務，需要依法予以償還。推定義務是指根據企業多年來的習慣做法、公開的承諾或者公開宣布的經營政策而導致企業將承擔的責任，這些責任也使有關各方形成了企業將履行義務解脫責任的合理預期。例如，某企業多年來堅持實行一項銷售政策，對於售出商品提供一定期限內的售後保修服務，預期將為售出商品提供的保修服務就屬於推定義務，應當將其確認為一項負債。

（2）負債預期會導致經濟利益流出企業

預期會導致經濟利益流出企業也是負債的一個本質特徵，只有在履行義務時會導致經濟利益流出企業的，才符合負債的定義。在履行現時義務清償負債時，導致經濟利益流出企業的形式多種多樣，例如，用現金償還、以實物資產形式償還或以提供勞務形式償還等。

（3）負債是由企業過去的交易或者事項形成的

負債應當由企業過去的交易或者事項形成。換句話說，只有過去的交易或者事項才形成負債，企業將在未來發生的承諾、簽訂的合同等交易或者事項，不形成負債。

2. 負債的確認條件

將一項現時義務確認為負債，需要符合負債的定義，還需要同時滿足兩個條件。

（1）與該義務有關的經濟利益很可能流出企業；

（2）未來流出的經濟利益的金額能夠可靠計量。

3. 負債的分類

負債按其流動性的不同，分為流動負債和非流動負債。

負債滿足下列條件之一的，應當歸類為流動負債：①預計在一個正常營業週期中清償。②主要為交易目的而持有。③自資產負債表日起一年內到期應予以清償。④企業無權自主地將清償推遲至資產負債表日後一年以上。流動負債主要包括短期借款、應付票據、應付帳款、預收帳款、應付職工薪酬、應交稅費、應付利息、應付股利、其他應付款等。

流動負債以外的負債應當歸類為非流動負債，並應當按其性質分類列示，主要包括長期借款、應付債券等。被劃分為持有待售的非流動負債應當歸類為流動負債。

（三）所有者權益

1. 所有者權益的定義及特徵

所有者權益是指企業資產扣除負債后，由所有者享有的剩餘權益。公司的所有者

權益又稱為股東權益。所有者權益是所有者對企業資產的剩餘索取權，是企業資產中扣除債權人權益后應由所有者享有的部分，既可反應所有者投入資本的保值、增值情況，又體現了保護債權人權益的理念。

2. 所有者權益的來源構成

所有者權益的來源包括所有者投入的資本、直接計入所有者權益的利得和損失、留存收益等，通常由實收資本（或股本）、資本公積、其他綜合收益、盈余公積和未分配利潤構成。

所有者投入的資本是指所有者投入企業的資本部分，既包括構成企業註冊資本或者股本的金額，也包括投入資本超過註冊資本或股本部分的金額，即資本溢價或者股本溢價，這部分投入資本作為資本公積（資本溢價）反應。

直接計入所有者權益的利得和損失，是指不應計入當期損益、會導致所有者權益發生增減變動的、與所有者投入資本或者向所有者分配利潤無關的利得或損失。其中，利得是指由企業非日常活動所形成的、會導致所有者權益增加的、與所有者投入資本無關的經濟利益的流入。損失是指由企業非日常活動所發生的、會導致所有者權益減少的、與向所有者分配利潤無關的經濟利益的流出。

留存收益是企業歷年實現的淨利潤留存於企業的部分，主要包括盈余公積和未分配利潤。

3. 所有者權益的確認條件

所有者權益體現的是所有者在企業中的剩餘權益。因此，所有者權益的確認主要依賴於其他會計要素，尤其是資產和負債的確認；所有者權益金額的確定也主要取決於資產和負債的計量。例如，企業接受投資者投入的資產，在該資產符合企業資產確認條件時，就相應地符合了所有者權益的確認條件；當該資產的價值能夠可靠地計量時，所有者權益的金額也就可以確定。

所有者權益反應的是企業所有者對企業剩餘資產的索取權，負債反應的是企業債權人對企業資產的索取權，兩者在性質上有本質區別，因此企業在會計確認、計量和報告中應當嚴格區分負債和所有者權益，以如實反應企業的財務狀況。它對於分析企業的資本結構有重要作用。

（四）收入

1. 收入的定義與特徵

收入是指企業在日常活動中形成的、會導致所有者權益增加的、與所有者投入資本無關的經濟利益的總流入。根據收入的定義，收入具有如下特徵：

（1）收入是企業在日常活動中形成的

日常活動是指企業為完成其經營目標所從事的經常性活動以及與之相關的活動。例如，工業企業製造並銷售產品、商業企業銷售商品、保險公司簽發保單、諮詢公司提供諮詢服務、軟件企業為客戶開發軟件等，均屬於企業的日常活動。明確界定日常活動是為了將收入與利得相區分，因為企業非日常活動所形成的經濟利益的流入不能確認為收入，而應當計入利得。

【例1-3】企業出售和出租固定資產、無形資產的收入以及出售不需用材料的收入是否應確認為企業的收入？

出售固定資產、無形資產並非企業的日常活動，這種偶發性的收入不應確認為收

入，而應作為營業外收入確認。而出租固定資產、無形資產在實質上屬於讓渡資產使用權，出售不需要材料的收入也屬於企業日常活動中的收入，因此應確認為企業的收入，具體確認為其他業務收入。

(2) 收入是與所有者投入資本無關的經濟利益的總流入

收入應當會導致經濟利益的流入，從而導致資產的增加。例如，企業銷售商品，應當在收到現金或者在未來有權收到現金時，才能表明該交易符合收入的定義。但是，經濟利益的流入有時是所有者投入資本的增加所導致的，所有者投入資本的增加不應當確認為收入，應當將其直接確認為所有者權益。

(3) 收入會導致所有者權益的增加

與收入相關的經濟利益的流入應當會導致所有者權益的增加，不會導致所有者權益增加的經濟利益的流入不符合收入的定義，不應將其確認為收入。例如，企業向銀行借入款項，儘管也導致了企業經濟利益的流入，但該流入並不導致所有者權益的增加，反而使企業承擔了一項現時義務。企業對於因借入款項所導致的經濟利益的增加，不應將其確認為收入，應當確認一項負債。

2. 收入的確認條件

(1) 與收入相關的經濟利益應當很可能流入企業；
(2) 經濟利益流入企業的結果會導致資產的增加或者負債的減少；
(3) 經濟利益的流入額能夠可靠計量。

3. 收入的分類

根據重要性要求，企業的收入可以分為主營業務收入和其他業務收入。以工業企業為例，其中主營業務收入是指企業銷售商品、提供勞務等主營業務所實現的收入；其他業務收入是指企業除主營業務活動以外的其他經營活動實現的收入，如出租固定資產、出租無形資產、出租包裝物和商品、銷售材料等實現的收入。

(五) 費用

1. 費用的定義

費用是指企業在日常活動中發生的、會導致所有者權益減少的、與向所有者分配利潤無關的經濟利益的總流出。根據費用的定義，費用具有以下特徵：

(1) 費用是企業在日常活動中形成的

費用必須是企業在其日常活動中所形成的，這些日常活動的界定與收入定義中涉及的日常活動的界定相一致。日常活動所產生的費用通常包括營業成本、職工薪酬、折舊費、無形資產攤銷等。將費用界定為日常活動所形成的，目的是將其與損失相區分，企業非日常活動所形成的經濟利益的流出不能確認為費用，而應當計入損失。

【例1-4】企業處置固定資產發生的淨損失，是否應確認為企業的費用？

處置固定資產而發生的損失，雖然會導致所有者權益減少和經濟利益的總流出，但不屬於企業的日常活動，因此不應確認為企業的費用，而應確認為營業外支出。

(2) 費用是與向所有者分配利潤無關的經濟利益的總流出

費用的發生應當會導致經濟利益的流出，從而導致資產的減少或者負債的增加，其表現形式包括現金或者現金等價物的流出，存貨、固定資產和無形資產等的流出或者消耗等。企業向所有者分配利潤也會導致經濟利益的流出，而該經濟利益的流出屬於所有者權益的抵減項目，不應確認為費用，應當將其排除在費用的定義之外。

（3）費用會導致所有者權益的減少

與費用相關的經濟利益的流出應當會導致所有者權益的減少，不會導致所有者權益減少的經濟利益的流出不符合費用的定義，不應確認為費用。

2. 費用的確認條件

（1）與費用相關的經濟利益應當很可能流出企業；

（2）經濟利益流出企業的結果會導致資產的減少或者負債的增加；

（3）經濟利益的流出額能夠可靠計量。

3. 費用的分類

費用是為了實現收入而發生的支出，應與收入配比確認、計量。費用包括生產費用與期間費用。

生產費用是指與企業日常生產活動有關的費用，按其經濟用途可分為直接材料、直接人工和製造費用。生產費用應按其實際發生情況計入產品的生產成本。

期間費用是指企業本期發生的，不能直接或間接歸入營業成本，而是直接計入當期損益的各項費用，包括銷售費用、管理費用和財務費用。

（六）利潤

1. 利潤的定義

利潤是指企業在一定會計期間的經營成果。在通常情況下，如果企業實現了利潤，表明企業的所有者權益將增加；反之，如果企業發生了虧損（即利潤為負數），表明企業的所有者權益將減少。因此，利潤往往是評價企業管理層業績的一項重要指標，也是財務報告使用者進行決策時的重要參考。

2. 利潤的來源構成

利潤包括收入減去費用后的淨額、直接計入當期利潤的利得和損失等。其中收入減去費用后的淨額反應的是企業日常活動的經營業績。直接計入當期利潤的利得和損失，是指應當計入當期損益、最終會引起所有者權益發生增減變動的、與所有者投入資本或者向所有者分配利潤無關的利得或者損失。企業應當嚴格區分收入和利得、費用和損失之間的區別，以更加全面地反應企業的經營業績。

3. 利潤的確認條件

利潤反應的是收入減去費用、利得減去損失后的淨額的概念，因此，利潤的確認主要依賴於收入和費用以及利得和損失的確認，其金額的確定也主要取決於收入、費用、利得、損失金額的計量。

三、會計等式

會計等式，又稱會計恒等式、會計方程式或會計平衡式，是表明會計要素之間基本關係的等式，是各種會計核算方法的理論基礎，揭示了會計要素之間的內在聯繫。從形式上看，會計等式反應了會計對象的具體內容即各項會計要素之間的內在聯繫；從實質上看，會計等式揭示了會計主體的產權關係、基本財務狀況和經營成果。由於會計要素分為財務狀況要素和經營成果要素，相應地也有不同的會計等式。

（一）基本會計等式

基本會計等式有兩個，一是由財務狀況要素構成的基本等式，即資產＝負債＋所有者權益；二是由經營成果要素構成的基本等式，即收入－費用＝利潤。

1. 財務狀況要素構成的基本等式：資產＝負債＋所有者權益

會計等式左邊的資產反應了企業經濟資源的分佈和存在形式，是資金的占用。會計等式右邊的負債及所有者權益反應了資金的來源，負債是向債權人借入的資金，所有者權益是所有者投入的資本。負債和所有者權益總稱為權益，因此，該等式也可以簡化為：資產＝權益。

資產與負債和所有者權益實際是企業所擁有的經濟資源在同一時點上所表現的不同形式。資產表明的是資源在企業存在、分佈的形態，而負債和所有者權益則表明了資源取得和形成的渠道。因此，企業有多少數額的資產必有與其等量的負債和所有者權益，即在任何情況下企業的資產總是等於負債和所有者權益之和。資產與負債和所有者權益之間的恒等關係，是最基本的會計等式或稱會計平衡公式。它是復式記帳法的理論基礎，也是編製資產負債表的依據。

2. 經營成果要素構成的基本等式：收入－費用＝利潤

企業經營的目的是獲取收入，實現盈利。企業在取得收入的同時，也必然發生相應的費用。通過收入與費用的比較，我們才能確定一定時期的盈利水平，確定實現的利潤總額。

企業一定時期所獲得的收入扣除所發生的各項費用後的余額，表現為利潤。在《企業會計準則——基本準則》的規定中，由於收入不包括處置固定資產淨收益、固定資產盤盈、出售無形資產收益等，費用也不包括處置固定資產淨損失、自然災害損失等，所以，收入減去費用實際獲得的只是營業利潤，經過增加利得和減少損失後才等於利潤總額。但為了便於學習，本教材採用了收入減去費用等於利潤的簡單公式，它是編製利潤表的基礎。

（二）擴展會計等式

將所有會計要素聯繫起來所組成的擴展會計等式為：資產＝負債＋所有者權益＋收入－費用。收入和費用的發生是日常經營活動中影響所有者權益增減變動的兩大要素，收入的增加意味著所有者權益的增加，費用的增加則意味著所有者權益的減少，平時未結轉利潤之前，採用收入類帳戶和費用類帳戶進行暫記，會計期末，將收入與費用相減得出企業利潤。利潤在按規定程序進行分配以後，留存企業的部分再轉化為所有者權益的增加（或減少）。

四、經濟業務對會計等式的影響

各項經濟業務發生變化，所引起會計要素的變動情況，歸納起來有四種經濟業務類型：

第一種，經濟資源投入，資產與權益同時增加。經濟業務的發生引起等式左右兩邊金額同時增加，總額同增，會計等式仍然保持恒等。

第二種，經濟資源退出，資產與權益同時減少。經濟業務的發生引起等式左右兩邊金額同時減少，總額同減，會計等式仍然保持恒等。

第三種，資產內部變化。經濟業務的發生引起等式左邊即資產內部的項目此增彼減，增減金額相等，資產總額不變，會計等式仍然保持恒等。

第四種，權益內部變化。經濟業務的發生引起等式右邊即權益內部的項目此增彼減，增減金額相等，權益總額不變，會計等式仍然保持恒等。

由於權益包括負債與所有者權益兩大要素，利潤也屬於所有者權益的一種，而收入使利潤增加，費用使利潤減少，也就是說，將收入視同於所有者權益的增加，將費用視作為所有者權益的減少。因此可以變為以下九種情況：

1. 一項資產和一項所有者權益同時增加

【例1-5】邕桂公司收到A、B企業投入貨幣資金各500,000元，共計1,000,000元。

這項經濟業務的發生，使企業資產（銀行存款）增加了1,000,000元，同時所有者權益（實收資本）也增加了1,000,000元，資產和所有者權益同時增加1,000,000元。即會計等式左右兩邊同時增加1,000,000元，會計等式仍然保持恒等。本例屬於上述第一種經濟業務類型。

2. 一項資產和一項負債同時增加

【例1-6】邕桂公司向銀行借入期限為6個月借款1,000,000元，款項存入銀行。

該經濟業務的發生，使企業的資產（銀行存款）增加了1,000,000元，同時負債（短期借款）也增加了1,000,000元，資產和負債同時增加1,000,000元。即會計等式左右兩邊同時增加1,000,000元，會計等式仍然保持恒等。本例屬於上述第一種經濟業務類型。

3. 一項資產和一項負債同時減少

【例1-7】邕桂公司以銀行存款23,400元償還前欠C企業貨款。

該經濟業務的發生，使企業的資產（銀行存款）減少23,400元，同時企業的負債（應付帳款）也減少23,400元，資產和負債同時減少23,400元。即會計等式左右兩邊同時減少23,400元，會計等式仍然保持恒等。本例屬於上述第二種經濟業務類型。

4. 一項資產和一項所有者權益同時減少

【例1-8】A企業收回投資500,000元，辦妥手續后邕桂公司以銀行存款返還。

這項經濟業務的發生，使該企業的資產（銀行存款）減少了500,000元，同時所有者權益（實收資本）也減少了500,000元，資產和所有者權益同時減少500,000元。即會計等式左右兩邊同時減少500,000元，會計等式仍然保持恒等。本例屬於上述第二種經濟業務類型。

5. 一項資產增加，另一項資產減少

【例1-9】邕桂公司從銀行存款中提取現金5,000元。

這項經濟業務的發生，導致企業資產（銀行存款）減少5,000元，同時資產（庫存現金）增加5,000元，表現為企業的一項資產增加，另一項資產減少，但企業資產總額不變，會計等式仍然保持恒等。本例屬於上述第三種經濟業務類型。

6. 一項負債增加，另一項負債減少

【例1-10】邕桂公司從銀行借入短期借款50,000元，並用該借款償還原欠貨款。

該經濟業務的發生，使企業負債（短期借款）增加50,000元，同時負債（應付帳款）減少50,000元，表現為一項負債增加而另一項負債減少，但企業負債總額不變，會計等式仍然保持恒等。本例屬於上述第四種經濟業務類型。

7. 一項負債增加，一項所有者權益減少

【例1-11】邕桂公司向投資者分配利潤20,000元。

該項經濟業務的發生，使企業的負債（應付利潤）增加20,000元，同時所有者權

益（利潤分配）減少了 20,000 元，權益總額不變，會計等式仍然保持恒等。本例屬於上述第四種經濟業務類型。

8. 一項負債減少，一項所有者權益增加

【例 1-12】經批准邕桂公司將已發行的債券 100,000 元轉為實收資本。

這項經濟業務的發生，使企業的負債（應付債券）減少了 100,000 元，同時所有者權益（實收資本）增加了 100,000 元，表現為一項負債減少，一項所有者權益增加，權益總額不變，會計等式仍然保持恒等。本例屬於上述第四種經濟業務類型。

9. 一項所有者權益增加，一項所有者權益減少

【例 1-13】經批准用資本公積 20,000 元轉增資本。

該經濟業務的發生，使得企業所有者權益（實收資本）增加了 20,000 元，同時所有者權益（資本公積）減少了 20,000 元，表現為一項所有者權益增加，另一項所有者權益減少，所有者權益總額不變，會計等式仍然保持恒等。本例屬於上述第四種經濟業務類型。

綜合上述業務可以看出，企業在日常經營活動中發生的各種經濟業務，無論屬於哪種類型，都不會破壞「資產＝負債+所有者權益」這一會計等式的恒等關係。

第五節　會計核算方法

一、會計方法

會計方法，指從事會計工作所使用的各種技術方法，一般包括會計核算方法、會計分析方法和會計檢查方法。其中會計核算方法是會計方法中最基本的方法，本教材主要介紹會計核算方法。

二、會計核算方法

（一）設置帳戶

設置帳戶是對會計核算的具體內容進行分類核算和監督的一種專門方法。由於會計對象的具體內容是複雜多樣的，要對其進行系統地核算和經常性監督，就必須對經濟業務進行科學的分類，以便分門別類地、連續地記錄，據以取得多種不同性質、符合經營管理所需要的信息和指標。

（二）復式記帳

復式記帳是指對所發生的每項經濟業務，以相等的金額，同時在兩個或兩個以上相互聯繫的帳戶中進行登記的一種記帳方法。採用復式記帳法，不僅可以全面反應每一筆經濟業務的來龍去脈，而且可以防止差錯和便於檢查帳簿記錄的正確性和完整性，是一種比較科學的記帳方法。

（三）填製和審核憑證

會計憑證是記錄經濟業務、明確經濟責任、作為記帳依據的書面證明。正確填製和審核會計憑證，是核算和監督經濟業務活動的基礎，是做好會計工作的前提。

（四）登記會計帳簿

登記會計帳簿簡稱登帳，是以審核無誤的會計憑證為依據，在帳簿中連續、完整

地記錄各項經濟業務，以便為經濟管理提供完整、系統的會計核算資料。帳簿記錄是重要的會計資料，是進行會計分析、會計檢查的重要依據。

（五）成本計算

成本計算是按照一定對象歸集和分配生產經營過程中發生的各種費用，以便確定該對象的總成本和單位成本的一種專門方法。產品成本是綜合反應企業生產經營活動的一項重要指標，正確地進行成本計算，可以考核生產經營過程的費用支出水平，同時又是確定企業盈虧和制定產品價格的基礎，並為企業進行經營決策提供重要數據。

（六）財產清查

財產清查是指通過盤點實物，核對帳目，以查明各項財產物資實有數額的一種專門方法。通過財產清查，可以提高會計記錄的正確性，保證帳實相符；同時，還可以查明各項財產物資的保管和使用情況以及各種結算款項的執行情況，以便對積壓或損毀的物資和逾期未收到的款項，及時採取措施，進行清理和加強對財產物資的管理。

（七）編製會計報表

編製會計報表是以特定表格的形式，定期並總括地反應企業、行政事業單位的經濟活動情況和結果的一種專門方法。會計報表主要以帳簿中的記錄為依據，經過一定形式的加工整理而產生一套完整的核算指標，用來考核、分析財務計劃和預算執行情況以及作為編製下期財務計劃和預算的重要依據。

以上會計核算的七種方法相互聯繫，相互依存，彼此制約，構成了一個完整的會計方法體系。一般在經濟業務發生後，按規定的手續填製和審核憑證，應用復式記帳法在有關帳簿中進行登記，並於期末對生產經營過程中發生的費用進行成本計算和財產清查，在帳證、帳帳、帳實相符的基礎上，根據帳簿記錄編製會計報表。

會計核算工作程序如圖1-2所示。

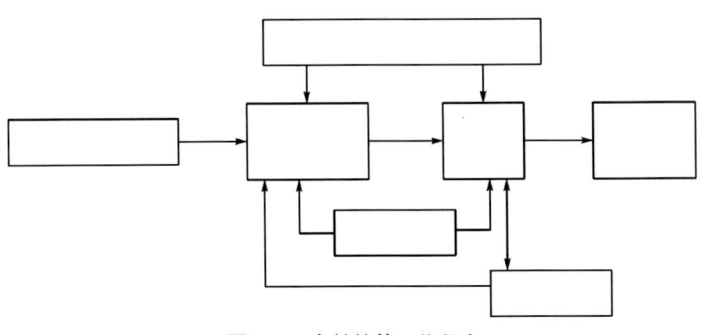

圖1-2 會計核算工作程序

第六節　會計準則體系

一、會計準則的構成

會計準則是反應經濟活動、確認產權關係、規範收益分配的會計技術標準，是生成和提供會計信息的重要依據；是資本市場的一種重要遊戲規則，是實現社會資源優

化配置的重要依據；是國家社會規範乃至強制性規範的重要組成部分，是政府規範經濟秩序和從事國際經濟交往等的重要手段。會計準則具有嚴密和完整的體系。我國已頒布的會計準則有《企業會計準則》《小企業會計準則》和《事業單位會計準則》。

二、企業會計準則

《企業會計準則》由財政部制定，於2006年2月15日發布，自2007年1月1日起施行。本準則對加強和規範企業會計行為，提高企業經營管理水平和會計規範處理，促進企業可持續發展起到指導作用。企業會計準則作為技術規範，有著嚴密的結構和層次，由四部分內容構成：一是基本準則，在整個準則體系中起統馭作用，主要規範財務報告目標，會計假設，會計信息質量要求，會計要素的確認、計量和報告原則等。基本準則的作用是指導具體準則的制定和為尚未有具體準則規範的會計實務問題提供處理原則。二是具體準則，主要規範企業發生的具體交易或事項的會計處理，其具體內容可分為一般業務準則、特殊行業和特殊業務準則、財務報告準則三大類。我國於2006年2月15日發布了38個具體準則，2014年財政部相繼對《企業會計準則第2號——長期股權投資》《企業會計準則第9號——職工薪酬》《企業會計準則第30號——財務報表列報》《企業會計準則第33號——合併財務報表》和《企業會計準則第37號——金融工具列報》進行了修行，並發布了《企業會計準則第39號——公允價值計量》《企業會計準則第40號——合營安排》和《企業會計準則第41號——在其他主體中權益的披露》三項具體準則。目前，我國的具體會計準則共計41項。三是會計準則應用指南，是對具體準則相關條款的細化和對有關重點難點問題提供操作性規範，它還包括會計科目、主要帳務處理等。四是企業會計準則解釋，主要針對企業會計準則實施中遇到的問題作出解釋。財政部於2007年11月至2014年1月陸續制定了《企業會計準則解釋第1號》（財會〔2007〕14號）、《企業會計準則解釋第2號》（財會〔2008〕11號）、《企業會計準則解釋第3號》（財會〔2009〕8號）、《企業會計準則解釋第4號》（財會〔2010〕15號）、《企業會計準則解釋第5號》（財會〔2012〕19號）和《企業會計準則解釋第6號》（財會〔2014〕1號）。

三、小企業會計準則

小企業一般是指規模較小或處於創業和成長階段的企業，包括規模在規定標準以下的法人企業和自然人企業。小企業具有一些共同的特點：一是規模小，投資少，投資與見效的週期相對較短，同樣的投資使用勞動力更多；二是對市場反應靈敏，具有以「新」取勝的內在動力和保持市場活力的能力；三是小企業環境適應能力強，對資源獲取的要求不高，能廣泛地分佈於各種環境條件中；四是在獲取資本、信息、技術等服務方面處於劣勢，管理水平較低。

為了促進小企業發展以及財稅政策日益豐富完善，形成以減稅減費、資金支持、公共服務等為主要內容的促進中小企業發展的財稅政策體系，2011年10月18日財政部發布了《小企業會計準則》。該準則分為總則、資產、負債、所有者權益、收入、費用、利潤及利潤分配、外幣業務、財務報表、附則，共10章90條，要求符合適用條件的小企業自2013年1月1日起施行。同時，財政部於2004年發布的《小企業會計制度》（財會〔2004〕2號）予以廢止。

四、事業單位會計準則

2012年12月5日《事業單位會計準則》經中華人民共和國財政部部務會議修訂通過，於2012年12月6日由中華人民共和國財政部令第72號公布。該準則對我國事業單位的會計工作予以規範，分為總則、會計信息質量要求、資產、負債、淨資產、收入、支出或者費用、財務會計報告、附則，共9章49條，自2013年1月1日起施行。同時，1997年5月28日財政部印發的《事業單位會計準則（試行）》（財預字〔1997〕286號）予以廢止。與《企業會計準則》相比，《事業單位會計準則》要求事業單位採用收付實現制進行會計核算，部分另有規定的經濟業務或事項應採用權責發生制，其會計要素劃分為資產、負債、淨資產、收入和支出（或費用）五類，在編製會計報表時至少應包括資產負債表、收入支出表（或收入費用表）和財政補助收入支出表。

思考題：

1. 會計是如何產生的？
2. 簡述我國會計的產生和發展。
3. 簡述會計的含義及特點。
4. 會計的基本職能和擴展職能有哪些？
5. 什麼是會計對象？以工業企業為例簡述會計的具體對象。
6. 談談你對會計目標與作用的認識。
7. 會計信息質量要求有哪些？它們都有哪些具體要求？
8. 舉例分析實質重於形式的含義。
9. 會計核算的基本假設是什麼？如何理解這些假設？
10. 權責發生制與收付實現制有何區別？
11. 試舉例說明權責發生制的應用。
12. 會計要素有哪些種類？它們各有什麼特點？
13. 試分析會計等式的變化關係。
14. 會計核算的方法有哪些？
15. 會計準則體系包括哪些？

第二章
會計科目與帳戶

【學習要求】

設置會計科目和帳戶是會計核算的基本方法之一。通過本章的學習，要求讀者理解並掌握會計科目的概念及分類，瞭解會計科目設置的意義，明確會計科目的內容和級次；理解和掌握帳戶的概念、基本結構以及帳戶與會計科目的聯繫與區別。

【案例】

會計科目與帳戶是同義語嗎？

下面是師生的一段對話：

學生：老師，為什麼有了會計科目，還需要設置帳戶？

老師：假如你今天到銀行去開戶，把多餘的錢存入銀行。銀行首先必須要你提供姓名、身分證號等信息，然后銀行給你一個存折或儲蓄卡，你的錢就存到存折或儲蓄卡上。你以后到銀行存、取款時，銀行要求你必須出示存折或儲蓄卡，並在存折或儲蓄卡上進行記錄。你的姓名和帳號就相當於會計科目，存折或儲蓄卡就相當於帳戶。

學生：謝謝老師，我明白了！

第一節　會計科目

一、會計科目的概念

通過第一章內容的學習，我們已經瞭解到企業在生產經營過程中會發生各種各樣的交易或事項，這些交易或事項的發生又會引起會計要素的增減變動。而會計要素只是對會計對象的最基本分類，簡單運用會計要素來反應錯綜複雜的經濟業務無法滿足信息使用者的需求。在實際工作中，信息使用者要做出相關決策，往往需要更為詳細的資料。例如，所有者需要瞭解利潤構成及其分配情況，瞭解負債及其構成情況；債權人需要瞭解流動比率、速動比率等有關指標，以評判其債權的安全情況；稅務機關要瞭解企業欠繳稅金的詳細情況。信息使用者對這些信息的需求是企業按會計要素來分類核算無法滿足的。因此，有必要對會計要素的內容進行進一步細分，分門別類地核算，以滿足經濟管理及有關各方對會計信息的需求。

會計科目，是對會計要素的具體內容進行分類核算的項目，即採用一定的形式，對每一個會計要素所反應的具體內容進一步進行分門別類的反應。會計科目是設置帳

戶、填製記帳憑證、登記帳簿和編製會計報表的重要依據。

二、會計科目的分類

會計科目是對會計主體經營資料的統計分類。不同的會計科目，其性質和反應的經濟內容不同，但各個會計科目之間並非彼此孤立，而是相互聯繫、相輔相成，構成一個完整的體系。會計科目是會計人員對經濟業務進行記錄的基礎，為了正確地理解和運用會計科目，可按一定的標準對會計科目進行適當分類。

1. 按經濟內容分類

會計科目按其所反應的經濟內容不同，分為資產類、負債類、共同類[1]、所有者權益類、成本類與損益類。

資產類科目是用於核算和監督各種資產的增減變化及其結果的會計科目，例如庫存現金、銀行存款、原材料等。

負債類科目是用於核算和監督各種負債的增減變化及其結果的會計科目，例如短期借款、應付職工薪酬、長期借款等。

所有者權益類科目是用於核算和監督所有者權益增減變化及其結果的會計科目，例如實收資本（或股本）、資本公積、盈余公積等。

成本類科目是用於核算和監督成本的發生和歸集情況的會計科目，例如生產成本、製造費用、勞務成本等。

損益類科目是用於核算和監督收入、費用的發生或歸集情況的會計科目，例如主營業務收入、其他業務收入、投資收益等。

2. 按提供指標的詳細程度分類

會計科目按其所提供信息的詳細程度不同，可分為總分類科目和明細分類科目。

（1）總分類科目

總分類科目是對會計要素具體內容進行總括分類、提供總括信息的會計科目，亦稱總帳科目或一級科目。在我國，總分類科目一般由財政部統一制定。根據 2006 年 10 月財政部會計司頒布的《企業會計準則——應用指南》規定，會計科目和主要帳務處理依據企業會計準則中確認和計量的規定設置和實施，涵蓋了各類企業的交易或者事項。企業在不違反會計準則中確認、計量和報告規定的前提下，可以根據本單位的實際情況自行增設、分拆、合併會計科目。企業不存在的交易或者事項，可不設置相關會計科目。我國現行企業會計準則規定的總分類科目（有刪減）如表 2-1 所示。

從表 2-1 中，我們可以看到每一個總分類會計科目都對應著一個編號。會計科目編號為企業填製會計憑證、登記會計帳簿、查閱會計帳目、採用會計軟件系統提供了便利。總分類會計科目表採用的是「四位數字定位編號法」：千位數碼的 1、2、3、4、5、6，分別順序代表資產類、負債類、共同類、所有者權益類、成本類和損益類，即按會計要素劃分的類別；百位數碼代表每一大類會計科目下較為詳細的項目分類及固定排列；十位和個位數碼一般代表每個項目之下會計科目的順序號，即從 01 開始，至

---

[1] 現行企業會計準則中的共同類科目是指，既有資產性質，又有負債性質的會計科目。共同類科目多為金融、保險、投資、基金等公司使用，包括清算資金往來、貨幣兌換、衍生工具、套期工具、被套期項目。考慮到基礎會計的業務實例較為簡單，不涉及共同類科目，故此處不對該類科目進行詳解，后文帳戶分類亦同此處理。

99 為止。為便於會計科目的增減，一般情況下，編碼要考慮到未來的擴展性，在編碼間，留有一定的間隔，企業不應隨意打亂重新編列。會計人員在填製會計憑證、登記會計帳簿時，不應只填列會計科目的編號，應當填列會計科目名稱，或者同時填列會計科目的名稱和編號。

表 2-1　　　　　　　　　　　總分類科目表

編號	會計科目名稱	2202	應付帳款
	一、資產類	2203	預收帳款
1001	庫存現金	2211	應付職工薪酬
1002	銀行存款	2221	應交稅費
1012	其他貨幣資金	2231	應付利息
1101	交易性金融資產	2232	應付股利
1121	應收票據	2241	其他應付款
1122	應收帳款	2401	遞延收益
1123	預付帳款	2501	長期借款
1131	應收股利	2502	應付債券
1132	應收利息	2701	長期應付款
1221	其他應收款	2702	未確認融資費用
1231	壞帳準備	2801	預計負債
1401	材料採購	2901	遞延所得稅負債
1402	在途物資		三、共同類
1403	原材料	3001	清算資金往來
1404	材料成本差異	3002	貨幣兌換
1405	庫存商品	3101	衍生工具
1406	發出商品		四、所有者權益類
1408	委託加工物資	4001	實收資本
1411	週轉材料	4002	資本公積
1461	融資租賃資產	4101	盈餘公積
1471	存貨跌價準備	4103	本年利潤
1501	持有至到期投資	4104	利潤分配
1502	持有至到期投資減值準備		五、成本類
1503	可供出售金融資產	5001	生產成本
1511	長期股權投資	5101	製造費用
1512	長期股權投資減值準備	5201	勞務成本
1521	投資性房地產	5301	研發支出
1531	長期應收款		六、損益類

表2-1(續)

1532	未實現融資收益	6001	主營業務收入
1601	固定資產	6051	其他業務收入
1602	累計折舊	6061	匯兌損益
1603	固定資產減值準備	6101	公允價值變動損益
1604	在建工程	6111	投資收益
1605	工程物資	6301	營業外收入
1606	固定資產清理	6401	主營業務成本
1701	無形資產	6402	其他業務成本
1702	累計攤銷	6403	營業稅金及附加
1703	無形資產減值準備	6601	銷售費用
1711	商譽	6602	管理費用
1801	長期待攤費用	6603	財務費用
1811	遞延所得稅資產	6701	資產減值損失
	二、負債類	6711	營業外支出
2001	短期借款	6801	所得稅費用
2201	應付票據	6901	以前年度損益調整

（2）明細分類科目

明細分類科目是對總分類科目作進一步分類、提供明細核算指標的科目，也稱明細科目或細目。對於明細科目，企業可以比照《企業會計準則——應用指南》附錄中的規定自行設置。如「應收帳款」科目按債務人名稱或姓名設置明細科目，反應應收帳款的具體對象；「應付帳款」科目按債權人名稱或姓名設置明細科目，反應應付帳款的具體對象；「原材料」科目按原料及材料的類別、品種和規格等設置明細科目，反應各種原材料的具體構成內容。

如果某一總帳科目下的明細科目較多，可在總帳科目與明細科目之間增設二級科目（即子目）。例如，在「原材料」總分類科目下，可按材料的類別設置二級科目「主要材料」「輔助材料」等，如表2-2所示。

表 2-2　　　　　　　　　　　　明細分類科目表

總分類科目 （一級科目）	明細分類科目	
	二級科目（子目）	三級科目（細目）
原材料	主要材料	楠木 / 圓木
		普通木 / 方木
	輔助材料	鐵釘 / 2號
		油漆 / 無色

在設置有二級科目的情況下，會計科目劃分有三個級次，不同級次的會計科目提

供的核算指標詳細程度不同。二級科目反應的會計信息比總分類科目詳細，但又比細目概括。總之，會計科目作為一個體系包括科目內容和科目級次，科目內容反應各科目之間的橫向聯繫，科目級次反應科目內部的縱向聯繫。

三、會計科目的意義

會計科目是進行各項會計記錄和提供各項會計信息的基礎，在會計核算中具有重要意義。其主要表現在：

（1）會計科目是復式記帳的基礎。復式記帳要求每一筆經濟業務在兩個或兩個以上相互聯繫的帳戶中進行等額登記，以反應資金運動的來龍去脈，而帳戶又是以會計科目為依據設置的。

（2）會計科目是編製記帳憑證的基礎。會計憑證是確定所發生的經濟業務應記入何種科目以及分門別類登記帳簿的憑據。

（3）會計科目為成本計算與財產清查提供了前提條件。通過會計科目的設置，有助於成本核算，使各種成本計算成為可能；而通過帳面記錄與實際結存的核對，又為財產清查、保證帳實相符提供了必備的條件。

（4）會計科目為編製會計報表提供了方便。會計報表是提供會計信息的主要手段，為了保證會計信息的質量及其提供的及時性，會計報表中的許多項目與會計科目是一致的，並根據會計科目的本期發生額或余額填列。

第二節　會計帳戶

一、會計帳戶的概念

會計科目只是對會計對象具體內容進行分類的項目或名稱，不是具有一定格式的記帳實體。為了能對發生的經濟業務進行連續、系統、全面地反應和監督，還必須設置帳戶，在帳戶上分類記錄會計要素的增減變動情況及其結果。設置帳戶是會計核算的重要方法之一。

所謂帳戶，是根據會計科目設置的，具有一定格式和結構，用於分類記錄經濟業務發生情況的一種專門工具。帳戶是會計信息的「儲存器」，通過帳戶，可以將經濟業務發生而引起的資產、負債、所有者權益、收入和費用的變化及其結果進行整理、分類和匯總。例如，我們可以通過設置「銀行存款」帳戶來記錄企業存款的增減變動情況。

二、會計帳戶的基本結構

帳戶的結構是指帳戶的格式。各項經濟業務的發生情況需要在帳戶中進行記錄，每一個帳戶不但要有明確的核算內容，而且要有一定的結構。隨著會計主體的經濟業務的不斷發生，各項會計要素的內容也會隨之變動，儘管這種變動錯綜複雜，但從數量上看，只有增加和減少兩種情況。因此，用於分類記錄經濟業務的帳戶，其基本結構一般分為左、右兩方，一方登記會計要素的增加，另一方登記會計要素的減少。至於哪一方登記增加，哪一方登記減少，取決於經濟業務和各個帳戶的性質以及所採用

的記帳方法。關於帳戶兩方的名稱，以及哪一方登記增加額，哪一方登記減少額，余額在哪一方，我們將在下一章詳細講述。

在實際工作中，一個完整的帳戶結構可以根據不同的業務需要設計出各種不同格式，除了必須包含有反應會計要素增加額、減少額和余額的基本結構外，還應包括用於反應其他相關信息的其他欄目。一般來說，帳戶的基本結構應包括以下內容：

(1) 帳戶名稱（即會計科目）；
(2) 日期（用以記錄經濟業務發生的日期）；
(3) 記帳憑證號數（即登帳所依據的記帳憑證的編號）；
(4) 經濟業務摘要（簡要概括說明經濟業務的內容）；
(5) 增加額、減少額（說明經濟業務的數量）；
(6) 余額（包括期初余額和期末余額）。

由於所使用的記帳方法的不同，帳戶左右兩方具體反應的內容也不相同。在借貸記帳法下，帳戶的基本格式如圖 2-1 所示。

總　帳

會計科目編號及名稱_____

年		記帳憑證號數	摘要	頁數	借方 百十萬千百十萬角分	貸方 百十萬千百十萬角分	借或貸	余額 百十萬千百十萬角分
月	日							

圖 2-1　總帳

上述帳戶的基本結構，可以簡化為「T」字形，稱為 T 型帳戶，或者稱之為「丁字帳」，其格式如圖 2-2。

帳　戶

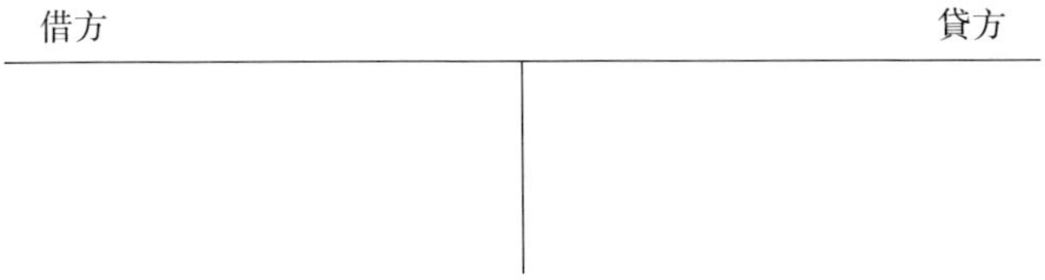

借方　　　　　　　　　　　　　　　　貸方

圖 2-2　T 型帳戶

上列帳戶的基本格式，是手工記帳經常採用的格式，這是為了更加直觀地說明問

題。在借貸記帳法下，帳戶的左邊固定表示借方，右邊固定表示貸方。這僅僅是一個會計慣例，或者說是規則（就如同在國內駕駛機動車時必須靠右行駛一樣），該規則適用於所有的帳戶。所以，T型帳戶不標明「借方」和「貸方」，也能明確表示借貸方向。在電子計算機記帳的情況下，仍然要按照上列格式的內容開展程序設計，進行數據處理。

通過帳戶記錄的金額，可以提供如下四個核算指標：①登記本期增加的金額，即本期增加發生額；②登記本期減少的金額，即本期減少發生額；③增減相抵後的差額，即餘額。餘額按照表示的時間不同，分為期初餘額和期末餘額。本期的期末餘額轉入下一期就是下一期的期初餘額。一般情況下，帳戶的四個核算指標關係如下：

期初餘額+本期增加發生額-本期減少發生額=期末餘額

我們以20×5年，邕桂公司在某一會計期間的現金交易來說明如何登記「庫存現金」帳戶，如圖2-3所示。

匯總表		帳戶格式			單位：元
庫存現金		庫存現金			
15,000		期初餘額：	0		
-6,000		本期增加額	15,000	本期減少額	6,000
1,200			1,200		1,300
1,500			1,500		250
-1,300			500		1,100
-250					
500		本期發生額	18,200	本期發生額	8,650
-1,100		期末餘額	9,550		
9,550					

圖2-3 匯總表與帳戶格式的比較

在匯總表中，正數金額表示收取現金，負數金額表示支出現金。假設這家公司運用這樣的表格來反應每一筆經濟業務，那麼每天發生數以百計的業務，按這樣的方式來記錄很不現實，不僅成本高，也沒有必要。很顯然，用帳戶格式來反應更為簡潔明瞭。根據上述帳戶的記錄，該公司庫存現金期初餘額為0元，本期庫存現金的增加項目被計入借方，合計18,200元，庫存現金的減少項目被計入貸方，合計8,650元，到期末，公司還有庫存現金9,550元。（提示：此時暫不要去考慮增減的項目與借記和貸記之間的關係，在隨後的章節，你將會看到，借記和貸記的作用取決於相應的帳戶類型）

三、會計帳戶的分類

為了從不同側面進一步理解會計帳戶，可以通過對會計帳戶按不同標準進行分類。帳戶分類標準較多，涉及的會計理論也比較多，因此，這裡僅介紹兩種分類標準，其他分類標準在第十章帳戶體系中介紹。

（一）按其所反應的經濟內容分類

由於帳戶是根據會計科目設置的，因此帳戶也可以根據所反應的經濟內容來分類，按此標準可將其分為資產類帳戶、負債類帳戶、共同類帳戶、所有者權益類帳戶、成

本類帳戶、損益類帳戶六類。

（1）資產類帳戶，按資產的流動性分為流動資產帳戶和非流動資產帳戶。其中流動資產帳戶包括庫存現金、銀行存款、交易性金融資產、應收帳款、原材料和庫存商品等；非流動資產帳戶包括長期股權投資、固定資產、無形資產等。

（2）負債類帳戶，按負債的償還期限分為流動負債帳戶和長期負債帳戶。其中流動負債帳戶包括短期借款、應付帳款、應付職工薪酬、應交稅費、應付利潤等；非流動負債帳戶包括長期借款、應付債券、長期應付款等。

（3）共同類帳戶包括清算資金往來、貨幣兌換、衍生工具等。

（4）所有者權益類帳戶包括實收資本、資本公積、盈餘公積、本年利潤和利潤分配等。

（5）成本類帳戶是為了計算產品成本而設計的帳戶，包括生產成本和製造費用等。

（6）損益類帳戶是為了計算損益（利潤或虧損）而設計的帳戶，包括主營業務收入、主營業務成本、營業稅金及附加、銷售費用、管理費用、財務費用、其他業務收入、其他業務成本等。

（二）按提供指標的詳細程度分類

同會計科目的分類相對應，按照其所反應會計要素具體內容的詳細程度，帳戶也分為總分類帳戶和明細分類帳戶。總分類帳戶稱為一級帳戶，總分類帳戶以下的帳戶稱為明細分類帳戶。

總分類帳戶是指根據總分類科目設置的，用於對會計要素具體內容進行總括分類核算的帳戶，簡稱總帳帳戶或總帳。

明細分類帳戶是根據明細分類科目設置的，用於對會計要素具體內容進行明細分類核算的帳戶，簡稱明細帳。

總分類帳戶是所屬明細分類帳戶的統馭帳戶，以貨幣作為主要的計量單位，總括地反應各項會計要素的增減變動情況；明細分類帳戶是總分類帳戶的輔助帳戶，是總分類帳戶的補充和具體化。明細分類帳戶除了貨幣計量外，還需要增加實物計量和勞動計量。例如，為了具體地瞭解掌握各種原材料的收入、發出和結存情況，需要在「原材料」總分類帳戶下面，按照原材料的品種、規格設置原材料明細分類帳戶。在原材料明細分類帳戶中，既要使用貨幣計量，又要有實物計量，並同時進行登記，以便加強對實物和資金的管理。

四、會計帳戶的意義

帳戶作為一種會計信息處理的基本手段或方法，有利於分類、連續地記錄和反應各項經濟業務，以及由此而引起的有關會計要素具體內容的增減變動及其結果。設置帳戶並在帳戶中進行記錄，對會計的核算與管理具有重要的作用和意義。

1. 會計帳戶是反應會計對象具體內容的方法

會計帳戶是按經濟內容對會計要素的進一步分類，每個帳戶核算特定的經濟業務，不同的帳戶從不同方面反應資金運動的情況。可以通過某個會計帳戶所提供的信息，去認識資金運動的某一個環節。例如，通過「原材料」帳戶，反應會計主體的原材料在一定時期內增加、減少和現有數額的資料，就可以反應原材料的收、發、結存情況。因此，每一個會計帳戶都是反應資金運動的一個環節，整個會計帳戶體系就構成了反

應資金運動的整個鏈條。通過全部會計帳戶所提供的資料，就能全面地反應整個資金運動的情況。

2. 會計帳戶是進行會計核算的基礎

會計帳戶作為基本的會計核算方法之一，明確了會計帳戶的核算範圍、特定內容、明細核算和登記帳簿的相關要求等。通過在帳簿中設置帳戶，對日常會計事項進行分析整理，確定會計分錄，編製記帳憑證，然后登記入帳，從而將經濟業務發生的原始數據轉化為初始的會計信息。例如：某企業購入一批價值 10,000 元的材料，其中屬於生產用的材料 8,000 元，應按「生產成本」會計帳戶的規定進行帳務處理；屬於行政管理部門用的辦公用品 2,000 元，應按「管理費用」會計帳戶的規定進行帳務處理。

3. 會計帳戶是加強會計主體內部控制與管理的手段

通過帳戶記錄，可以有效地對會計信息數據進行分類、整理、壓縮和加工，確保會計信息的質量；還可將零散的、單個的數據匯總，形成既有聯繫又有區別的會計信息，以適應經濟管理的需要。另外，會計帳戶的有關規定，是對日常經濟活動進行的事前控制，如控制貨幣資金的收入和支出、物資的增減變化等。會計帳戶規定得具體、全面又正確，就能充分發揮其事前控制的作用。同時，會計帳戶提供的信息資料，是對企業業務發展進行監督、分析、考核和預測的重要依據。

4. 會計帳戶是規範國民經濟核算的基本工具

帳戶是根據國家統一的會計法規制度所規定的會計科目，並結合單位實際情況合理設置的。因此會計帳戶的名稱、內容和核算方法具有一定的規範性，保證了與統計、計劃指標口徑的一致。通過帳戶所提供的資料，有利於各級部門進行匯總和分析，也便於反應和監督全國或某一地區、某一部門的資金運動，這對於加強國民經濟核算、對國民經濟進行綜合評價、制訂國民經濟計劃，都有著重要的意義。

五、會計科目與帳戶的關係

會計科目是對會計要素進行具體分類核算的項目。會計帳戶，是以會計科目為依據，在帳簿中對各項經濟業務進行分類、系統連續記錄的一種方法。會計科目和會計帳戶之間既有聯繫，又有區別。

會計科目是帳戶的名稱，是設置帳戶的一個重要依據。因此，會計科目和帳戶的聯繫表現在：會計科目的內容與分類方法決定了帳戶的內容和分類方法，它們都被用來反應會計對象的具體內容，所反應的經濟內容相同，兩者口徑一致，性質相同；帳戶是會計科目的具體運用。比如「銀行存款」科目與「銀行存款」帳戶核算的內容、範圍完全相同。沒有會計科目，帳戶便失去了設置的依據；沒有帳戶，會計科目就無法反應會計要素的增減變動及結余。

會計科目和帳戶的區別是：會計科目僅僅是帳戶的名稱，不存在結構；而帳戶則具有一定的格式和結構。會計科目僅說明反應的經濟內容是什麼，而帳戶不僅說明反應的經濟內容是什麼，而且能系統反應和監督其增減變化及結余情況。會計科目主要是為了開設帳戶，填憑證所運用；而帳戶的作用主要是提供某一具體會計對象的會計資料，為編製會計報表所運用。在實際工作中，會計科目和帳戶往往通用。

思考題:

1. 什麼是會計科目？會計科目的設置有何意義？
2. 什麼是總分類科目，什麼是明細分類科目？它們之間存在什麼關係？
3. 什麼是帳戶？帳戶的基本結構包括哪些？
4. 會計科目與帳戶之間存在什麼關係？

第三章 復式記帳

【學習要求】

本章是會計核算的基礎，要求讀者瞭解記帳方法和單式記帳法，掌握復式記帳法的概念及種類；掌握借貸記帳法下不同性質帳戶的結構和記帳規則、借貸記帳法下的試算平衡；重點掌握借貸記帳法在工業企業中的具體運用。

【案例】

班會費使用與記帳方法

生活委員應同學們的要求，將收到的班會費中的240元購買了2個用於班上集體活動的籃球。他是只記現金減少240元，還是記固定資產（籃球）增加240元，現金減少240元更合理呢？這與我們要學的單式記帳法和復式記帳法有什麼聯繫嗎？

第一節　單式記帳法

一、記帳方法

為了對會計要素進行核算與監督，按一定原則設置會計科目，並按會計科目開設了帳戶之後，就需要採用一定的記帳方法將會計要素的增減變動登記在帳戶中。記帳方法是根據一定的原理、記帳符號、記帳規則，採用一定的計量單位，利用文字和數字在帳簿中登記經濟業務的方法。記帳方法在會計的產生和發展過程中，經歷了從單式記帳法過渡到復式記帳法的漫長過程。

二、單式記帳法

單式記帳法是指對發生的每一項經濟業務，只在一個帳戶中加以登記的一種記帳方法。單式記帳法不能全面、系統地反應各項會計要素的增減變動情況和經濟業務的來龍去脈，也不便於檢查帳戶記錄的正確性和完整性。單式記帳法是與經濟不發達相聯繫的，因此，只能在簡單經濟條件下應用。

第二節　復式記帳法

一、復式記帳法的概念

復式記帳法是相對於單式記帳法而言的，是現代會計普遍採用的記帳方法。復式記帳法是指對每一項經濟業務，都必須用相等的金額在兩個或兩個以上相互聯繫的帳戶中進行登記，全面系統地反應會計要素增減變化的一種記帳方法。比如，企業以銀行存款1,500元支付電話費用，那麼它一方面要記管理費用增加1,500元，另一方面還要記銀行存款減少1,500元。

由此可見，復式記帳法與單式記帳法相比較，其顯著的優點在於：一是採用復式記錄方式（即雙重記錄方式），由於對每項經濟業務都要在兩個或兩個以上相互聯繫的帳戶中同時進行記錄，不僅可以瞭解每一項經濟業務的來龍去脈，而且當全部經濟業務都相互聯繫地登記入帳之後，通過帳戶記錄，就能夠完整、系統地反應出經濟活動的過程和結果；二是由於對每項經濟業務都要以相等的金額分類登記入帳，因而它使全部帳戶增減的發生額和余額的合計數存在著一定的平衡關係。利用這種平衡關係可以對帳戶記錄的結果進行試算平衡，以檢查帳戶記錄是否正確和完整。

二、復式記帳法的基本原理

復式記帳法以價值運動和會計等式為理論基礎。企業的任何一項經濟活動發生都會涉及資金的來源和去向。但就一個經濟實體而言，資產從什麼渠道取得，具體表現為哪些形態，必須從某一個時點（例如期初或期末）來觀察，即從經濟活動的相對靜止狀態來觀察，才能瞭解資產和權益之間的數量關係。資產與權益是同一經濟活動的兩個不同方面，二者相互依存，互為條件，沒有權益的存在，就不會有資產；同樣，沒有資產的存在，就不會產生有效的權益。從數量關係看，一定量的資產必有與其等量的權益；反之，一定量的權益也必然有與其等量的資產。每個經濟實體的資產總量與權益總量必然相等，這就形成會計等式的理論基礎。按照這個會計等式，一筆經濟業務的數量關係可以從兩個方面去反應，會引起會計等式兩邊同時增加或同時減少，或者引起等式一邊一個項目增加，另一個項目減少。為此，必須以相等的金額在兩個或兩個以上相關帳戶中作等額的雙重記錄，以便全面反應經濟活動存在的這種相互依存的內在聯繫。復式記帳法一般包括帳戶設置與結構、記帳符號、記帳規則和平衡公式四項基本內容。

（一）帳戶設置與結構

要進行復式記帳，首先要確定會計科目，根據會計科目開設相應帳戶，並按不同的記帳方法和帳戶性質，確定帳戶的結構。

（二）記帳符號

記帳符號是以簡化的形式來表示資金運動的數量變化，它採用一種符號標記來代表數量變化的方向。記帳符號一經確定，就要貫穿該種記帳過程的始終。

（三）記帳規則

記帳規則的產生源於資產與權益相等的平衡原理，反應資金運動數量變化的規律，包括規定通過會計科目和記帳符號反應資金運動數量變化的方向，規定反應資金運動

數量變化的會計科目之間的相互關係。

(四) 平衡公式

平衡公式是反應資金運動所引起資金內部各種數量變化的相互平衡關係；是根據「資產＝負債＋所有者權益」之間的平衡關係來檢查帳戶記錄是否正確的依據。雙方平衡基本可以認為是正確的，不平衡則是錯誤的。

三、復式記帳法的種類

復式記帳法按採用的記帳符號和記帳規則的不同，可分為借貸記帳法、收付記帳法和增減記帳法三種。復式記帳法的基本分類如圖3-1所示。

$$復式記帳法\begin{cases}借貸記帳法——以借貸作為記帳符號的記帳方法\\收付記帳法\begin{cases}財產收付記帳法\\資金收付記帳法\\現金收付記帳法\end{cases}以收付作為記帳符號的記帳方法\\增減記帳法——以增減作為記帳符號的記帳方法\end{cases}$$

圖3-1 復式記帳法的基本分類

在上述復式記帳法中，借貸記帳法是最科學、最完善的復式記帳法，是經過長期反覆實踐和研究得出的結論。因此，世界各國基本上都是採用借貸記帳法進行記帳，在我國的會計準則中也明確規定「會計記帳採用借貸記帳法」。

第三節　借貸記帳法的基本理論

一、借貸記帳法的歷史沿革

會計的記帳方法伴隨著社會經濟發展水平而產生和發展。12～13世紀的義大利北方城市經濟繁榮，是整個歐洲的經濟中心。威尼斯的金幣「杜卡特」幾乎成為整個歐洲大陸通用的貨幣；而銀行業務的日趨複雜，為借貸記帳法的產生奠定了經濟基礎。13世紀初義大利佛羅倫薩的銀行簿記，是目前世界上保留下來的最早的西式復式簿記方面的文件，展現了當時世界最進步的會計記錄方法，反應了借貸記帳法的萌芽狀態。當時，佛羅倫薩銀行的帳戶僅按人名設置，反應債權、債務的清算。分錄帳採用垂直式帳頁，分為上下兩個記帳部位，上方為「借主」之部位，表示「彼應給我」，即彼（客戶）應給我（銀行）之數額，用現在的話來說就是應收款；帳戶的下方為「貸主」之部位，表示「我應給彼」，用現在的話來說就是應付款。應當說明，當時的「借」「貸」還不是記帳符號，而是指銀行與客戶之間的借主、貸主關係，具有實際的經濟關係意義。從銀行的角度講，「借」是指借出款項（債權增加）的含義，「貸」是指收入款項（債務增加）的含義，故有借出貸入之說。因此，世界大多數會計學者認為，借貸記帳法起源於12世紀末或13世紀初義大利的北方城市。

19世紀，由於資本主義國家入侵中國，借貸記帳法也隨之傳入我國。經考證，借貸記帳法正式傳入我國始於1905年（清光緒三十一年），而中國自辦企業當中，對借貸記帳法的運用是在1908年（清光緒三十四年）創辦大清銀行之時。

新中國成立后，在全面學習蘇聯會計理論、會計方法和會計制度期間，借貸記帳法得到了廣泛的應用，至20世紀70年代我國企業基本上採用了借貸記帳法。在學習和引進借貸記帳法的同時，我國傳統的中式簿記得到了改造和創新，先後創立了財產收付記帳法、資金收付記帳法和增減記帳法等。由於文化大革命的影響，這些新創立的記帳方法得到了普遍推廣，而借貸記帳法被稱為資本主義的東西受到批判，幾乎全部停用。文化大革命結束后，隨著改革開放的深入發展，借貸記帳法又重新受到中國會計界的重視。會計記帳採用借貸記帳法，已寫入了我國企業、行政事業單位的會計準則，成為唯一通用的記帳方法。

二、借貸記帳法的基本原理

借貸記帳法是指以「借」「貸」作為記帳符號，採取「有借必有貸，借貸必相等」的記帳規則，按照科學的帳戶體系和帳戶結構進行記錄的一種復式記帳方法。

借貸記帳法與其他復式記帳方法相比，主要在記帳符號、帳戶結構、記帳規則和試算平衡四個方面有其顯著的特點。

（一）記帳符號

記帳符號是指明經濟業務應記入帳戶方向和表明金額增減變化的一種記號。借貸記帳法以「借」「貸」作為記帳符號。根據會計等式的平衡關係，借貸記帳法記帳符號的經濟含義是：用「借」表示資產和費用類帳戶的增加和負債、所有者權益、收入類帳戶的減少；用「貸」表示負債、所有者權益、收入類帳戶的增加和資產、費用類帳戶的減少。記帳符號所表示的含義如圖3-2所示。

資產＋費用	=	負債＋所有者權益＋收入
借 | 貸		借 | 貸
＋ | －		－ | ＋

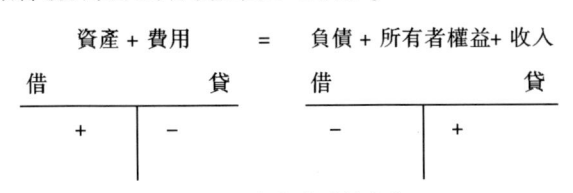

圖3-2 記帳符號的含義

從圖3-2中可以看出，借貸記帳法的記帳符號具有雙重的含義，「借」字既表示增加（資產和費用的增加），又表示減少（負債、所有者權益和收入的減少）；「貸」字既表示增加（負債、所有者權益和收入的增加），又表示減少（資產和費用的減少）。例如，企業將100,000元的現金存入銀行。這項經濟業務，將會引起企業「銀行存款」增加100,000元和「庫存現金」減少100,000元。由於「銀行存款」是資產類的帳戶，因此其增加應記入「銀行存款」帳戶的借方；而「庫存現金」也是資產類帳戶，故其減少應記入「庫存現金」帳戶的貸方。用記帳符號表示為：「借：銀行存款100,000」「貸：庫存現金100,000」。由此可見，要正確使用記帳符號，關鍵是要辨清帳戶的性質。

（二）帳戶結構

帳戶結構是指一個帳戶的記帳方向的表達形式以及在一個帳戶中的什麼方向反應經濟業務的增加、減少和余額。每一帳戶基本結構均有「左方」和「右方」，借貸記帳法下的帳戶左方為「借方」，帳戶右方為「貸方」。由於帳戶的性質不同，其「借方」和「貸方」反應的經濟業務變動情況不同，其帳戶結構也不同。

1. 資產類帳戶的結構

資產類帳戶的基本結構是：借方記錄各項資產的增加額，貸方記錄各項資產的減少額。在一個會計期內，將各項資產借方數額加總稱為借方發生額；將各項資產貸方數額加總稱為貸方發生額；將同一會計期內某個資產帳戶的借方發生額和貸方發生額相抵后得到的余額稱為期末余額，資產類帳戶期末余額一般在借方。期末余額在會計期末轉入下一個會計期，成為下一會計期的期初余額。資產類帳戶的期末余額計算公式為：

資產類帳戶期末借方余額＝期初借方余額＋本期借方發生額－本期貸方發生額

資產類帳戶結構用丁字形帳戶表示，如圖3-3所示。

借方	資產類帳戶		貸方
期初余額：	×××		
本期增加額	×××	本期減少額	×××
	×××		×××
	…		…
本期發生額合計	×××	本期發生額合計	×××
期末余額	×××		

圖3-3　資產類帳戶結構

例如：邕桂公司的庫存現金帳戶期初借方余額為5,000元，本期借方發生額為10,000元，本期貸方發生額為9,000元，則庫存現金帳戶的期末余額計算如下：

庫存現金帳戶期末余額＝5,000＋10,000－9,000 ＝ 6,000（元）

2. 負債及所有者權益類帳戶的結構

負債及所有者權益類帳戶的基本結構是：貸方記錄各項負債及所有者權益的增加額，借方記錄各項負債及所有者權益的減少額。在一個會計期內，將各項負債及所有者權益貸方數額加總稱為貸方發生額；將各項負債及所有者權益借方數額加總稱為借方發生額；在同一會計期間各項負債及所有者權益的貸方發生額與借方發生額相抵后的余額稱為期末余額，期末余額一般在貸方。期末余額在會計期末轉入下一會計期，作為下一會計期的期初余額。其計算公式為：

負債及所有者權益類帳戶期末貸方余額＝期初貸方余額＋本期貸方發生額－本期借方發生額

負債及所有者權益類帳戶結構用丁字形帳戶表示，如圖3-4所示。

借方	負債及所有者權益類帳戶		貸方
		期初余額：	×××
本期減少額	×××	本期增加額	×××
	×××		×××
	…		…
本期發生額合計	×××	本期發生額合計	×××
		期末余額	×××

圖3-4　負債及所有者權益類帳戶結構

例如：邕桂公司短期借款的期初貸方余額為50,000元，本期貸方發生額40,000

元，本期借方發生額為 50,000 元；本年利潤帳戶的期初貸方餘額為 100,000 元，本期貸方發生額為 600,000 元，本期借方發生額為 480,000 元。則短期借款帳戶和本年利潤帳戶的期末餘額計算如下：

短期借款帳戶期末餘額＝50,000＋40,000－50,000 ＝ 40,000（元）

本年利潤帳戶期末餘額＝100,000＋600,000－480,000 ＝220,000（元）

3. 費用類帳戶的結構

費用類帳戶的基本結構是：借方記錄各項費用的增加額，貸方記錄各項費用的減少額或轉出額。期末，當期發生的費用一般從貸方轉出，衝減當期損益，以確定當期利潤，因此，該類帳戶期末結轉后一般無餘額。

費用類帳戶結構用丁字形帳戶表示，如圖 3-5 所示。

借方	費用類帳戶		貸方
本期增加額	×××	本期減少額	×××
	×××	本期轉出額	×××
	…	…	
本期發生額合計	×××	本期發生額合計	×××

圖 3-5　費用類帳戶結構

例如：邕桂公司財務費用帳戶期初餘額為 0，本期借方發生額為 24,000 元（為借款利息支出），本期貸方發生額為 8,000 元（為存款利息收入），本期轉出到本年利潤的數額為 16,000 元，則財務費用帳戶的期末餘額計算如下：

財務費用帳戶的期末餘額＝0＋24,000－8,000－16,000 ＝ 0（元）

4. 收入類帳戶的結構

收入類帳戶的基本結構是：貸方記錄收入的增加數額，借方記錄收入的減少和轉出數額。期末，當期增加的收入一般從借方轉出，以確定當期利潤，因此，該類帳戶期末結轉后一般無餘額。

收入類帳戶結構用丁字形帳戶表示，如圖 3-6 所示。

借方	收入類帳戶		貸方
本期減少額	×××	本期增加額	×××
本期轉出額	×××		×××
…		…	
本期發生額合計	×××	本期發生額合計	×××

圖 3-6　收入類的帳戶結構

例如：邕桂公司主營業務收入帳戶期初餘額為 0，本期貸方發生額為 2,340,000 元（為銷售產品收入），本期借方發生額為 117,000 元（為退貨衝減收入），本期轉出到本年利潤的數額為 2,223,000 元。則主營業務收入帳戶的期末餘額計算如下：

主營業務收入帳戶的期末餘額＝0＋2,340,000－117,000－2,223,000 ＝ 0（元）

通過上述帳戶結構可以看出，不同性質的帳戶其借貸含義不同，帳戶結構也有所

區別，這體現了借貸記帳法的基本特點。它們的帳戶結構總模式可歸納為如表 3-1 所示。

表 3-1　　　　　　　　　　帳戶結構總模式表

帳戶類型	帳戶借方	帳戶貸方	帳戶餘額
資產類帳戶	增加	減少	一般在借方
負債類帳戶	減少	增加	一般在貸方
所有者權益類帳戶	減少	增加	一般在貸方
收入類帳戶	減少和轉出	增加	一般無餘額
費用類帳戶	增加	減少和轉出	一般無餘額

（三）記帳規則

記帳規則是會計運用記帳方法記錄經濟業務時應當遵守的規律，是記帳方法本質特徵的具體表現。借貸記帳法的記帳規則為：「有借必有貸、借貸必相等」。

下面以邕桂公司的經濟業務為例，說明借貸記帳法記帳規則的具體運用。

【例 3-1】根據投資協議收到 A 企業投入貨幣資金 1,000,000 元，款項已存入銀行。

此項經濟業務發生，一方面引起資產要素中「銀行存款」增加 1,000,000 元，另一方面引起所有者權益要素中「實收資本」增加 1,000,000 元。資產類帳戶增加記借方，所有者權益類帳戶增加記貸方，所以應在「銀行存款」帳戶借方記 1,000,000 元；在「實收資本」帳戶貸方記 1,000,000 元。其經濟業務在丁字形帳戶中的登記如圖 3-7 所示。

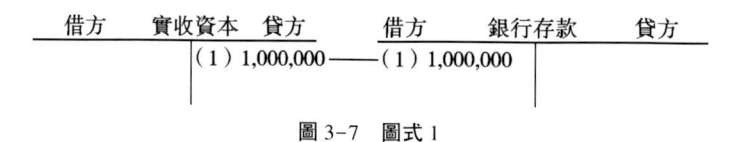

```
   借方   實收資本   貸方      借方   銀行存款   貸方
             （1）1,000,000──（1）1,000,000
```

圖 3-7　圖式 1

【例 3-2】向銀行借入短期借款 500,000 元，已存入銀行。

此項經濟業務發生，一方面引起資產要素中「銀行存款」增加 500,000 元，另一方面引起負債要素中「短期借款」增加 500,000 元。資產類帳戶增加記借方，負債類帳戶增加記貸方，所以應在「銀行存款」帳戶借方記 500,000 元，在「短期借款」帳戶貸方記 500,000 元。其經濟業務在丁字形帳戶中的登記如圖 3-8 所示。

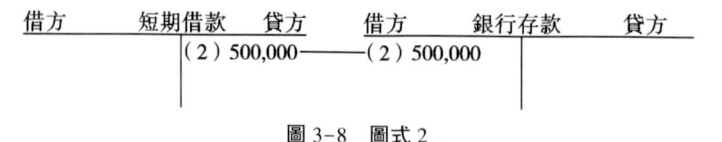

```
   借方   短期借款   貸方      借方   銀行存款   貸方
             （2）500,000──（2）500,000
```

圖 3-8　圖式 2

【例 3-3】從銀行提取現金 30,000 元，以備零星支出。

此項經濟業務發生，一方面引起資產要素中「庫存現金」增加 30,000 元，另一方面引起資產要素中「銀行存款」減少 30,000 元。資產類帳戶增加記借方，減少記貸

方，所以應在「庫存現金」帳戶借方記 30,000 元，在「銀行存款」帳戶貸方記 30,000 元。其經濟業務在丁字形帳戶中的登記如圖 3-9 所示。

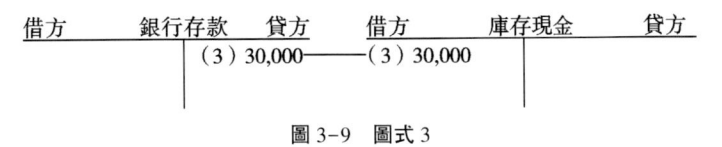

```
  借方    銀行存款    貸方      借方    庫存現金    貸方
              (3) 30,000──(3) 30,000
```

圖 3-9　圖式 3

【例 3-4】從 B 工廠採購材料一批，價款為 200,000 元，材料已驗收入庫，款項尚未支付（假設不考慮增值稅）。

此項經濟業務發生後，一方面引起資產要素中「原材料」的增加，另一方面引起負債要素中「應付帳款」的增加。資產類帳戶增加記借方，負債類帳戶增加記貸方，所以應在「原材料」帳戶借方記 200,000 元，在「應付帳款」帳戶貸方記 200,000 元。其經濟業務在丁字形帳戶中的登記如圖 3-10 所示。

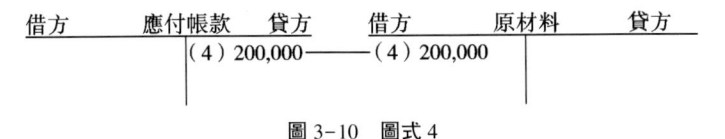

```
  借方    應付帳款    貸方      借方    原材料    貸方
              (4) 200,000──(4) 200,000
```

圖 3-10　圖式 4

【例 3-5】用銀行存款 60,000 元，償還已到期的銀行短期借款。

此項經濟業務發生後，一方面引起資產要素中的「銀行存款」減少 60,000 元，另一方面引起負債要素中的「短期借款」減少 60,000 元。資產類帳戶減少記貸方，負債類帳戶減少記借方，所以應在「銀行存款」帳戶貸方記 60,000 元，在「短期借款」帳戶借方記 60,000 元。其經濟業務在丁字形帳戶中登記如圖 3-11 所示。

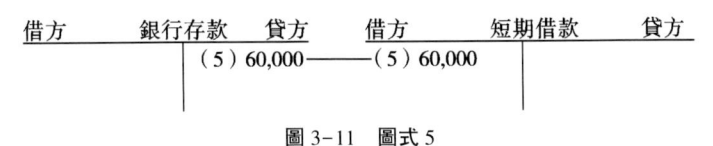

```
  借方    銀行存款    貸方      借方    短期借款    貸方
              (5) 60,000──(5) 60,000
```

圖 3-11　圖式 5

【例 3-6】購入生產設備一臺，已交付使用，價款計 400,000 元，款項已通過銀行存款支付（假定不考慮增值稅）。

此項經濟業務發生後，一方面引起資產要素中「固定資產」增加 400,000 元，另一方面引起資產要素中「銀行存款」減少 400,000 元。資產類帳戶增加記借方，減少記貸方，所以應在「固定資產」帳戶借方記 400,000 元，在「銀行存款」帳戶貸方記 400,000 元。其經濟業務在丁字形帳戶中的登記如圖 3-12 所示。

```
  借方    銀行存款    貸方      借方    固定資產    貸方
              (6) 400,000──(6) 400,000
```

圖 3-12　圖式 6

從上述舉例中可以看出，在經濟業務發生後，無論涉及什麼樣的會計要素，也不管經濟業務的性質如何，總要引起會計要素之間，或同一會計要素不同項目之間發生

增減變化。但它在記入一個帳戶（或幾個帳戶）借方的同時，必須要記入另一個帳戶（或幾個帳戶）的貸方，記入借方的金額與記入貸方的金額都是相等的，這就是借貸記帳法的「有借必有貸，借貸必相等」的記帳規則。

（四）試算平衡

所謂試算平衡，是指在借貸記帳法下，利用借貸發生額和期末餘額（或期初餘額）的平衡原理，檢查帳戶記錄是否正確的一種方法。在借貸記帳法下，按其「有借必有貸，借貸必相等」的記帳規則記錄經濟業務，借貸兩方客觀上存在著平衡關係。因為每筆經濟業務都以相等的金額按借貸相反的方向在對應帳戶中進行記錄，這就使每一筆經濟業務反應在帳戶中的借方發生額與貸方發生額必然相等。在某一會計期內全部經濟業務在帳戶中的記錄，其所有帳戶借方發生額合計也必然等於所有帳戶貸方發生額合計。由於帳戶期末餘額是以其本期發生額為基礎累計計算的，因此，也存在著所有帳戶期末借方餘額合計等於所有帳戶期末貸方餘額合計的平衡關係。借貸記帳法下進行試算平衡有兩種方法：

1. 發生額試算平衡法

發生額試算平衡法是用來檢查全部帳戶的借貸發生額是否相等的方法。其計算公式如下：

Σ全部帳戶借方發生額＝Σ全部帳戶貸方發生額

2. 餘額試算平衡法

餘額試算平衡法是用來檢查所有帳戶借方期初或期末餘額和貸方期初或期末餘額合計數是否相等的方法。其計算公式如下：

Σ全部帳戶期初借方餘額＝Σ全部帳戶期初貸方餘額

Σ全部帳戶期末借方餘額＝Σ全部帳戶期末貸方餘額

在會計實務中，往往通過期末編製試算平衡表的方式對發生額和餘額進行試算平衡。試算平衡表的格式如表3-2所示。

表3-2　　　　　　　　　　發生額及餘額試算平衡表

年　月　日　　　　　　　　　　　　　單位：元

會計帳戶	期初餘額		本期發生額		期末餘額	
	借方	貸方	借方	貸方	借方	貸方
合計						

發生額及餘額試算平衡表的編製方法：首先，期末要結出各帳戶的本期發生額及期末餘額；其次，根據各帳戶的期初餘額、本期發生額和期末餘額分別填入試算平衡表中的「期初餘額」「本期發生額」和「期末餘額」欄；再次，計算試算平衡表的期初餘額、本期發生額和期末餘額的各欄合計數；最后，驗證期初餘額的借方合計與貸方合計、本期發生額的借方合計與貸方合計、期末餘額的借方合計與貸方合計各自是否平衡。

在進行試算平衡時，應注意以下幾點：

（1）必須保證所有帳戶的余額均已記入試算表。因為會計等式是對會計要素整體而言的，缺少任何一個帳戶的余額，都會造成期初或期末借方余額合計與貸方余額合計不相等。

（2）如果試算表借貸不平衡，那麼帳戶記錄肯定有錯誤，應認真查找，直到實現平衡為止。

（3）如果試算表實現了有關三欄的借貸平衡關係，一般說明記帳是正確的，沒有違反借貸記帳法的記帳規則，但並不能說明帳戶記錄絕對沒有錯誤，因為有些錯誤並不會影響借貸雙方的平衡關係，因而不能僅憑試算平衡表來檢查。具體如下列幾種情況：①漏記某項經濟業務，將使本期借貸雙方的發生額等額減少，借貸仍然平衡；②重記某項經濟業務，將使本期借貸雙方的發生額等額虛增，借貸仍然平衡；③某項經濟業務記錯有關帳戶，借貸仍然平衡；④某項經濟業務在帳戶記錄中，顛倒了記帳方向，借貸仍然平衡；⑤借方或貸方發生額中，偶然發生多記少記並相互抵銷，借貸仍然平衡。因此，在編製試算平衡表前，應通過其他方法認真核對有關帳戶記錄，以消除上述錯誤。

三、會計分錄

（一）會計分錄的含義

會計分錄簡稱分錄，是對每項經濟業務列示出應借、應貸的帳戶名稱及其金額的一種記錄。會計分錄應包括記帳方向（借方或貸方）、帳戶名稱（會計科目）和金額三要素。記帳方向是指反應經濟業務事項發生增減變動的方向，帳戶名稱是用來反應經濟業務事項的內容，金額是反應資金變動的數額。

（二）會計分錄的分類

會計分錄按其所涉及帳戶的多少，可分為簡單分錄和複合分錄兩種。簡單分錄是指只涉及兩個帳戶的會計分錄，即一借一貸的會計分錄；複合分錄是指涉及兩個以上（不包括兩個）帳戶的會計分錄，即一借多貸、多借一貸以及多借多貸的分錄。也可以說，複合分錄是由同一經濟業務事項的若干個簡單分錄合併而成的會計分錄。為了保證帳戶對應關係的清楚，一般不宜把不同經濟業務合併在一起，編製多借多貸的會計分錄。但在某些特殊情況下，為了反應經濟業務的全貌，可以為同一經濟業務事項編製多借多貸的會計分錄。

（三）會計分錄的編製步驟

第一步，分析經濟業務涉及哪些帳戶。

第二步，分析所涉及的帳戶是什麼性質的，即屬於哪一類的帳戶。

第三步，分析哪個帳戶發生了增加，哪個帳戶發生了減少。

第四步，根據借貸記帳法的記帳符號確定應記入帳戶的借方還是貸方。

第五步，按照要求寫出會計分錄，然后觀察借貸金額是否相等。

以【例 3-1】至【例 3-6】為例，說明運用借貸記帳法編製簡單的會計分錄。

【例 3-1】借：銀行存款　　　　　　　　　　　　　　1,000,000
　　　　　　貸：實收資本　　　　　　　　　　　　　　1,000,000
【例 3-2】借：銀行存款　　　　　　　　　　　　　　　500,000
　　　　　　貸：短期借款　　　　　　　　　　　　　　　500,000

【例3-3】借：庫存現金　　　　　　　　　　　　　　30,000
　　　　　貸：銀行存款　　　　　　　　　　　　　　　　30,000
【例3-4】借：原材料　　　　　　　　　　　　　　　200,000
　　　　　貸：應付帳款　　　　　　　　　　　　　　　　200,000
【例3-5】借：短期借款　　　　　　　　　　　　　　60,000
　　　　　貸：銀行存款　　　　　　　　　　　　　　　　60,000
【例3-6】借：固定資產　　　　　　　　　　　　　400,000
　　　　　貸：銀行存款　　　　　　　　　　　　　　　　400,000

在編寫會計分錄時，應當注意以下幾點：一是先借後貸，即一般是先寫借方的內容后寫貸方的內容；二是上下錯開寫，即借方和貸方的內容應當採取錯格表示，借方寫在上，貸方寫在下，而且貸方要比借方低一格，以表示帳戶之間的對應關係；三是每個帳戶只能書寫一行，經濟業務事項如果涉及幾個帳戶就應該分別寫幾行，不能把所涉及的帳戶都寫在同一行上。

四、對應關係與對應帳戶

在復式記帳法下，要求對每一項經濟業務都在兩個或兩個以上帳戶中進行登記，這樣所記帳戶之間就形成了一定的聯繫，帳戶之間的這種相互依存關係，稱為帳戶的對應關係。構成對應關係的帳戶，稱為對應帳戶。

通過對應帳戶之間的相互關係，可以全面反應經濟業務的來龍去脈，便於檢查經濟業務記錄的正確性及合規性。例如，從銀行提取2,000元現金以備零星開支，按借貸記帳法的記帳規則，要在「庫存現金」帳戶的借方和「銀行存款」的貸方同時記錄2,000元。由於該筆經濟業務涉及「庫存現金」和「銀行存款」兩個帳戶，這兩個帳戶之間存在應借應貸的對應關係，因此，在該項經濟業務的記錄中，將「庫存現金」和「銀行存款」兩個帳戶均稱為對應帳戶。根據對應帳戶可以瞭解該項經濟業務的來龍去脈。即現金的增加是由銀行存款的減少所形成的。

在借貸記帳法下，帳戶之間的對應關係取決於經濟活動的性質，而通過對應帳戶又可以瞭解經濟活動的內容。因此，在運用借貸記帳法記錄經濟業務時，必須熟練掌握和分析各項經濟業務發生后所涉及的帳戶以及帳戶的對應關係。

五、借貸記帳法的簡單應用

前面我們介紹了借貸記帳法的記帳原理，為了更好地運用借貸記帳法來進行會計的帳務處理，下面舉一簡例來說明借貸記帳法的程序和步驟。

（一）資料

（1）假定邕桂公司20×5年1月初各帳戶的余額如表3-3所示。

表3-3　　　　　　　　　　　期初余額表
　　　　　　　　　　　　　20×5年1月1日　　　　　　　　　　　　單位：元

會計科目	期初借方余額	會計科目	期初貸方余額
庫存現金	5,000	短期借款	500,000
銀行存款	700,000	應付票據	100,000

表3-3(續)

會計科目	期初借方余額	會計科目	期初貸方余額
原材料	200,000	應付帳款	150,000
固定資產	895,000	應交稅費	50,000
		實收資本	1,000,000
合計	1,800,000	合計	1,800,000

(2) 邕桂公司 20×5 年 1 月發生的部分經濟業務如下（假設不考慮增值稅）：
①收到投資者 B 按投資合同交來的資本金 500,000 元，已存入銀行。
②向銀行借入三個月期限的借款 1,000,000 元，存入銀行。
③從銀行提取現金 5,000 元作為備用。
④購買價值 50,000 元的材料，已驗收入庫，款未付。
⑤簽發三個月到期的商業匯票 150,000 元，用以抵付原欠貨款。
⑥用銀行存款 500,000 元償還前欠的短期借款。
⑦用銀行存款購買機器設備 500,000 元，設備已交付使用。
⑧購買材料 50,000 元，其中用銀行存款支付 30,000 元，其余貨款尚欠。
(3) 要求：運用借貸記帳法進行帳戶處理。

(二) 帳務處理
1. 編製會計分錄

(1) 借：銀行存款　　　　　　　　　　　500,000
　　　貸：實收資本　　　　　　　　　　　500,000
(2) 借：銀行存款　　　　　　　　　　1,000,000
　　　貸：短期借款　　　　　　　　　　1,000,000
(3) 借：庫存現金　　　　　　　　　　　　5,000
　　　貸：銀行存款　　　　　　　　　　　　5,000
(4) 借：原材料　　　　　　　　　　　　50,000
　　　貸：應付帳款　　　　　　　　　　　50,000
(5) 借：應付帳款　　　　　　　　　　　150,000
　　　貸：應付票據　　　　　　　　　　　150,000
(6) 借：短期借款　　　　　　　　　　　500,000
　　　貸：銀行存款　　　　　　　　　　　500,000
(7) 借：固定資產　　　　　　　　　　　500,000
　　　貸：銀行存款　　　　　　　　　　　500,000
(8) 借：原材料　　　　　　　　　　　　50,000
　　　貸：銀行存款　　　　　　　　　　　30,000
　　　　　應付帳款　　　　　　　　　　　20,000

2. 記帳
根據上述會計分錄登記總分類帳戶，如圖 3-13 至圖 3-21 所示。

3. 結帳

期末在各個總分類帳戶中結算出本期發生額及期末餘額,如圖 3-13 至圖 3-21 每個總分類帳戶中的最後兩行所示。

借方		庫存現金	貸方	
期初餘額：	5,000			
	(3) 5,000			
本期發生額	5,000	本期發生額		0
期末餘額	10,000			

圖 3-13　庫存現金帳戶

借方		銀行存款	貸方	
期初餘額：	700,000			
(1)	500,000	(1)	5,000	
(2)	1,000,000	(6)	500,000	
		(7)	500,000	
		(8)	30,000	
本期發生額	1,500,000	本期發生額	1,035,000	
期末餘額	1,165,000			

圖 3-14　銀行存款帳戶

借方		原材料	貸方	
期初餘額：	200,000			
(4)	50,000			
(8)	50,000			
本期發生額	100,000	本期發生額		0
期末餘額	300,000			

圖 3-15　原材料帳戶

借方		固定資產	貸方	
期初餘額：	895,000			
(7)	500,000			
本期發生額	500,000	本期發生額		0
期末餘額	1,395,000			

圖 3-16　固定資產帳戶

借方		短期借款	貸方
		期初余額：	500,000
(6)	500,000	(2)	1,000,000
本期發生額	500,000	本期發生額	1,000,000
		期末余額	1,000,000

圖 3-17　短期借款帳戶

借方		應付票據	貸方
		期初余額：	100,000
		(5)	150,000
本期發生額	0	本期發生額	150,000
		期末余額	250,000

圖 3-18　應付票據帳戶

借方		應付帳款	貸方
		期初余額：	150,000
(5)	150,000	(4)	50,000
		(8)	20,000
本期發生額	150,000	本期發生額	70,000
		期末余額	70,000

圖 3-19　應付帳款帳戶

借方		應交稅費	貸方
		期初余額：	50,000
本期發生額	0	本期發生額	0
		期末余額	50,000

圖 3-20　應交稅費帳戶

借方		實收資本	貸方
		期初余額：	1,000,000
		(1)	500,000
本期發生額	0	本期發生額	500,000
		期末余額	1,500,000

圖 3-21　實收資本帳戶

（三）編製試算平衡表

根據圖 3-13 至圖 3-21 各帳戶的期初余額、本期發生額和期末余額，編製總分類帳戶試算平衡表，如表 3-4 所示。

表 3-4　　　　　　　　　　總分類帳戶試算平衡表
20×5 年 1 月 31 日　　　　　　　　　　單位：元

會計科目	期初余額 借方	期初余額 貸方	本期發生額 借方	本期發生額 貸方	期末余額 借方	期末余額 貸方
庫存現金	5,000		5,000		10000	
銀行存款	700,000		1,500,000	1,035,000	1,165,000	
原材料	200,000		100,000		300,000	
固定資產	895,000		500,000		1,395000	
短期借款		500,000	500,000	1,000,000		1,000,000
應付票據		100,000		150,000		250,000
應付帳款		150,000	150,000	70,000		70,000
應交稅費		50,000				50,000
實收資本		1,000,000		500000		1,500,000
合計	1,800,000	1,800,000	2,755,000	2,755,000	2,870,000	2,870,000

從表 3-4 中可以看出，期初余額的借方合計與貸方合計均為 1,800,000 元，是平衡的；本期發生額的借方合計與貸方合計均為 2,755,000 元，是平衡的；期末余額的借方合計與貸方合計均為 2,870,000 元，是平衡的。這就初步說明本例的記帳是正確的。

第四節　借貸記帳法在企業中的應用

企業生產經營過程的簡介：工業企業是從事產品生產經營活動的經濟實體，主要任務是為社會提供合格產品，滿足各方面的需要。為了獨立地進行生產經營活動，每個企業都必須擁有一定數量的經營資金，作為從事經營活動的物質基礎。這些資金從一定渠道取得，並在經營活動中被運用，表現為不同的占用形態。隨著企業生產經營活動的進行，資金的占用形態不斷轉化，周而復始，形成資金的循環和週轉。

企業從各種渠道籌集的資金，首先表現為貨幣資金形態。企業以貨幣資金建造或購買廠房、機器設備和各種材料物資，為進行產品生產提供必要的生產資料，這時資金就從貨幣資金形態轉化為固定資金和儲備資金形態。在生產過程中，勞動者借助於勞動資料，加工勞動對象，製造出各種適合社會需要的產品。在生產過程中發生的各種材料消耗、固定資產折舊費、工資費用以及其他費用等形成生產費用。生產費用具有不同的經濟內容和用途，但最終都要分配和歸集到各種產品中去，形成產品的製造成本。這時資金就從固定資金、儲備資金和貨幣資金形態轉化為生產資金形態，隨著產品的制成和驗收入庫，資金又從生產資金形態轉化為成品資金形態。在銷售過程中，

企業將產品銷售出去，收回貨幣資金，同時要發生銷售費用、繳納稅金、與產品的購買單位發生貨款結算關係等，這時資金從成品資金形態轉化為貨幣資金形態。為了及時總結一個企業在一定時期內的財務成果，必須計算企業所實現的利潤或發生的虧損，如為利潤，應按照國家的規定上交所得稅、提取盈余公積、向投資者分配利潤等，一部分資金退出企業，一部分要重新投入生產週轉；如為虧損，還要進行彌補。在上述企業生產經營活動中，資金的籌集和資金回收或退出企業，與供應過程、生產過程和銷售過程首尾相接，構成了工業企業的主要經濟業務。（可參見第一章 圖 1-1 資金運動）

為了全面、連續、系統地反應和監督由上述企業主要經濟業務所形成的生產經營活動過程和結果，也就是企業再生產過程中的資金運動，企業必須根據各項經濟業務的具體內容和管理要求，相應地設置不同的帳戶，並運用復式記帳法，對各項經濟業務的發生進行帳務處理，以完整地提供管理上所需要的各種會計信息。

本節以工業企業的籌資、供、產、銷各個過程以及經營成果業務的會計處理為例說明借貸記帳法的具體應用。（本教材暫不涉及企業的投資業務）

一、借貸記帳法在籌資過程中的應用

企業要進行生產經營活動，必須要有一定的「資本」。因此，籌資是企業的重要經濟業務。企業的籌資渠道主要有兩方面：一是吸收投資者投入資本，二是從銀行或其他金融機構等借入資金。

（一）投入資本的核算

1. 所有者投入資本的構成

投入資本是指投資者向企業投入的資本，從企業的角度來看就是企業實際收到的資本。投資者向企業投入的資本，在一般情況下無須償還，可供企業長期週轉使用。所有者投入的資本主要包括實收資本（或股本）和資本公積，按投資主體不同可分為國家資本金、法人資本金、個人資本金和外商資本金。

實收資本（或股本）是指企業的投資者按企業章程、合同或協議的約定，實際投入企業的資本金以及按照有關規定由資本公積、盈余公積轉增資本的資金。目前，我國要求企業的實收資本與註冊資本相一致。

2. 應設帳戶

「實收資本」帳戶：核算企業接受投資者投入的實收資本。股份有限公司應設為「股本」帳戶。本帳戶屬於所有者權益類帳戶，貸方登記實收資本的增加數額，借方登記實收資本的減少數額，期末貸方余額反應企業期末實收資本的實有數額。本帳戶可按投資者進行明細核算。

3. 帳務處理

（1）接受貨幣資產投資

企業收到投資者以貨幣資產投入的資本時，應當以實際收到或者存入企業開戶銀行且與註冊資本相一致的金額作為實收資本入帳，根據收款的原始憑證借記「庫存現金」「銀行存款」帳戶，貸記「實收資本」帳戶。

【例 3-7】邕桂公司是 A、B、C 公司共同投資組建的有限責任公司，註冊資本為 1,500,000元，投資協議的持股比例為 A、B、C 公司各占 1/3。現收到 A、B 公司各投

入的貨幣資金 500,000 元，款項已存入本企業的開戶銀行。

分析：這筆經濟業務引起企業資產類帳戶「銀行存款」和所有者權益類帳戶「實收資本」同時增加了 1,000,000 元。會計分錄如下：

借：銀行存款 1,000,000
　　貸：實收資本——A 公司 500,000
　　　　　——B 公司 500,000

（2）接受非貨幣資產投資

企業接受非貨幣資產投資時，應按投資合同或協議約定的價值確認非貨幣資產的價值（投資合同或協議約定價值不公允的除外）和投資者在註冊資本中應享有的份額。當企業收到投資者投入的房屋、建築物、機器設備等固定資產投資時，在辦妥實物轉移手續後，按投資合同或協議約定的價值確定固定資產的價值和投資者在註冊資本中應享有的份額，借記「固定資產」帳戶，貸記「實收資本」帳戶。

【例3-8】邕桂公司收到 C 公司投入不需要安裝的全新機器設備一臺，投資協議約定的價值為 500,000 元（假設該協議價是公允的）。

分析：這筆經濟業務引起企業資產類帳戶「固定資產」和所有者權益類帳戶「實收資本」同時增加了 500,000 元。會計分錄如下：

借：固定資產——設備 500,000
　　貸：實收資本——C 公司 500,000

（二）借入資金的核算

1. 負債籌資的構成

企業在生產經營過程中為了彌補資金的不足，除了以吸收投資等方式增加資本金外，往往還需要向銀行或其他金融機構等借款。因此，企業負債也是企業籌集資金的一條重要渠道。企業向銀行或其他金融機構等借入的款項，按其借款時間長短的不同，可分短期借款、長期借款兩種。

短期借款是指企業為了滿足其生產經營對資金的臨時性需要而向銀行或其他金融機構等借入的償還期限在一年以內（含一年）的各種借款。

長期借款是指企業向銀行或其他金融機構等借入的償還期限在一年以上（不含一年）的各種借款。

2. 應設帳戶

企業通常設置以下帳戶對負債籌資業務進行會計核算，本教材以短期借款為例。

（1）「短期借款」帳戶：核算企業向銀行或其他金融機構等借入的償還期限在一年以內（含一年）的各種借款。本帳戶屬於負債類帳戶，貸方登記取得借款的本金數額，借方登記償還借款的本金數額，期末貸方余額反應尚未償還的借款本金數額。本帳戶可按借款種類、貸款人和幣種進行明細核算。

（2）「財務費用」帳戶：核算企業為籌集生產經營所需資金等而發生的籌資費用。本帳戶屬於損益類帳戶中的費用類帳戶，借方登記企業發生的各項財務費用，如利息支出及相關的手續費等，貸方登記收到的銀行存款利息收入以及期末轉入本年利潤的本期財務費用淨發生額，期末一般無余額。本帳戶可按費用項目進行明細核算。

（3）「應付利息」帳戶：核算企業按照合同約定應支付的利息。本帳戶屬於負債類帳戶，貸方登記按規定應計入本期成本費用的各種利息，借方登記實際支付的利息，

期末貸方余額反應企業尚未支付的各項利息。本帳戶可按存款人或債權人進行明細核算。

3. 帳務處理

（1）取得短期借款的核算。從銀行或其他金融機構等取得短期借款並存入開戶銀行時，借記「銀行存款」帳戶，貸記「短期借款」帳戶。

【例3-9】邕桂公司於20×5年1月1日向銀行借入500,000元，期限為6個月，年利率為7.2%，款項已存入開戶銀行。

分析：這筆經濟業務使企業的資產類帳戶「銀行存款」增加了500,000元，負債類帳戶「短期借款」增加了500,000元。會計分錄如下：

借：銀行存款　　　　　　　　　　　　　　　500,000
　　貸：短期借款　　　　　　　　　　　　　　　500,000

（2）計提短期借款利息的核算。在實際工作中，銀行一般是在季度末收取短期借款利息，而企業則是根據權責發生制的要求，按月份進行利息結算（如果利息數額較小，也可以於實際支付時直接計入財務費用）。企業分月計提利息時，按當月應負擔的利息數額，借記「財務費用」帳戶，貸記「應付利息」帳戶。

【例3-10】邕桂公司1月末計提本月應負擔的利息3,000（500,000×7.2%÷12＝3,000）元。

分析：這筆經濟業務使企業的費用類帳戶「財務費用」增加了3,000元，負債類帳戶「應付利息」增加了3,000元。會計分錄如下：

借：財務費用——利息支出　　　　　　　　　　3,000
　　貸：應付利息　　　　　　　　　　　　　　　3,000

2月末、3月末的會計處理同上。

（3）支付利息的核算。企業在實際支付利息時，應根據銀行開具的利息支付憑證，借記「應付利息」帳戶，貸記「銀行存款」帳戶。

【例3-11】邕桂公司3月末支付當季的短期借款利息9,000（500,000×7.2%÷12×3＝9,000）元。

分析：這筆經濟業務使企業的負債類帳戶「應付利息」減少了9,000元，資產類帳戶「銀行存款」減少了9,000元。會計分錄如下：

借：應付利息　　　　　　　　　　　　　　　　9,000
　　貸：銀行存款　　　　　　　　　　　　　　　9,000

（4）還本付息的核算。短期借款到期，企業應及時向銀行還本付息。對於償還的本金，應按其本金數額借記「短期借款」帳戶，對於支付的利息，已計提的部分借記「應付利息」帳戶，未計提的部分直接借記「財務費用」帳戶，同時按本息之和貸記「銀行存款」帳戶。

【例3-12】邕桂公司於6月30日以銀行存款還本付息共計509,000元。假設4、5月的利息已計提，6月份的利息尚未預提。

分析：這筆經濟業務使企業的負債類帳戶「短期借款」和「應付利息」分別減少了500,000元和6,000元，費用類帳戶「財務費用」增加了3,000元，資產類帳戶「銀行存款」減少了509,000元。會計分錄如下：

借：短期借款　　　　　　　　　　　　　　　500,000

應付利息	6,000
財務費用	3,000
貸：銀行存款	509,000

二、借貸記帳法在供應過程中的應用

(一) 供應過程發生的主要經濟業務

供應過程是工業企業生產經營活動的第一階段。企業用籌集的貨幣資金購買各種材料，進行儲備，保證生產需要。企業購買材料時，一方面要支付材料的買價，另一方面要支付購買材料而發生的運輸費和裝卸搬運費、倉儲和保險費等採購費用，買價加上採購費用構成了材料的採購成本。因此，供應過程的主要經濟業務有：計算材料採購成本、結算材料價款和採購費用、將材料驗收入庫。

(二) 應設帳戶

1. 「在途物資」帳戶

該帳戶核算企業採用實際成本進行材料、商品等物資、尚未驗收入庫的在途物資的採購成本。本帳戶屬於資產類帳戶，借方登記採購材料的實際成本，貸方登記已驗收入庫材料的實際成本，期末借方余額反應尚未驗收入庫的在途物資的實際成本。本帳戶可按供應單位和物資品種進行明細核算。

2. 「原材料」帳戶

該帳戶核算企業庫存的各種材料，包括原料及主要材料、輔助材料、外購半成品、修理用備件、包裝材料、燃料等的計劃成本或實際成本。本帳戶屬於資產類帳戶，借方登記驗收入庫材料的成本，貸方登記發出材料的成本，期末借方余額反應庫存材料的成本。本帳戶可按材料的保管地點、材料的類別、品種和規格等進行明細核算。

3. 「預付帳款」帳戶

該帳戶核算企業按照合同規定預付的款項。本帳戶屬於資產類帳戶，借方登記預付及補付款項數額，貸方登記收到貨物時根據有關發票帳單記入「原材料」等帳戶的數額及收回多付款項的數額，期末借方余額反應預付材料款的數額。預付款項情況不多的企業，可不設置本帳戶，將預付的款項直接記入「應付帳款」帳戶。本帳戶可按供應單位進行明細核算。

4. 「應付帳款」帳戶

該帳戶核算企業購買材料、商品和接受勞務等經營活動應支付的款項。本帳戶屬於負債類帳戶，貸方登記企業因購入材料所欠付的款項，借方登記償還欠款的數額，期末貸方余額反應尚未償還的應付帳款數額。本帳戶可按債權人進行明細核算。

5. 「應付票據」帳戶

該帳戶核算企業因購買材料、商品和接受勞務供應等開出、承兌的商業匯票，包括商業承兌匯票和銀行承兌匯票。本帳戶屬於負債類帳戶，貸方登記簽發給供應單位的應付票據的票面金額和以後計提的利息，借方登記已承兌的應付票據金額，期末貸方余額反應尚未到期的應付票據的票面金額和已計提的利息。

6. 「應交稅費」帳戶

該帳戶核算企業按照稅法等規定計算應交納的各種稅費，包括增值稅、消費稅、營業稅、所得稅、資源稅、土地增值稅、城市維護建設稅、房產稅、土地使用稅、車

船使用稅、教育費附加、礦產資源補償費、企業代扣代交的個人所得稅等。本帳戶屬於負債類帳戶，可按應交的稅費項目進行明細核算。根據實際需要下設的「應交增值稅」明細帳戶，借方登記採購貨物支付的進項稅額和實際已繳納的增值稅，貸方登記銷售貨物應繳納的銷項稅額，期末借方余額反應多上交或尚未抵扣的增值稅，期末貸方余額反應尚未繳納的增值稅。

(三) 帳務處理

企業外購材料時，由於結算方式和採購地點的不同，材料入庫與付款時間不一定完全同步，主要有以下幾種情況：①從本地採購的材料，通常在貨款支付後就能立即收到材料；②從外地採購的材料，由於材料運輸時間和結算憑證的傳遞以及承付時間的不一致，可能會發生結算憑證已到，貨款已支付，但材料尚在運輸途中的情況；③有時也會發生材料已到，但貨款尚未支付的情況；④有時還會發生材料已到，而結算憑證尚未到達，貨款也未支付的情況（這種情況本教材暫不涉及）。因此，材料採購的具體情況不同，其帳務處理也就有所不同。

1.「料到付款」的核算

當貨款已支付，材料已驗收入庫時，應根據發票帳單和收料單確定的材料成本，借記「原材料」帳戶，根據增值稅專用發票上註明的稅額，借記「應交稅費——應交增值稅（進項稅額）」帳戶，根據實際支付款項的結算憑證，貸記「銀行存款」帳戶。(假設購貨方是一般納稅企業，增值稅稅率為17%，材料採購按實際成本計價。下同)

【例3-13】邕桂公司從明堂化工公司購入 A 材料一批，增值稅專用發票上註明的材料貨款為 80,000 元，增值稅進項稅額為 13,600 元，明堂化工廠代墊運雜費為 3,400 元。款項已用銀行存款支付，材料已驗收入庫。

分析：這筆經濟業務使企業的資產類帳戶「原材料」增加了 83,400 元（材料的實際採購成本 = 80,000 元 + 3,400 元 = 83,400 元），負債類帳戶「應交稅費」減少了 13,600 元，資產類帳戶「銀行存款」減少了 97,000 元。會計分錄如下：

　　借：原材料——A 材料　　　　　　　　　　　　　　83,400
　　　　應交稅費——應交增值稅（進項稅額）　　　　　13,600
　　　貸：銀行存款　　　　　　　　　　　　　　　　　　97,000

2.「已付款料未到」的核算

貨款已支付，材料尚未驗收入庫時，這類業務的帳務處理應分兩步進行：第一步，付款時，根據發票帳單確定的材料實際成本，借記「在途物資」帳戶，根據增值稅專用發票上註明的稅額，借記「應交稅費——應交增值稅（進項稅額）」帳戶，根據實際支付的款項結算憑證，貸記「銀行存款」帳戶；第二步，材料驗收入庫後，根據收料單確認的材料實際成本，借記「原材料」帳戶，貸記「在途物資」帳戶。

【例3-14】邕桂公司向明陽公司購入 B 材料一批，增值稅專用發票上註明的材料貨款為 100,000 元，增值稅進項稅額為 17,000 元，明陽公司代墊運雜費 5,000 元。全部款項已用銀行存款支付，材料尚未運到。

分析：這筆經濟業務使企業的資產類帳戶「在途物資」增加了 105,000 元（材料的實際採購成本 = 100,000 元 + 5,000 元 = 105,000 元），負債類帳戶「應交稅費」減少 17,000 元，資產類帳戶「銀行存款」減少了 122,000 元。會計分錄如下：

借：在途物資——B 材料	105,000	
應交稅費——應交增值稅（進項稅額）	17,000	
貸：銀行存款		122,000

上述 B 材料全部運到並驗收入庫時，會計分錄如下：

借：原材料——B 材料	105,000	
貸：在途物資——B 材料		105,000

3.「料到單到未付款」的核算

在材料已驗收入庫，發票帳單已到但暫未付款的情況下，根據發票帳單和收料單確定的材料實際成本，借記「原材料」帳戶，根據增值稅專用發票上註明的稅額，借記「應交稅金——應交增值稅（進項稅額）」帳戶，根據應付的全部價款，貸記「應付帳款」帳戶。如果簽發了商業匯票，則應貸記「應付票據」。當實際付款時，借記「應付帳款」或「應付票據」帳戶，貸記「銀行存款」帳戶。

【例3-15】 邕桂公司向濱海公司購入 A 材料一批，增值稅專用發票上註明的材料價款為 200,000 元，增值稅進項稅額為 34,000 元，濱海公司代墊運雜費 10,000 元，銀行轉來的結算憑證已到，但貨款暫欠，材料已驗收入庫。

分析：這筆經濟業務使企業資產類帳戶「原材料」增加了 210,000 元（材料的實際採購成本 = 200,000 元 + 10,000 元 = 210,000 元），負債類帳戶「應交稅費」減少了 34,000 元，負債類帳戶「應付帳款」增加了 244,000 元。會計分錄如下：

借：原材料——A 材料	210,000	
應交稅費——應交增值稅（進項稅額）	34,000	
貸：應付帳款——濱海公司		244,000

邕桂公司通過銀行償付上述所欠的全部款項時，會計分錄如下：

借：應付帳款——濱海公司	244,000	
貸：銀行存款		244,000

【例3-16】 邕桂公司向滄源公司購入 B 材料一批，增值稅專用發票上註明的材料價款為 80,000 元，增值稅進項稅額為 13,600 元，材料已驗收入庫，滄源公司代墊運雜費 1,200 元，邕桂公司向滄源公司簽發了一張面值為 94,800 元的商業承兌匯票。

分析：這筆經濟業務使企業的資產類帳戶「原材料」增加了 81,200 元（材料的實際採購成本 = 80,000 元 + 1,200 元 = 81,200 元），負債類帳戶「應交稅費」減少了 13,600 元，負債類帳戶「應付票據」增加了 94,800 元。會計分錄如下：

借：原材料——B 材料	81,200	
應交稅費——應交增值稅（進項稅額）	13,600	
貸：應付票據——滄源公司		94,800

邕桂公司通過銀行承付上述全部款項時，會計分錄如下：

借：應付票據——滄源公司	94,800	
貸：銀行存款		94,800

4. 預付料款的核算

採用預付貨款的方式採購材料，應在預付款項時，按照付款憑證實際預付的金額，借記「預付帳款」帳戶，貸記「銀行存款」帳戶；已經預付貨款的原材料驗收入庫，根據收料單和發票帳單上所列的價稅金額，借記「原材料」「應交稅費——應交增值

（進項稅額）」帳戶，貸記「預付帳款」帳戶。預付款項不足，補付貨款時，按照付款憑證實際補付金額，借記「預付帳款」帳戶，貸記「銀行存款」帳戶；預付款項過多，收到供貨方退回多餘貨款時，按收款憑證實際收到的退回金額，借記「銀行存款」帳戶，貸記「預付帳款」帳戶。

【例3-17】11月1日，邕桂公司與明達公司簽訂購銷合同，購入A材料一批。根據該合同規定，購買A材料須向明達公司預付貨款總額500,000元的50%，即250,000元，11月2日已用銀行存款支付。

分析：這筆經濟業務使企業的資產類帳戶「預付帳款」增加了250,000元，資產類帳戶「銀行存款」減少了250,000元。會計分錄如下：

借：預付帳款——明達公司　　　　　　　　　　　250,000
　　貸：銀行存款　　　　　　　　　　　　　　　　　250,000

【例3-18】承【例3-17】12月9日，邕桂公司收到了明達公司發來的A材料，增值稅專用發票上註明價款500,000元，增值稅進項稅額為85,000元，明達公司代墊的運雜費5,000元，材料已驗收入庫，並用銀行存款補付不足款項。

分析：這筆經濟業務使企業的資產類帳戶「原材料」增加了505,000元（材料的實際採購成本＝500,000元＋5,000元＝505,000元），負債類帳戶「應交稅費」減少了85,000元，資產類帳戶「預付帳款」減少了590,000元。會計分錄如下：

借：原材料——A材料　　　　　　　　　　　　　505,000
　　應交稅費——應交增值稅（進項稅額）　　　　　85,000
　　貸：預付帳款——明達公司　　　　　　　　　　590,000

同時，邕桂公司補付貨款的業務使企業的資產類帳戶「預付帳款」增加了340,000元，資產類帳戶「銀行存款」減少了340,000元。會計分錄如下：

借：預付帳款——明達公司　　　　　　　　　　　340,000
　　貸：銀行存款　　　　　　　　　　　　　　　　　340,000

三、借貸記帳法在生產過程中的應用

(一) 生產過程發生的主要經濟業務

生產過程是製造企業經營活動的第二階段，是製造企業生產經營的中心環節。生產過程既是產品的製造過程，也是生產的耗費過程，這些耗費包括各種材料的耗費、人工的耗費、機器設備的磨損及其他耗費等。為製造產品而發生的各種耗費稱為生產費用。生產費用歸集、分配到各種產品中去，便形成了各種產品的成本。因此，生產過程的主要經濟業務有：各種耗費的發生、歸集、分配、結轉，計算產品成本。

(二) 應設帳戶

1. 「生產成本」帳戶

該帳戶核算企業進行工業性生產發生的各項生產成本，包括生產各種產品、自製材料、自製工具、自製設備等。本帳戶屬於成本類帳戶，借方登記企業發生的各項直接生產費用及轉入的製造費用，貸方登記已生產完成並驗收入庫的產成品以及入庫的自製半成品的實際成本，期末借方餘額反應期末未完工在產品的成本。本帳戶可按基本生產成本和輔助生產成本進行明細核算。

2. 「製造費用」帳戶

該帳戶核算企業生產車間為生產產品和提供勞務所發生的各項間接費用。本帳戶屬於成本類帳戶，借方登記平時發生的各項間接費用，如車間管理人員的職工薪酬、車間用水電費、機物料消耗、車間用房屋和機器設備的折舊費、車間辦公費等，貸方登記期末分配轉入「生產成本」帳戶的數額，期末結轉後一般無余額。本帳戶可按不同的生產車間、部門和費用項目進行明細核算。

3. 「管理費用」帳戶

該帳戶核算企業為組織和管理企業生產經營所發生的管理費用，包括企業在籌建期間內發生的開辦費、董事會和行政管理部門在企業的經營管理中發生的或者應由企業統一負擔的公司經費（包括行政管理部門職工工資及福利費、物料消耗、低值易耗品攤銷、辦公費和差旅費等）、工會經費、董事會費（包括董事會成員津貼、會議費和差旅費等）、聘請仲介機構費、諮詢費（含顧問費）、訴訟費、業務招待費、房產稅、車船使用稅、土地使用稅、印花稅、技術轉讓費、礦產資源補償費、研究費用、排污費以及企業生產車間（部門）和行政管理部門等發生的固定資產修理費用等后續支出。企業（商品流通）管理費用不多的，可不設置本帳戶，本帳戶的核算內容可並入「銷售費用」帳戶核算。本帳戶屬於損益類帳戶中費用類帳戶，借方登記平時發生的各項管理費用，貸方登記期末轉入「本年利潤」帳戶的數額，期末結轉後無余額。本帳戶可按費用項目進行明細核算。

4. 「應付職工薪酬」帳戶

該帳戶核算企業根據有關規定應付給職工的各種薪酬。企業（外商）按規定從淨利潤中提取的職工獎勵及福利基金，也在本帳戶核算。本帳戶屬於負債類帳戶，貸方登記分配轉入受益對象的應付職工薪酬，借方登記企業實際支付的應付職工薪酬，期末可能有余額。若為借方余額，反應多發的職工薪酬數；若為貸方余額，反應尚未支付的應付職工薪酬額。本帳戶可按「工資」、「職工福利」、「社會保險費」、「住房公積金」、「工會經費」、「職工教育經費」、「非貨幣性福利」、「辭退福利」、「股份支付」等進行明細核算。

5. 「累計折舊」帳戶

該帳戶核算企業固定資產的累計折舊。本帳戶是「固定資產」帳戶的備抵帳戶，反應固定資產因磨損而減少的價值。「固定資產」帳戶的借方余額減去「累計折舊」帳戶的貸方余額，即為固定資產淨值，也稱折余價值。本帳戶貸方登記計提固定資產的折舊數額，借方登記因出售、報廢、毀損的固定資產而相應轉銷的折舊數額，期末貸方余額反應現有固定資產已提取的累計折舊額。本帳戶可按固定資產的類別或項目進行明細核算。

6. 「庫存商品」帳戶

該帳戶核算企業庫存的各種商品的實際成本（或進價）或計劃成本（或售價），包括庫存產成品、外購商品、存放在門市部準備出售的商品、發出展覽的商品以及寄存在外的商品等。本帳戶屬於資產類帳戶，借方登記完工入庫產成品的實際成本，貸方登記發出產成品的實際成本，期末借方余額反應庫存產成品的實際製造成本。本帳戶可按庫存商品的種類、品種和規格等進行明細核算。

(三) 帳務處理

1. 材料費用的核算

企業在生產經營過程中耗用的材料成本，應按材料的具體用途計入有關成本費用中。其中產品生產直接耗用的材料，借記「生產成本」帳戶；生產車間一般耗用的材料，借記「製造費用」帳戶；企業行政管理部門一般耗用的材料，借記「管理費用」帳戶等。同時按照本期耗用的材料成本總額貸記「原材料」帳戶。

【例3-19】邕桂公司從倉庫發出 A、B 材料各一批，共計 325,000 元。其中：生產甲產品領用 A 材料 90,000 元，B 材料 60,000 元；生產乙產品領用 A 材料 65,000 元，B 材料 35,000 元；車間一般耗用 A 材料 20,000 元，B 材料 25,000 元；廠部行政領用 B 材料 30,000元。

分析：這筆經濟業務中的材料使用於三個方面，一是直接用於產品生產的直接材料費用，甲產品耗用材料 150,000 元、乙產品耗用材料 100,000 元，分別計入「生產成本」帳戶借方；二是車間一般耗用的材料費用 45,000 元，應計入「製造費用」帳戶借方；三是企業行政管理部門耗用的材料費用 30,000 元，應計入「管理費用」帳戶借方。同時，領用材料使 A 材料存貨減少 175,000 元，B 材料存貨減少 150,000 元，應計入「原材料」帳戶貸方。會計分錄如下：

借：生產成本——甲產品　　　　　　　　　　　　150,000
　　　　　　——乙產品　　　　　　　　　　　　100,000
　　製造費用——材料費　　　　　　　　　　　　 45,000
　　管理費用——材料費　　　　　　　　　　　　 30,000
　貸：原材料——A 材料　　　　　　　　　　　　175,000
　　　　　　——B 材料　　　　　　　　　　　　150,000

2. 人工費用的核算

每月末，企業要根據職工當月工作情況結算出應付給每個職工的薪酬，確定職工薪酬總額，當月的職工薪酬一般於下月初支付。因此，人工費用的核算主要包括分配結轉職工薪酬費用的核算和支付職工薪酬的核算。

(1) 期末分配結轉職工薪酬費用的核算。職工薪酬費用按照享受職工薪酬人員所在的部門和從事的具體工作，計入有關成本費用中。其中，直接從事產品生產工人的薪酬，借記「生產成本」帳戶；車間管理人員的薪酬，借記「製造費用」帳戶；企業行政管理部門人員的薪酬，借記「管理費用」帳戶等。同時按照應付職工薪酬總額貸記「應付職工薪酬」帳戶。

【例3-20】邕桂公司分配結轉本月應付職工薪酬 195,000 元。其中：製造甲產品工人薪酬 90,000 元，製造乙產品工人薪酬 60,000 元，車間管理人員薪酬 27,000 元，廠部管理人員薪酬 18,000 元。

分析：這筆經濟業務使企業的成本類帳戶「生產成本」「製造費用」分別增加了 150,000 元和 27,000 元，費用類帳戶「管理費用」增加了 18,000 元，負債類帳戶「應付職工薪酬」增加了 195,000 元。會計分錄如下：

借：生產成本——甲產品　　　　　　　　　　　　 90,000
　　　　　　——乙產品　　　　　　　　　　　　 60,000
　　製造費用——人工費　　　　　　　　　　　　 27,000

管理費用——人工費　　　　　　　　　　　　　　　　　　　　18,000
　　　　貸：應付職工薪酬——工資　　　　　　　　　　　　　　　　　195,000
　　(2) 下月初實際支付職工薪酬的核算。從銀行存款戶實際發放職工薪酬時，借記「應付職工薪酬」帳戶，貸記「銀行存款」帳戶。

　　【例3-21】以銀行存款發放上月職工薪酬195,000元。
　　分析：這筆經濟業務使企業的負債類帳戶「應付職工薪酬」減少了195,000元，資產類帳戶「銀行存款」減少了195,000元。會計分錄如下：
　　　借：應付職工薪酬——工資　　　　　　　　　　　　　　　　　195,000
　　　　貸：銀行存款　　　　　　　　　　　　　　　　　　　　　　195,000

3. 折舊費用的核算

　　固定資產折舊是指企業的固定資產隨著其有形或無形的損耗而逐漸轉移的價值。這部分轉移的價值要以折舊費用的形式計入有關成本費用中。其中，生產車間用的固定資產折舊應借記「製造費用」帳戶，企業行政管理部門用的固定資產折舊應借記「管理費用」帳戶等，同時按本期固定資產折舊總額貸記「累計折舊」帳戶。

　　【例3-22】邕桂公司按規定計提本月固定資產折舊38,000元。其中：生產車間用的固定資產折舊為30,000元，行政管理部門用的固定資產折舊為8,000元。
　　分析：這筆經濟業務使企業的成本類帳戶「製造費用」增加了30,000元，費用類帳戶「管理費用」增加了8,000元，資產類（抵減調整類）帳戶「累計折舊」增加了38,000元。會計分錄如下：
　　　借：製造費用——折舊費　　　　　　　　　　　　　　　　　　30,000
　　　　　管理費用——折舊費　　　　　　　　　　　　　　　　　　 8,000
　　　　貸：累計折舊　　　　　　　　　　　　　　　　　　　　　　38,000

4. 其他費用的核算

　　在生產經營過程中，除了發生上述的材料、工資、折舊等費用外，還會發生辦公費、水電費、郵電費、保險費、報紙雜誌費等各項其他費用。一般來說，這些費用可以在實際發生時根據受益對象直接計入有關成本費用帳戶中。

　　【例3-23】邕桂公司以銀行存款支付本月水電費12,500元。其中：生產車間耗用10,500元，行政管理部門耗用2,000元。
　　分析：這筆經濟業務使企業成本類帳戶「製造費用」增加了10,500元，費用類帳戶「管理費用」增加了2,000元，資產類帳戶「銀行存款」減少了12,500元。會計分錄如下：
　　　借：製造費用——水電費　　　　　　　　　　　　　　　　　　10,500
　　　　　管理費用——水電費　　　　　　　　　　　　　　　　　　 2,000
　　　　貸：銀行存款　　　　　　　　　　　　　　　　　　　　　　12,500

5. 結轉製造費用的核算

　　製造費用是指企業各生產單位（車間）為組織和管理生產而發生的間接生產費用。這些費用平時通過「製造費用」帳戶歸集，月末轉入「生產成本」帳戶。生產多種產品的企業，還須選用一定的分攤標準在各種產品之間進行分配。常見的分配標準有生產工人工資、生產工時、機器工時等。月末各產品應負擔的製造費用轉入「生產成本」帳戶時，借記「生產成本——某產品」帳戶，貸記「製造費用」帳戶。

【例3-24】根據【例3-19】至【例3-23】的有關資料匯總，該企業本月共發生製造費用112,500元，按生產工人薪酬費用比例在甲產品和乙產品之間進行分配。經過計算，甲產品應負擔製造費用67,500元，乙產品應負擔製造費用45,000元。

分析：這筆經濟業務使企業本月發生的製造費用最終全都轉入甲產品和乙產品的製造成本中。會計分錄如下：

借：生產成本——甲產品　　　　　　　　　　　　　　67,500
　　　　　　——乙產品　　　　　　　　　　　　　　45,000
　　貸：製造費用　　　　　　　　　　　　　　　　　112,500

6. 結轉完工產品製造成本的核算

生產過程中的產品生產完工后，要驗收入庫，並結轉其實際製造成本，借記「庫存商品」帳戶，貸記「生產成本」帳戶。

【例3-25】以【例3-19】至【例3-24】的有關資料為例，假設本月生產的甲產品完工1,000件和乙產品完工1,000件，並已驗收入庫，甲產品的單位生產成本為307.5元，乙產品的單位生產成本為205元。

分析：這筆經濟業務使企業的資產類帳戶「庫存商品」增加了512,500元，成本類帳戶「生產成本」減少了512,500元。會計分錄如下：

借：庫存商品——甲產品　　　　　　　　　　　　　　307,500
　　　　　　——乙產品　　　　　　　　　　　　　　205,000
　　貸：生產成本——甲產品　　　　　　　　　　　　307,500
　　　　　　　　——乙產品　　　　　　　　　　　　205,000

四、借貸記帳法在銷售過程中的應用

（一）銷售過程的主要經濟業務

銷售過程是工業企業經營活動的第三階段。企業生產過程結束，即形成庫存商品以備銷售。企業的銷售過程就是產品價值的實現過程，在銷售過程中，企業一方面要按合同規定向購貨單位發送產品；另一方面要與購貨單位辦理結算，收取貨款和增值稅銷項稅額，確認收入的實現和計算確定應交納的相關稅費，還要計算結轉已銷售產品的成本。此外，在銷售過程中還要核算產品包裝費、運輸費、裝卸費、保險費、展覽費、廣告費等銷售費用。

（二）應設帳戶

1. 「主營業務收入」帳戶

該帳戶核算企業確認的銷售商品、提供勞務等主營業務的收入。本帳戶屬於損益類帳戶中的收入類帳戶，貸方登記實現的銷售收入，借方登記因為發生退貨、折讓等而減少的收入以及期末轉入「本年利潤」帳戶的淨收入結轉額，期末結轉后無餘額。本帳戶可按主營業務的種類進行明細核算。

2. 「主營業務成本」帳戶

該帳戶核算企業確認銷售商品、提供勞務等主營業務收入時應結轉的成本。本帳戶屬於損益類帳戶中的費用類帳戶，借方登記因銷售商品、提供勞務而發生的實際成本，貸方登記因為發生退貨而衝減的成本以及期末轉入「本年利潤」帳戶的淨成本結轉額，期末結轉后無餘額。本帳戶可按主營業務的種類進行明細核算。

3.「其他業務收入」帳戶

該帳戶核算企業確認的除主營業務活動以外的其他經營活動實現的收入，包括出租固定資產、出租無形資產、出租包裝物和商品、銷售材料、用材料進行非貨幣性交換（非貨幣性資產交換具有商業實質且公允價值能夠可靠計量）或債務重組等實現的收入。本帳戶屬於損益類帳戶中收入類帳戶，貸方登記企業取得的其他收入，借方登記因某種原因而減少的收入以及期末轉入「本年利潤」帳戶的淨收入數額，期末結轉后無餘額。本帳戶可按其他業務收入種類進行明細核算，如「材料銷售」「包裝物出租」「固定資產出租」「無形資產出租」等。

4.「其他業務成本」帳戶

該帳戶核算企業確認的除主營業務活動以外的其他經營活動所發生的支出，包括銷售材料的成本、出租固定資產的折舊額、出租無形資產的攤銷額、出租包裝物的成本或攤銷額以及採用成本模式計量的投資性房地產計提的折舊額或攤銷額。本帳戶屬於損益類帳戶中費用類帳戶，借方登記發生的各項其他業務成本，貸方登記因某種原因而衝減的成本以及轉入「本年利潤」帳戶的淨成本數額，期末結轉后無餘額。本帳戶可按其他業務成本的種類進行明細核算，如「材料銷售」「包裝物出租」「固定資產出租」「無形資產出租」等。

5.「營業稅金及附加」帳戶

該帳戶核算企業經營活動發生的營業稅、消費稅、城市維護建設稅、資源稅和教育費附加等相關稅費。房產稅、車船使用稅、土地使用稅、印花稅在「管理費用」科目核算，但與投資性房地產相關的房產稅、土地使用稅在本科目核算。本帳戶屬於損益類帳戶中的費用類帳戶，借方登記除增值稅、所得稅等以外的各種銷售稅金及附加費用，貸方登記期末轉入「本年利潤」帳戶的結轉額，期末結轉后無餘額。

6.「銷售費用」帳戶

該帳戶核算企業銷售商品和材料、提供勞務的過程中發生的各種費用，包括保險費、包裝費、展覽費、廣告費、商品維修費、預計產品質量保證損失、運輸費、裝卸費等以及為銷售本企業商品而專設的銷售機構（含銷售網點、售后服務網點等）的職工薪酬、業務費、折舊費等經營費用。企業發生的與專設銷售機構相關的固定資產修理費用等后續支出，也在本帳戶核算。本帳戶屬於損益類帳戶中的費用類帳戶，借方登記各項銷售費用的發生數額，貸方登記期末轉入「本年利潤」帳戶的結轉額，期末結轉后無餘額。本帳戶可按費用項目進行明細核算。

7.「應交稅費——應交增值稅（銷項稅額）」帳戶

該帳戶核算銷售過程中向購貨方收取的增值稅。本帳戶屬於負債類帳戶，向購貨方收取增值稅時應記入「應交稅費——應交增值稅（銷項稅額）」帳戶的貸方。就一般納稅企業而言，本帳戶的貸方發生額抵扣借方發生額（進項稅額）后的貸方餘額，即為企業實際應向國家稅務機關交納的增值稅額。

8.「應收帳款」帳戶

該帳戶核算企業因銷售商品、提供勞務等經營活動應收取的款項。本帳戶屬於資產類帳戶，借方登記應收帳款的增加數，貸方登記應收帳款的減少數，期末借方餘額反應尚未收回的應收帳款數額。本帳戶可按債務人進行明細核算。

9.「應收票據」帳戶

該帳戶核算企業因銷售商品、提供勞務等而收到的商業匯票，包括銀行承兌匯票和商業承兌匯票。本帳戶屬於資產類帳戶，借方登記企業因銷售產品等收到的商業匯票的票面金額和期末計提的利息，貸方登記收到對方承兌的商業匯票的票面金額和已計提的利息，期末借方余額反應企業持有的商業匯票的票面價值和計提的利息。本帳戶可按開出、承兌商業匯票的單位進行明細核算。

10.「預收帳款」帳戶

該帳戶核算企業按照合同規定預收的款項。本帳戶屬於負債類帳戶，貸方登記預收和補收款項的數額，借方登記企業向購貨方發貨后衝銷的預收帳款數額和退還購貨方多付帳款的數額，期末貸方余額反應已預收帳款但尚未向購貨方發貨的數額。預收帳款情況不多的企業，也可以不設置本帳戶，將預收的款項直接記入「應收帳款」帳戶。本帳戶可按購貨單位進行明細核算。

(三) 帳務處理

1. 銷售產品收入的核算

企業銷售產品，達到收入確認條件的，應當按實際收取或應收取的款項借記「銀行存款」或「應收帳款」或「應收票據」帳戶，按價款貸記「主營業務收入」帳戶和按增值稅稅額貸記「應交稅費——應交增值稅（銷項稅額）」帳戶。具體有如下三種情況：

（1）實現銷售收入同時收取款項的核算

當產品已經發出，貨款已經收到時，應根據實際收到款項的結算憑證，借記「銀行存款」帳戶，根據發票確定的收入，貸記「主營業務收入」帳戶，根據增值稅專用發票上註明的稅額，貸記「應交稅費——應交增值稅（銷項稅額）」帳戶。

【例3-26】邕桂公司出售甲產品800件，每件售價400元，增值稅專用發票註明價款320,000元，增值稅銷項稅額為54,400元。產品已發出，款項已收存銀行。

分析：這筆經濟業務使企業的資產類帳戶「銀行存款」增加了374,400元，收入類帳戶「主營業務收入」增加了320,000元，負債類帳戶「應交稅費——應交增值稅（銷項稅額）」增加了54,400元。會計分錄如下：

借：銀行存款　　　　　　　　　　　　　　　　374,400
　　貸：主營業務收入——甲產品　　　　　　　　　320,000
　　　　應交稅費——應交增值稅（銷項稅額）　　　　54,400

（2）實現銷售收入但尚未收到款的核算

當產品已經按合同要求發出，貨款款尚未收到時，應分兩步進行帳務處理：第一步，發出產品時，根據發票帳單確定的應收金額（包括貨款、稅款、代墊運雜費等），借記「應收帳款」帳戶，如果取得購貨方承兌的商業匯票則借記「應收票據」帳戶；根據銷售發票上註明的貨款，貸記「主營業務收入」帳戶，根據增值稅專用發票上註明的稅額，貸記「應交稅費——應交增值稅（銷項稅額）」帳戶。第二步，收到款項時，根據結算憑證，借記「銀行存款」帳戶，貸記「應收帳款」或「應收票據」帳戶。

【例3-27】邕桂公司按合同向南寧百貨公司出售乙產品200件，每件售價300元，增值稅銷項稅額為10,200元，貨已發出，按合同規定購貨方在收到貨物后30天內支付

款項。

分析：這筆經濟業務使企業的資產類帳戶「應收帳款」增加了70,200元，收入類帳戶「主營業務收入」增加了60,000元，負債類帳戶「應交稅費」增加了10,200元。會計分錄如下：

借：應收帳款——南寧百貨公司　　　　　　　　　　　70,200
　　貸：主營業務收入——乙產品　　　　　　　　　　　60,000
　　　　應交稅費——應交增值稅（銷項稅額）　　　　　10,200

邕桂公司收到款項時，會計分錄如下：
借：銀行存款　　　　　　　　　　　　　　　　　　　70,200
　　貸：應收帳款——南寧百貨公司　　　　　　　　　　70,200

【例3-28】邕桂公司向南京百貨公司出售甲產品100件，每件售價400元，增值稅銷項稅額為6,800元。貨已發出，款項採用商業匯票結算，收到南京百貨公司承兌的面值為46,800元，期限為三個月不帶息的商業匯票一張。

分析：這筆經濟業務使企業的資產類帳戶「應收票據」增加了46,800元，收入類帳戶「主營業務收入」增加了40,000元，負債類帳戶「應交稅費」增加了6,800元。會計分錄如下：

借：應收票據——南京百貨公司　　　　　　　　　　　46,800
　　貸：主營業務收入——甲產品　　　　　　　　　　　40,000
　　　　應交稅費——應交增值稅（銷項稅額）　　　　　 6,800

三個月後收到南京百貨公司兌付的票款時，會計分錄如下：
借：銀行存款　　　　　　　　　　　　　　　　　　　46,800
　　貸：應收票據——南京百貨公司　　　　　　　　　　46,800

(3) 預收貨款銷售的核算

預收貨款方式是指銷售方在發貨之前，根據購銷合同先向購貨方預收部分貨款，以后再發出貨物的一種銷售方式。這類經濟業務的帳務處理應分三步進行：第一步，預收貨款時，按照實際預收的數額，借記「銀行存款」帳戶，貸記「預收帳款」帳戶；第二步，發出貨物，實現銷售收入時，借記「預收帳款」帳戶，貸記「主營業務收入」帳戶和「應交稅費——應交增值稅（銷項稅額）」帳戶。第三步，如果已預收的貨款小於應收帳款，則在補收款項時，借記「銀行存款」帳戶，貸記「預收帳款」帳戶；如果已預收的帳款大於應收帳款，則在退還余款時，借記「預收帳款」帳戶，貸記「銀行存款」帳戶。

【例3-29】邕桂公司根據購銷合同規定，向柳州百貨公司預收貨款70,200元，款存銀行。

分析：這筆經濟業務使企業的資產類帳戶「銀行存款」增加了70,200元，負債類帳戶「預收帳款」增加了70,200元。會計分錄如下：

借：銀行存款　　　　　　　　　　　　　　　　　　　70,200
　　貸：預收帳款——柳州百貨公司　　　　　　　　　　70,200

【例3-30】（承例3-29）邕桂公司在預收帳款后，向柳州百貨公司發出乙產品300件，每件售價400元，增值稅銷項稅額為20,400元。

分析：這筆經濟業務使企業的負債類帳戶「預收帳款」減少了140,400元，收入

類帳戶「主營業務收入」增加了 120,000 元，負債類帳戶「應交稅費」增加了 20,400 元。會計分錄如下：

  借：預收帳款——柳州百貨公司公司   140,400
   貸：主營業務收入——乙產品   120,000
     應交稅費——應交增值稅（銷項稅額）   20,400

收到柳州百貨公司補付的貨款時，會計分錄如下：

  借：銀行存款   70,200
   貸：預收帳款——柳州百貨公司   70,200

2. 結轉已售產品製造成本的核算

收入實現除了反應銷售收入外，還要在同期結轉已售產品的實際生產成本並同時減少庫存商品的帳面價值。即：借記「主營業務成本」帳戶，貸記「庫存商品」帳戶。

【例3-31】邕桂公司本月已售甲產品900件、乙產品500件，本月甲產品的單位生產成本為307.5元，乙產品的單位生產成本為205元。月末結轉已售產品的成本。

分析：已售甲產品的成本為276,750（900×307.5＝276,750）元，已售乙產品的成本為102,500（500×205＝102,500）元。這筆經濟業務使企業的費用類帳戶「主營業務成本」增加了379,250元，資產類帳戶「庫存商品」減少了379,250元。會計分錄如下：

  借：主營業務成本——甲產品   276,750
       ——乙產品   102,500
   貸：庫存商品——甲產品   276,750
      ——乙產品   102,500

3. 其他業務的核算

其他業務是指除主營業務活動以外的其他經營活動，包括出租固定資產、出租無形資產、出租包裝物和商品、銷售材料等。取得相關收入時，借記「銀行存款」等帳戶，貸記「其他業務收入」帳戶；在開展其他業務的活動中，結轉和發生相關的成本費用時，借記「其他業務成本」帳戶，貸記「原材料」「銀行存款」等有關帳戶。

【例3-32】邕桂公司銷售A材料一批，售價為30,000元，增值稅銷項稅額為5,100元，款項已收到並存入銀行，材料的實際成本為24,000元。

分析：這筆經濟業務使企業的資產類帳戶「銀行存款」增加了35,100元；同時，收入類帳戶「其他業務收入」增加了30,000元，負債類帳戶「應交稅費——應交增值稅（銷項稅額）」增加了5,100元。會計分錄如下：

  借：銀行存款   35,100
   貸：其他業務收入——A材料   30,000
     應交稅費——應交增值稅（銷項稅額）   5,100

同時，結轉材料的銷售成本：

  借：其他業務成本——A材料   24,000
   貸：原材料——A材料   24,000

4. 銷售費用的核算

銷售費用是企業在銷售過程中發生的由本企業負擔的產品運輸費、裝卸費、包裝費、途中保險費、展覽費、廣告費以及專設銷售機構人員的薪酬、業務費等各項經營

費用。發生銷售費用時，借記「銷售費用」帳戶，貸記「銀行存款」「庫存現金」等帳戶。

【例3-33】邕桂公司以銀行存款支付展銷費 20,000 元。

分析：這筆經濟業務使企業的費用類帳戶「銷售費用」增加了 20,000 元，資產類帳戶「銀行存款」減少了 20,000 元。會計分錄如下：

借：銷售費用——展銷費　　　　　　　　　　　　20,000
　　貸：銀行存款　　　　　　　　　　　　　　　　　　20,000

5. 營業稅金及附加的核算

企業在銷售產品后，除了要向國家繳納增值稅以外，還要向國家計算繳納消費稅、營業稅、城市維護建設稅和教育費附加，這些稅金和附加屬於價內稅費，應作為費用通過「營業稅金及附加」帳戶核算。計算確定這些銷售稅金及附加費時，借記「營業稅金及附加」帳戶，貸記「應交稅費」帳戶。

【例3-34】邕桂公司銷售的甲產品為應稅消費品，按本月銷售收入和國家規定的稅率，計算出本月應負擔的消費稅 4,000 元。

分析：這筆經濟業務使企業費用類帳戶「營業稅金及附加」增加了 4,000 元，負債類帳戶「應交稅費」增加了 4,000 元。會計分錄如下：

借：營業稅金及附加　　　　　　　　　　　　　　4,000
　　貸：應交稅費——應交消費稅　　　　　　　　　　　4,000

五、借貸記帳法在利潤形成及分配過程中的應用

（一）利潤的構成

利潤是指企業在一定會計期間的經營成果，也就是財務成果。利潤包括收入減去費用後的淨額、直接計入當期利潤的利得和損失等。

直接計入當期利潤的利得和損失，是指應當計入當期損益、會導致所有者權益發生增減變動的、與所有者投入資本或者向所有者分配利潤無關的利得或者損失。

利潤相關計算公式如下：

1. 營業利潤＝營業收入－營業成本－營業稅金及附加－銷售費用－管理費用－財務費用－資產減值損失＋公允價值變動收益（－公允價值變動損失）＋投資收益（－投資損失）

式中：營業收入是指企業經營業務所確認的收入總額，包括主營業務收入和其他業務收入。營業成本是指企業經營業務所發生的實際成本總額，包括主營業務成本和其他業務成本。資產減值損失是指企業計提的各項資產減值準備所形成的損失。（本教材暫不涉及）公允價值變動收益（或損失）是指企業交易性金融資產等公允價值變動形成的應計入當期損益的利得（或損失）。（本教材暫不涉及）投資收益（或損失）是指企業以各種方式對外投資所取得的收益（或發生的損失）。

2. 利潤總額＝營業利潤＋營業外收入－營業外支出

式中：營業外收入是指企業取得的與日常經營活動無直接關係的各項利得。營業外支出是指企業發生的與日常經營活動無直接關係的各項損失。

3. 淨利潤＝利潤總額－所得稅費用

式中，所得稅費用是指企業確認的應從當期利潤總額中扣除的所得稅費用。

4. 其他綜合收益

它是指企業根據其他會計準則規定未在當期損益中確認的各項利得和損失。(本教材暫不涉及)

5. 綜合收益總額＝淨利潤＋以后會計期間可重分類進損益的其他綜合收益＋以后會計期間不能重分類進損益的其他綜合收益

式中：綜合收益是指企業在某一會計期間除與所有者以其所有者身分進行的交易之外的其他交易或事項所引起的所有者權益變動。(本教材暫不涉及) 綜合收益總額項目反應淨利潤和其他綜合收益扣除所得稅影響后的淨額相加后的合計金額。(本教材暫不涉及) 以后會計期間可重分類進損益的其他綜合收益項目，主要包括按照權益法核算的在被投資單位以后會計期間在滿足規定條件時將重分類進損益的其他綜合收益中所享有的份額、可供出售金融資產公允價值變動形成的利得或損失、持有至到期投資重分類為可供出售金融資產形成的利得或損失、現金流量套期工具產生的利得或損失中屬於有效套期的部分、外幣財務報表折算差額等。(本教材暫不涉及) 以后會計期間不能重分類進損益的其他綜合收益項目，主要包括重新計量設定受益計劃淨負債或淨資產導致的變動、按照權益法核算的在被投資單位以后會計期間不能重分類進損益的其他綜合收益中所享有的份額等。(本教材暫不涉及)

(二) 應設帳戶

1.「營業外收入」帳戶

該帳戶核算企業發生的各項營業外收入，主要包括非流動資產處置利得、非貨幣性資產交換利得、債務重組利得、政府補助、盤盈利得、捐贈利得等。本帳戶屬於損益類帳戶中的收入類帳戶，貸方登記企業發生的各項營業外收入，借方登記轉入「本年利潤」帳戶的結轉額，期末結轉后無餘額。本帳戶可按營業外收入項目進行明細核算。

2.「營業外支出」帳戶

該帳戶核算企業發生的各項營業外支出，包括非流動資產處置損失、非貨幣性資產交換損失、債務重組損失、公益性捐贈支出、非常損失、盤虧損失等。本帳戶屬於損益類帳戶中的損失類帳戶，借方登記企業發生的各項營業外支出，貸方登記轉入「本年利潤」帳戶的結轉額，期末結轉后無餘額。本帳戶可按支出項目進行明細核算。

3.「所得稅費用」帳戶

該帳戶核算企業確認的應從當期利潤總額中扣除的所得稅費用。本帳戶屬於損益類帳戶中的費用類帳戶，借方登記按應納稅所得額計算的應納所得稅額所確認的當期所得稅費用和調整增加的所得稅費用，貸方登記調整減少的所得稅費用以及期末轉入「本年利潤」帳戶的結轉額，期末結轉后無餘額。本帳戶可按「當期所得稅費用」和「遞延所得稅費用」進行明細核算。

4.「本年利潤」帳戶

該帳戶核算企業當期實現的淨利潤（或發生的淨虧損）。本帳戶屬於所有者權益類帳戶，借方登記轉入的各類成本、費用、損失，貸方登記轉入的各類收入、利得。結轉后，貸方餘額反應實現的淨利潤，借方餘額反應發生的淨虧損。年度終了，應將本年收入和支出相抵后結出的本年實現的淨利潤或發生的淨虧損，轉入「利潤分配」科目，結轉后本帳戶無餘額。

5.「利潤分配」帳戶

該帳戶核算企業利潤的分配（或虧損的彌補）和歷年分配（或彌補）后的余額。本帳戶屬於所有者權益類帳戶，借方登記企業已分配的利潤數額，貸方登記由「本年利潤」帳戶轉來的淨利潤（淨虧損轉入借方）以及轉入的彌補虧損數，期末貸方余額表示年末未分配利潤，借方余額表示年末未彌補虧損。本帳戶應當分別按「提取法定盈余公積」「提取任意盈余公積」「應付現金股利或利潤」「轉作股本的股利」「盈余公積補虧」和「未分配利潤」等進行明細核算。

6.「盈余公積」帳戶

該帳戶核算企業從淨利潤中提取的盈余公積。本帳戶屬於所有者權益類帳戶，貸方登記按規定從淨利潤中提取的盈余公積數額，借方登記用盈余公積彌補虧損或用盈余公積轉增資本的數額，期末貸方余額反應盈余公積的結余數。本帳戶應分別按「法定盈余公積」「任意盈余公積」進行明細核算。

7.「應付股利」帳戶

該帳戶核算企業分配的現金股利或利潤。本帳戶屬於負債類帳戶，貸方登記企業應支付的現金股利或利潤，借方登記企業實際支付的現金股利或利潤，期末貸方余額反應企業應付未付的現金股利或利潤。本帳戶可按投資者進行明細核算。

(三) 帳務處理

1. 營業外收支的核算

(1) 營業外收入的核算

①營業外收入的內容。營業外收入是指企業發生的與其日常活動無直接關係的各項利得。營業外收入並不是企業經營資金耗費所產生的，不需要企業付出代價，實際上是經濟利益的淨流入，不可能也不需要與有關的費用進行配比。營業外收入主要包括非流動資產處置利得、盤盈利得、罰沒利得、捐贈利得、確實無法支付而按規定程序經批准后轉作營業外收入的應付款項等。

其中：非流動資產處置利得包括固定資產處置利得和無形資產出售利得。固定資產處置利得，指企業出售固定資產所取得價款或報廢固定資產的材料價值和變價收入等，扣除處置固定資產的帳面價值、清理費用、處置相關稅費后的淨收益；無形資產出售利得，指企業出售無形資產所取得價款，扣除出售無形資產的帳面價值、出售相關稅費后的淨收益。

盤盈利得，指對於現金等清查盤點中盤盈的現金等，報經批准后計入營業外收入的金額。

罰沒利得，指企業取得的各項罰款，在彌補由於對違反合同或協議而造成的經濟損失后的罰款淨收益。

捐贈利得，指企業接受捐贈產生的利得。

②營業外收入的會計處理

企業確認營業外收入，借記「固定資產清理」「銀行存款」「庫存現金」「應付帳款」等帳戶，貸記「營業外收入」帳戶。期末，應將「營業外收入」帳戶余額轉入「本年利潤」帳戶，借記「營業外收入」帳戶，貸記「本年利潤」帳戶。

【例 3-35】邕桂公司按有關規定取得罰款收入 25,250 元存入銀行。

分析：這筆經濟業務使企業的資產類帳戶「銀行存款」增加了 25,250 元，收入類

帳戶「營業外收入」增加了 25,250 元。會計分錄如下：

　　借：銀行存款　　　　　　　　　　　　　　　　　25,250
　　　貸：營業外收入——罰沒利得　　　　　　　　　　　　25,250

（2）營業外支出的核算

①營業外支出的內容。營業外支出是指企業發生的與其日常活動無直接關係的各項損失，主要包括非流動資產處置損失、盤虧損失、罰款支出、公益性捐贈支出、非常損失等。

其中：非流動資產處置損失包括固定資產處置損失和無形資產出售損失。固定資產處置損失，指企業出售固定資產所取得價款或報廢固定資產的材料價值和變價收入等，不足以抵補處置固定資產的帳面價值、清理費用、處置相關稅費所發生的淨損失；無形資產出售損失，指企業出售無形資產所取得價款，不足以抵補出售無形資產的帳面價值、出售相關稅費后所發生的淨損失。

盤虧損失，指對於固定資產清查盤點中盤虧的固定資產，在查明原因處理時按確定的損失計入營業外支出的金額。

罰款支出，指企業由於違反稅收法規、經濟合同等而支付的各種滯納金和罰款。

公益性捐贈支出，指企業對外進行公益性捐贈發生的支出。

非常損失，指企業對於因客觀因素（如自然災害等）造成的損失，在扣除保險公司賠償后應計入營業外支出的淨損失。

②營業外支出的會計處理

企業發生營業外支出時，借記「營業外支出」帳戶，貸記「固定資產清理」「待處理財產損溢」「庫存現金」「銀行存款」等帳戶。期末，應將「營業外支出」科目余額轉入「本年利潤」帳戶，借記「本年利潤」帳戶，貸記「營業外支出」帳戶。

【例 3-36】邕桂公司以銀行存款向殘疾人基金會捐款 10,000 元。

分析：這筆經濟業務使企業的損益類帳戶「營業外支出」增加了 10,000 元，資產類帳戶「銀行存款」減少了 10,000 元。會計分錄如下：

　　借：營業外支出——公益性捐贈支出　　　　　　　　10,000
　　　貸：銀行存款　　　　　　　　　　　　　　　　　　10,000

2. 本年利潤的核算

會計期末，企業應將當期損益類帳戶中的各收益類帳戶淨發生額從其借方轉入「本年利潤」帳戶貸方；將當期損益類帳戶中的各成本、費用、損失類帳戶淨發生額從其貸方轉入「本年利潤」帳戶借方，通過「本年利潤」帳戶對比計算出當期的稅前利潤總額或虧損總額。

【例 3-37】根據【例 3-13】至【例 3-36】的有關資料，結轉邕桂公司損益類帳戶的會計分錄如下：

　（1）借：主營業務收入　　　　　　　　　　　　　540,000
　　　　　其他業務收入　　　　　　　　　　　　　　30,000
　　　　　營業外收入　　　　　　　　　　　　　　　25,250
　　　　　貸：本年利潤　　　　　　　　　　　　　　　595,250
　（2）借：本年利潤　　　　　　　　　　　　　　　495,250
　　　　　貸：主營業務成本　　　　　　　　　　　　　379,250

其他業務成本	24,000
營業稅金及附加	4,000
銷售費用	20,000
管理費用	58,000
營業外支出	10,000

3. 所得稅的核算

（1）當期所得稅的計算

當期應交所得稅＝當期應納稅所得額×所得稅稅率

當期應納稅所得額是在企業當期稅前會計利潤（即利潤總額）的基礎上調整確定的。計算公式為：

當期應納稅所得額＝當期稅前會計利潤＋納稅調整增加額－納稅調整減少額

納稅調整增加額主要包括企業已計入當期費用但超過稅法規定允許扣除的標準金額（如超過稅法規定標準的工資薪酬支出、業務招待費支出等），以及企業已經計入當期損失但是稅法規定不允許扣除項目的金額（如稅收滯納金、罰金等）。

納稅調整減少額主要包括按稅法規定允許彌補的虧損和准許免稅的項目（國庫券利息收入等）。

（2）所得稅費用的會計處理

【例3-38】邕桂公司本月稅前會計利潤為100,000元，所得稅稅率為25%。沒有發生納稅調整增加額項目和納稅調整減少額項目，所以：

當月應納稅所得額＝100,000＋0－0＝100,000（元）

當月應交所得稅＝100,000×25%＝25,000（元）

分析：處理這筆經濟業務使企業的費用類帳戶「所得稅費用」增加了25,000元，負債類帳戶「應交稅費」增加了25,000元。會計分錄如下：

借：所得稅費用　　　　　　　　　　　　　　　　　25,000
　　貸：應交稅費——應交所得稅　　　　　　　　　　25,000

【例3-39】將「所得稅費用」帳戶發生額轉入「本年利潤」帳戶。

分析：處理這筆經濟業務使企業的費用類帳戶「所得稅費用」減少了25,000元，所有者權益類帳戶「本年利潤」減少了25,000元。會計分錄如下：

借：本年利潤　　　　　　　　　　　　　　　　　　25,000
　　貸：所得稅費用　　　　　　　　　　　　　　　　25,000

此時，假定邕桂公司12月份「本年利潤」帳戶期初余額為225,000元（貸方），加上本月實現的淨利潤75,000（100,000－25,000）元，本年實現的淨利潤總計為300,000元。

4. 利潤分配的核算

利潤分配是企業根據國家有關規定、企業章程和投資者的決議，對企業當年可供分配的利潤所進行的分配。可供分配利潤的計算公式如下：

可供分配利潤＝年初未分配利潤（－年初未彌補虧損）＋當年實現的淨利潤＋盈余公積補虧

（1）利潤分配的程序

①提取法定盈余公積。在彌補完以前年度虧損的前提下，企業按本年實現淨利潤

的10%提取法定盈余公積。企業提取的法定盈余公累積計額超過其註冊資本的50%時，可不再提取。

②提取任意盈余公積。任意盈余公積是企業根據股東大會的決議提取的盈余公積。

③向投資者分配利潤。企業實現的淨利潤在扣除上述項目後，再加上期初未分配利潤，即為可供投資者分配的利潤。可供投資者分配的利潤的計算公式為：

可供投資者分配的利潤=可供分配利潤-提取法定盈余公積-提取任意盈余公積

（2）利潤分配的帳務處理

①將本年實現的淨利潤作為可供分配利潤轉入「利潤分配」帳戶時，借記「本年利潤」帳戶，貸記「利潤分配——未分配利潤」帳戶。如果當年發生虧損，作相反的會計分錄，意味著要減少可供分配的利潤。

【例3-40】根據上述有關資料，將邕桂公司本年實現的淨利潤300,000元轉入利潤分配。

分析：這筆經濟業務使企業的所有者權益類帳戶「利潤分配」增加了300,000元，所有者權益類帳戶「本年利潤」減少了300,000元，結轉后「本年利潤」帳戶余額為零。會計分錄如下：

借：本年利潤　　　　　　　　　　　　　　　　　　300,000
　　貸：利潤分配——未分配利潤　　　　　　　　　　300,000

②企業按規定提取法定盈余公積時，借記「利潤分配」帳戶，貸記「盈余公積」帳戶。

【例3-41】邕桂公司本年實現淨利潤300,000元，按10%的比例提取法定盈余公積。

分析：這筆經濟業務使企業的所有者權益類帳戶「利潤分配」減少了30,000元，所有者權益類帳戶「盈余公積」帳戶增加了30,000元。會計分錄如下：

借：利潤分配——提取法定盈余公積　　　　　　　　30,000
　　貸：盈余公積——法定盈余公積　　　　　　　　　30,000

③向投資者分配利潤時，借記「利潤分配」帳戶，貸記「應付股利」帳戶。

【例3-42】邕桂公司經股東大會批准，向投資者分配現金股利100,000元。

分析：這筆經濟業務使企業的所有者權益類帳戶「利潤分配」減少了100,000元，負債類帳戶「應付股利」帳戶增加了100,000元。會計分錄如下：

借：利潤分配——應付現金股利　　　　　　　　　　100,000
　　貸：應付股利　　　　　　　　　　　　　　　　　100,000

④年終，將已分配的利潤轉入「利潤分配——未分配利潤」帳戶。經過結轉，「利潤分配」帳戶下除「利潤分配——未分配利潤」明細帳以外，其他明細帳余額為零。

【例3-43】邕桂公司結轉上述已分配的利潤。

分析：這筆經濟業務使企業的所有者權益類帳戶「利潤分配——未分配利潤」減少了130,000元，所有者權益類帳戶「利潤分配」下的其他明細帳戶均已結轉為零。會計分錄如下：

借：利潤分配——未分配利潤　　　　　　　　　　　130,000
　　貸：利潤分配——提取法定盈余公積　　　　　　　30,000
　　　　　　　　——應付現金股利　　　　　　　　　100,000

假設邕桂公司年初未分配利潤為 400,000 元，則經過以上結轉，「利潤分配——未分配利潤」帳戶的貸方余額為 570,000（即：年初未分配利潤 400,000＋本年淨利潤 300,000－提取法定盈余公積 30,000－發給投資者的利潤 100,000）元，該數額即為該企業本年年末的未分配利潤。

思考題：

1. 什麼是記帳方法？簡述單式記帳法與復式記帳法的區別。
2. 復式記帳法的原理是什麼？
3. 復式記帳法的種類有哪些？
4. 借貸記帳法包括哪些內容？
5. 請簡述借貸記帳法下各類帳戶的結構。
6. 為什麼借貸記帳法可以進行試算平衡？怎樣進行試算平衡？
7. 有哪些差錯用試算平衡法不能檢查出來？
8. 會計分錄包括的基本要素有哪些？它的種類有哪些？
9. 簡述會計分錄的編製步驟。
10. 什麼是對應關係？什麼是對應帳戶？
11. 簡述工業企業資金運動的內容以及由此形成了哪些主要的經濟業務。
12. 利潤總額是怎樣形成的？
13. 期末應如何對損益類帳戶進行核算？
14. 年終，對於全年實現的淨利潤和已分配的利潤要做怎樣的結轉分錄？

第四章
會計憑證

【學習要求】

通過本章學習，要求讀者瞭解會計憑證的含義和種類；理解原始憑證和記帳憑證的含義和分類；掌握各種憑證的填製和審核要求；理解會計憑證的傳遞、裝訂和存檔要求。

【案例】

請指出張某的錯誤

邕桂公司採購生產材料一批，業務員王某將購買材料時從供貨單位取得的增值稅專用發票（發票聯）交給會計張某，並告訴張某貨款已付，材料明天就發過來。發票上註明貨物金額 20,000 元，增值稅進項稅額 3,400 元。因此，張某根據這張發票填製了通用記帳憑證，註明借記「原材料」20,000 元和「應交稅費——應交增值稅（進項稅額）」3,400 元，貸記「銀行存款」23,400 元。張某將填製好的記帳憑證交給會計主管李某簽字時，李某以審核不通過為由拒簽。請問王某取得的發票和張某填製的憑證屬於會計憑證嗎？兩者有什麼區別？你能幫張某指出他存在哪些錯誤嗎？

第一節　會計憑證的概述

一、會計憑證的概念

會計憑證，簡稱憑證，是記錄經濟業務事項、明確經濟責任，並據以登記會計帳簿的書面證明。

為了保證會計信息的真實可靠，任何單位對於發生的每一項經濟業務，都必須由該經濟業務的有關經辦單位或個人以書面形式記錄相關經濟業務的性質、時間、金額等信息，形成會計憑證，並在憑證上簽字或蓋章。在憑證上簽章的單位或個人，對該經濟業務的真實性、正確性負責。會計人員對會計憑證的真實性、合法性進行嚴格審核后，以此作為登記會計帳簿的依據。

二、會計憑證的種類

會計憑證種類繁多，按照填製程序和用途的不同，可分為原始憑證和記帳憑證兩大類。

原始憑證，也稱單據，是在經濟業務發生或完成時取得或填製的，是反應經濟業務具體內容及其發生或完成情況的書面證明，如購貨發票、銀行轉帳支票存根、報銷單、領料單和入庫單等。原始憑證是進行會計核算的原始資料和重要依據。

記帳憑證，也稱記帳憑單，是會計人員根據審核無誤后的原始憑證，據以確定經濟業務應借、應貸的會計科目和金額（即會計分錄）后填製的會計憑證，如收款憑證、付款憑證和轉帳憑證等。記帳憑證是登記帳簿的直接依據。

原始憑證和記帳憑證都屬於會計憑證，但就其性質而言卻截然不同。原始憑證記錄的是經濟信息，由辦理經濟業務的經辦人員填製，具有較強的法律效力；而記帳憑證記錄的是會計信息，一般由會計人員填製，是登記會計帳簿的直接依據。

三、會計憑證的作用

填製和審核會計憑證，是會計核算的基本方法之一，也是會計核算工作的起點。做好這項工作，對企事業單位的經濟活動實施會計監督，提高會計核算質量，具有十分重要的意義。

（一）反應經濟信息，提供登帳依據

企業對發生的每一項經濟業務，都要由經辦人員按規定的程序和要求及時填製或取得會計憑證，以書面形式反應該項經濟業務的發生和完成情況。會計憑證所記錄的信息是否真實、可靠、及時，對會計信息質量有重大的影響。

（二）明確經濟責任，強化內部控制

每一項經濟業務都由經辦單位或個人填製會計憑證並簽字蓋章，可反應經濟業務的辦理流程，也便於分清職責，促使相關單位或個人按規定的程序和要求辦事，強化內部控制。

（三）加強會計監督，控制經濟運行

通過審核會計憑證，可以查明一項經濟業務是否符合國家的有關規定，是否符合單位的規章制度，是否符合經濟效益原則，從而發揮會計監督作用，實現對經濟活動的事中控制，確保經濟活動健康有序的運行。

第二節　原始憑證

一、原始憑證的概念

原始憑證，也稱單據，是在經濟業務發生或完成時取得或填製的，也是反應經濟業務具體內容及其發生或完成情況的書面證明。

各單位在辦理購買材料、產品生產、產品銷售、現金收付、款項結算、成本核算等各項經濟業務時，都必須取得或填製原始憑證來證明經濟業務已經發生或完成。如單位採購材料時自供貨單位取得的購貨發票、自運輸單位取得的運貨憑證和自銀行取得的結算憑證等。凡是不能證明經濟業務發生或完成情況的各種單據，如購銷合同、購料申請單、工作令號等，不能作為原始憑證。

原始憑證是會計核算的重要原始資料，原始憑證的質量決定了會計信息的真實性和可靠性。因此，單位應該使經濟業務的經辦人員都充分認識到原始憑證在經營管理

和會計核算上的重要作用，同時明確經濟責任，使經辦人員能明確本職工作，嚴格遵守制度，認真負責地辦理各項手續。

二、原始憑證的內容

由於經濟業務事項種類繁多，來源廣泛，所涉及的財物、資金形式多種多樣，因此，原始憑證的所載內容和格式也千差萬別。但無論哪種原始憑證，都必須清晰記錄經濟業務內容，明確經辦人員責任。一般而言，原始憑證都應具備以下基本內容（也稱原始憑證要素）：

（1）原始憑證的名稱；
（2）填製憑證的日期及編號；
（3）接受憑證的單位名稱；
（4）經濟業務內容（數量、金額等）；
（5）填製憑證的單位名稱或填製人姓名；
（6）經辦人員的簽名或簽章。

在實際工作中，根據經營管理和特殊業務的需要，除了上述基本內容，還可以增加必要的內容。例如，為了滿足生產、計劃等部門的需要，在某些自製憑證上可以註明如計劃定額、合同編號等相應信息；有關部門可以針對不同單位經常發生的共性經濟業務制定統一的憑證格式，如人民銀行統一制定的銀行轉帳結算憑證，標明了結算雙方單位名稱、帳號等內容。

三、原始憑證的種類

（一）按來源分類

原始憑證按其取得來源的不同，可以分為外來原始憑證和自製原始憑證。

1. 外來原始憑證

外來原始憑證，是指在經濟業務發生或完成時，從其他單位或個人直接取得的原始憑證。如購買材料、商品時從供貨單位取得的增值稅專用發票（如圖4-1所示），向外單位支付款項時取得的收據，銀行轉來的各種結算憑證，職工出差取得的火車票、飛機票等。

2. 自製原始憑證

自製原始憑證，是指在經濟業務事項發生或完成時，由本單位內部經辦該業務的部門或個人自行填製的，僅在本單位內部使用的原始憑證，如收料單、領料單（如圖4-2所示）、產品入庫單（如圖4-3所示）、產品出庫單、工資單等。

湖北增值税专用发票

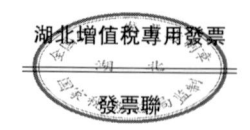

4500143258　　　　　　　　　　　　　　　　　　　　　　　No. 000264987

发票联

开票日期：2015 年 2 月 6 日

购货单位	名称：邕桂公司 纳税人识别号：450100667852393 地址、电话：南宁市金湖路 58 号 B 座 0771-5556320 开户行及账号：中国农业银行南宁中鸣分理处 007201040001189	密码区	-65745<19458<38404817　加密版本：01 5/37503848*7>234504>- 2//5>*854567-7<8*873　　3189121120 -<413-3001152-/7142>>8　　00343304

货物或应税劳务名称	规格型号	单位	数量	单价	金额	税率	税额
不锈钢棒	316L	吨	50	15,712.820,6	785,641.03	17%	133,558.97
合计					￥785,641.03		￥133,558.97

价税合计（大写）　⊗玖拾壹万玖仟贰佰元整　　　　　　　　　（小写）￥919,200.00

销货单位	名称：武汉市强源能源燃料有限公司 纳税人识别号：420115774569479 地址、电话：湖北省武汉市江夏区流芳车站旁　027-87806493 开户行及账号：中国工商银行武汉市东湖开发区支行　3202009009200064	备注	

收款人：　　　　复核：　　　　　　开票人：柳清清　　　　销货单位：（章）

图 4-1　增值税专用发票

领料单

领料部门：

用途：　　　　　　　　　　　　　　　　年　　月　　日　　　　　　　　　　第　　号

材料			单位	数量		成本								
编号	名称	规格		请领	实发	单价	百	十	万	千	百	十	元	角	分
合计															

部门经理：　　　　会计：　　　　　仓库：　　　　　经办人：

图 4-2　领料单

入庫單
年　月　日　　　　　　　　　　　單號：

交來單位及部門		驗收倉庫		入庫日期			
編號	名稱及規格	單位	數量		實際價格	
			交庫	實收	單價	金額

會計主管：　　　　　倉庫主管：　　　　　經辦人：　　　　　製單人：

圖 4-3　入庫單

(二) 按填製手續及內容分類

原始憑證按填製手續及內容不同，可以分為一次憑證、累計憑證、匯總原始憑證。

1. 一次憑證

一次憑證，是指一次填製完成的，只記錄一項或同時發生的若干項同類經濟業務的原始憑證，如發票、收據（如圖 4-4 所示）、領料單、收料單、銀行結算憑證等。所有的外來原始憑證和大部分的自製原始憑證屬於一次憑證。

2. 累計憑證

累計憑證，是指在一定時期內多次記錄若干項同類經濟業務的原始憑證。其特點是，在一張憑證內連續記載相同性質的經濟業務，隨時計算累計數及結餘數，並按照費用限額進行費用控制，期末按實際發生額的累計數記帳。累計憑證一般為自製原始憑證，填製手續是隨經濟業務的發生而分次進行的，如限額領料單（如圖 4-5 所示）。

3. 匯總原始憑證

在實際工作中，為了簡化記帳憑證的填製工作，通常將一定時期內反應同類經濟業務的若干張原始憑證匯總成一張原始憑證，這種憑證稱為匯總原始憑證或原始憑證匯總表，如工資匯總表、差旅費報銷單、原材料領用匯總表（如表 4-1 所示）等。原始憑證匯總表也屬於原始憑證。原始憑證匯總表只能匯總反應同類經濟業務，不能匯總兩類或兩類以上的經濟業務。

收　款　收　據
年　月　日　　　　　　　　　　　NO. 22331456

今收到＿＿＿＿＿＿＿＿＿＿＿＿＿＿＿＿＿＿＿＿＿＿＿＿＿＿＿＿＿＿＿＿

人民幣（大寫）　拾　萬　仟　佰　拾　元　角　分

¥＿＿＿＿＿＿　□現金　□支票　□信用卡　□其他　收款單位（蓋章）

核准：　　　　會計：　　　　記帳：　　　　出納：　　　　經手人：

第三聯　會計聯

圖 4-4　收據

限額領料單

領料部門　　　　　　　　　　　　　　　　　　　　　　領料編號
領料用途　　　　　　　　　　年　月　日　　　　　　　發料倉庫

材料類別	材料編號	材料名稱及規格	計量單位	領用限額	實際領用	單價	金額	備註

供應部門負責人：　　　　　　　　　　　生產計劃負責人：

日期	領用					退料				限額結余
	請領數量	實發數量	發料人簽章	領料人簽章		退料數量	退來人簽章	收料人簽章		

圖 4-5　限額領料單

表 4-1　　　　　　　　　原材料領用匯總表

應貸科目＼應借科目	A 原料		B 原料		C 原料		合計
	數量	金額	數量	金額	數量	金額	
生產成本——C 產品							
製造費用——C 產品							
管理費用							
合計							

(三) 按格式分類

原始憑證按格式的不同，可分為通用憑證和專用憑證。

1. 通用憑證

通用憑證是指由有關部門統一印製、在一定範圍內使用的具有統一格式和使用方法的原始憑證。通用憑證的使用範圍，因製作部門不同而異，可以是某一地區、某一行業，也可以是全國。增值稅專用發票、公益性單位接受捐贈統一收據、由中國人民銀行製作的銀行轉帳結算憑證等屬於通用憑證。

2. 專用憑證

專用憑證是指由單位自行印製、僅在本單位內部使用的原始憑證，如出庫單（如圖 4-6 所示）、差旅費報銷單、折舊計算表、借款單、工資費用分配表等。

邕桂公司出庫單

___年__月__日　　　　　　　　　　　　　　　　第__號

名稱規格	單位	數量	單價	金額										備註	①存根（黑）②倉庫（紅）③財務（綠）
				百	十	萬	千	百	十	元	角	分		
合計大寫（人民幣）												¥：		

製單人：　　　　　　　　　　　　　　簽收人：

圖4-6　邕桂公司出庫單

四、原始憑證的填製要求

原始憑證是會計核算的基礎。為了使原始憑證能真實、清晰地反應經濟業務的發生或完成情況，保證會計核算的質量，原始憑證的填製應符合以下要求：

1. 真實合法，手續完備

原始憑證必須根據實際發生的經濟業務內容、日期和金額填列，不得塗改、挖補，不得弄虛作假。

經辦人員和有關部門負責人的簽章必須齊全，以示其對原始憑證的真實性、合法性負責。從外單位取得的原始憑證，必須蓋有填製單位的公章；從個人取得的原始憑證，必須有填製人員的簽名或者蓋章；單位自製的原始憑證，必須有經辦單位負責人或者其他指定人員的簽名或蓋章。

2. 內容完整，書寫清楚

原始憑證必須按照規定的項目逐項填寫完整，不得錯漏。日期要按填製原始憑證實際的年、月、日填寫；名稱要齊全，不得簡化；品名和用途要填寫明確，不得含糊不清；文字和數字要工整、清晰，易於辨認，文字不得使用未經國務院頒布的簡化字，數字不草、不亂、不串格串行；有關人員簽章齊全，憑證聯次正確。

原始憑證所記載的各項內容都不得塗改、刮擦和挖補。如果原始憑證有錯誤的，應當由出具單位重開或者更正，並在更正處加蓋出具單位印章。如果原始憑證金額有誤，應當由出具單位重開，不得在原始憑證上更正。

3. 填製及時，編號連續

原始憑證必須在經濟業務發生或完成時立即填製，並按規定及時送交會計機構進行審核，不得耽誤記帳。

各種憑證都要連續編號，不得重號、跳號，以備考查。已經預先印好編號的重要憑證，如發票、支票等，作廢時應加蓋「作廢」戳記，連同存根一起妥善保存，不得隨意撕毀。

4. 按規定填寫金額

凡是同時填有大寫和小寫金額的原始憑證，大小寫金額必須一致，且書寫必須符合規範要求。

（1）小寫金額的書寫規範

小寫金額應當用阿拉伯數字逐個書寫，不得連筆寫。在金額前面應當書寫貨幣幣種符號（如人民幣符號「￥」）或貨幣名稱簡寫和幣種符號（如美元「U. S. $」），幣種符號與阿拉伯數字之間不得留有空白。

所有以元為單位（以人民幣為例）的阿拉伯數字，除表示單價等情況外，一律填寫到角分；無角分的，角位和分位可寫「00」，或用符號「—」代替；有角無分的，應當在分位寫「0」，不得用符號「—」代替。

（2）大寫金額的書寫規範

漢字大寫金額如零、壹、貳、叁、肆、伍、陸、柒、捌、玖、拾、佰、仟、萬、億等，一律用正楷或行書體書寫，不得用〇、一、二、三、四、五、六、七、八、九、十、百、千等替代，也不得隨意自造簡化字。

大寫金額前未印有「人民幣」字樣的，應加寫「人民幣」三個字，「人民幣」字樣和金額之間不得留有空白。大寫金額到元或角為止的，要在后面寫「整」或「正」字，到分的則不寫。

阿拉伯數字金額中間有「0」時，漢字大寫金額要寫「零」字；阿拉伯數字金額中間連續有幾個「0」時，漢字大寫金額可以只寫一個「零」字，如「30,006.00」應寫成「人民幣叁萬零陸元整」；阿拉伯數字金額元位是「0」，或數字中間連續有幾個「0」，元位也是「0」，但角位不是「0」時，漢字大寫金額可以只寫一個「零」字，也可以不寫「零」字，如「8,700.19」可以寫成「人民幣捌仟柒佰零壹角玖分」或「人民幣捌仟柒佰壹角玖分」。

5. 填製原始憑證的其他要求

（1）一式幾聯的原始憑證，應當註明各聯的用途，並且只能用一聯作為報銷憑證；一式幾聯的發票和收據，必須用雙面復寫紙套寫（或票據紙張本身具備復寫功能），並連續編號。

（2）購買實物的原始憑證，應有驗收證明。

（3）發生銷貨退回時，應填製退貨發票，並附有退貨驗收證明；辦理退款時，必須取得對方的收款收據或匯款銀行的憑證，不得以退貨發票代替。

（4）職工出差借款的原始憑證，必須附在記帳憑證之后；在收回職工的借款時，應另開收據。

（5）經上級有關部門批准的交易、事項，應當將批准文件作為原始憑證附件。如果批准文件需要單獨歸檔的，應當在憑證上註明批准機關名稱、日期和文件字號。

（6）一些票據，如銀行支票等，出票日期要求用大寫的，必須使用中文大寫。在填寫月、日時，月為1~10的，日為1~9、10、20、30的，應在其前面加「零」，如「2015年10月20日」應寫成「貳零壹伍年零壹拾月零貳拾日」；日為10~19的，應在其前面加「壹」，如「2015年3月14日」應寫成「貳零壹伍年零叁月壹拾肆日」。

五、原始憑證的審核

為了保證會計信息真實可靠，會計人員必須對原始憑證進行嚴格審核。具體包括：

1. 審核原始憑證的真實性

原始憑證真實性的審核包括審核憑證日期是否真實、業務內容是否真實、數據是否真實等內容。對外來原始憑證，必須有填製單位公章和填製人員簽章；對自製原始憑證，必須有經辦部門和經辦人員的簽名或蓋章。此外，對通用原始憑證，還應審核憑證本身的真實性，以防假冒。

2. 審核原始憑證的合法性

原始憑證合法性的審核是指審核原始憑證所記錄的經濟業務是否符合國家法律法規的規定，是否符合規定的權限範圍，並履行規定的憑證傳遞和審核程序。

3. 審核原始憑證的合理性

原始憑證合理性的審核是指審核原始憑證所記錄的經濟業務是否符合企業生產經營活動的需要，是否符合有關計劃和預算，是否符合節約原則等。

4. 審核原始憑證的完整性

原始憑證完整性的審核是指審核原始憑證的各項基本要素是否齊全，包括日期是否完整，文字是否工整，數字是否清晰，有關人員簽章是否齊全等。

5. 審核原始憑證的正確性

原始憑證正確性的審核是指審核原始憑證中的文字和數字是否書寫正確，如各項金額的計算是否正確，填寫是否符合規範，大小寫金額是否一致，日期的填寫是否正確，內容是否有塗改，憑證中書寫錯誤的，是否按正確的方法更正。

6. 審核原始憑證的及時性

原始憑證及時性的審核是指審核原始憑證是否在經濟業務發生或完成時及時填製，是否及時進行憑證的傳遞。對於銀行支票、匯票、本票等時效性較強的原始憑證，須認真驗證其簽發日期。

經審核的原始憑證應根據不同的情況進行如下處理：

（1）對於完全符合要求的原始憑證，應及時據以編製記帳憑證入帳；

（2）對於真實、合法、合理但記載內容不準確或不完整、手續不完備、填寫有錯誤的原始憑證，應當退回給經辦人員，並要求其按照國家統一的會計制度的規定更正、補充。

對於不真實、不合法的原始憑證，會計人員有權不予以受理，並向單位負責人報告。

做好原始憑證的審核工作有助於實現正確、有效的會計監督，這要求會計人員必須熟悉國家有關法規和制度以及本單位的相關規章制度，掌握審核的標準，判斷原始憑證的有效性。同時會計人員還需要對經辦人員做好相關宣傳解釋工作，避免取得或填製的原始憑證不符合規定，或發生違法違規的經濟業務。

第三節　記帳憑證

一、記帳憑證的概念

記帳憑證，也稱記帳憑單，是會計人員根據審核無誤后的原始憑證，據以確定經濟業務應借、應貸的會計科目和金額（即會計分錄）后填製的會計憑證。記帳憑證將原始憑證中的經濟信息轉化為統一的會計語言，是登記帳簿的直接依據。

在實際工作中，由於原始憑證來自各個方面，格式大小不一，沒有標明應借、應貸的會計科目，不便於登帳和查帳。因此在登記帳簿之前，會計人員需要根據審核無誤的原始憑證填製記帳憑證，再據此登記帳簿，並將原始憑證作為記帳憑證的附件。

二、記帳憑證的內容

記帳憑證雖多種多樣，但主要作用都是對原始憑證進行歸類、整理、確定應借、應貸的會計科目和金額，並據以登記會計帳簿。為滿足記帳的要求，記帳憑證應具備下列基本內容（也稱記帳憑證基本要素）：

(1) 記帳憑證的名稱、填製日期及編號；
(2) 經濟業務事項的內容摘要；
(3) 會計分錄，包括會計科目（含總帳科目和明細科目）、借貸方向和金額；
(4) 記帳標記（記帳欄中符號「√」）；
(5) 所附原始憑證張數；
(6) 製單、審核、會計主管、記帳等有關人員的簽章。

三、記帳憑證的種類

(一) 按內容分類

記帳憑證按其用途的不同，可分為專用記帳憑證和通用記帳憑證。專用記帳憑證按其反應經濟業務內容的不同，又可細分為收款憑證、付款憑證和轉帳憑證。

1. 專用記帳憑證

(1) 收款憑證

收款憑證是指用於記錄主要貨幣資金（庫存現金和銀行存款）和其他貨幣資金收入業務的會計憑證。收款憑證根據借方科目是「庫存現金」還是「銀行存款」又分為庫存現金收款憑證和銀行存款收款憑證，它們可作為登記庫存現金和銀行存款有關帳簿的依據。其格式如圖4-7所示。

(2) 付款憑證

付款憑證是指用於記錄主要貨幣資金支出業務的會計憑證。付款憑證根據貸方科目是「庫存現金」還是「銀行存款」又分為庫存現金付款憑證和銀行存款付款憑證，它們可作為登記庫存現金和銀行存款有關帳簿的依據。其格式如圖4-8所示。

(3) 轉帳憑證

轉帳憑證是指用於記錄轉帳業務（不涉及貨幣資金收支業務）的會計憑證。轉帳業務是指經濟業務中與庫存現金和銀行存款無關的業務，如領用原料、計提折舊、期

末結轉等。其格式如圖 4-9 所示。

2. 通用記帳憑證

通用記帳憑證是指將所有經濟業務不再區分收款、付款和轉帳業務，在同一格式的憑證中進行記錄，統一編號的會計憑證。採用通用記帳憑證的單位，不再填製專用記帳憑證。通用記帳憑證的格式與轉帳憑證基本相同，憑證下方的責任人中多「出納」一欄。其格式如圖 4-10 所示。

收 款 憑 證

借方科目：　　　　　　　　　　　年　月　日　　　　　　　　　____字第__號

摘要	貸方科目		金額										記帳
	總帳科目	明細科目	億	千	百	十	萬	千	百	十	元	角	分
	合計												

附單據張

會計主管：　　　　記帳：　　　　稽核：　　　　出納：　　　　製單：

圖 4-7　收款憑證

付 款 憑 證

貸方科目：　　　　　　　　　　　年　月　日　　　　　　　　　____字第__號

摘要	借方科目		金額										記帳
	總帳科目	明細科目	億	千	百	十	萬	千	百	十	元	角	分
	合計												

附單據張

會計主管：　　　　記帳：　　　　稽核：　　　　出納：　　　　製單：

圖 4-8　付款憑證

轉　帳　憑　證
年　　月　　日　　　　　　　　　　　　　　　＿＿字第＿＿號

摘要	會計科目		借方金額	貸方金額	記帳
	總帳科目	明細科目	億千百十萬千百十元角分	億千百十萬千百十元角分	
	合計				

會計主管：　　　　　記帳：　　　　　復核：　　　　　製單：

附單據張

圖 4-9　轉帳憑證

記　帳　憑　證
年　　月　　日　　　　　　　　　　　　　　　＿＿字第＿＿號

摘要	會計科目		借方金額	貸方金額	記帳
	總帳科目	明細科目	億千百十萬千百十元角分	億千百十萬千百十元角分	
	合計				

會計主管：　　　記帳：　　　　復核：　　　　出納：　　　　製單：

附單據張

圖 4-10　記帳憑證

（二）按填列方式分類

記帳憑證根據填列方式的不同，分為復式記帳憑證和單式記帳憑證。

1. 復式記帳憑證

復式記帳憑證是指每一項經濟業務事項所涉及的全部會計科目及其金額均在同一張會計憑證中反應的一種憑證。上述收款憑證、付款憑證和轉帳憑證等專用記帳憑證，以及通用記帳憑證都屬於復式記帳憑證。

2. 單式記帳憑證

單式記帳憑證是指每一張記帳憑證只填列經濟業務事項所涉及的一個會計科目及其金額的會計憑證。每一張記帳憑證中只登記一個會計科目。一項經濟業務涉及幾個會計科目，就編製幾張單式記帳憑證。為了便於核對，單式記帳憑證在填製一筆會計

分錄時須編一個總號，再按涉及的會計科目數量編製幾個分號，如第 6 筆業務涉及兩個會計科目，則兩張憑證分別編號 $6^1/_2$、$6^2/_2$。

單式記帳憑證根據其填列的是借方科目還是貸方科目分為借項記帳憑證和貸項記帳憑證。為了便於區別，兩種憑證通常採用不同顏色表示。單式記帳憑證反應內容單一，便於分工記帳，便於按會計科目匯總，但填製工作量大，不能反應一項經濟業務的全貌。因此，目前基本不採用單式記帳憑證記帳，本教材不再專門介紹。

四、記帳憑證的編製要求
(一) 基本要求
1. 根據經濟業務內容選取記帳憑證的種類

對於使用專用記帳憑證的單位，會計人員在取得原始憑證並審核通過後，應該根據經濟業務的性質，確定選用收款憑證、付款憑證或轉帳憑證。

2. 以審核無誤的原始憑證為依據填製記帳憑證

除填製結帳和更正錯帳的記帳憑證外，會計人員必須根據審核無誤的原始憑證來填製記帳憑證，在記帳憑證的右側以漢字大寫數字填寫所附原始憑證的張數，並將相關原始憑證附在記帳憑證后面。

記帳憑證可根據單張原始憑證填製，也可以根據若干張同類原始憑證匯總填製，還可以根據原始憑證匯總表填製。但為保持科目對應關係清晰，不得把不同經濟業務或不同類別的原始憑證匯總填製在一張記帳憑證上。

3. 正確填寫記帳憑證的日期

記帳憑證的日期一般是會計人員填製的當天日期，但應考慮下列幾種情況：收、付款憑證應按貨幣資金收付的日期填寫；轉帳憑證原則上應該按收到原始憑證的日期填寫；如果一張轉帳憑證所附的同類原始憑證的日期不同時，應按填製轉帳憑證當日日期填寫；計提、分配和結轉等轉帳業務按當月最后的日期填寫。

4. 記帳憑證應連續編號

記帳憑證在一個月內應當根據經濟業務發生的先后順序連續編號，以防止憑證丟失，也便於與帳簿記錄核對。填製通用記帳憑證可直接按經濟業務發生的順序編號。填製收款憑證、付款憑證和轉帳憑證的，可採用「字號編號法」分為收、付、轉三類編號，如「轉字第×號」，也可細分為現收、現付、銀收、銀付、轉帳五類編號，如「現收字第×號」；也可採用「雙重編號法」將按總字順序編號與按類別順序編號同時使用，如「總字第×號，付字第×號」。

如果一筆經濟業務涉及的會計科目或明細科目較多，需要填製兩張以上記帳憑證的，可採用「分數編號法」，前面的整數表示經濟業務發生的順序，分母表示總張數，分子表示第幾張。如第 9 筆轉帳業務需要編製 3 張記帳憑證時，則其編號分別為「轉字第 $9^1/_3$ 號」「轉字第 $9^2/_3$ 號」和「轉字第 $9^3/_3$ 號」。

無論是統一編號還是分類編號的記帳憑證，均應按自然順序連續編號，不得跳號、重號，每月最后一張記帳憑證的編號旁可加註「全」字，以保證憑證的安全完整。如本月有銀行付款憑證 18 張，編號即從「銀付字第 1 號」編至「銀付字第 18 號全」止。

5. 經濟業務的內容摘要應簡明扼要

記帳憑證的摘要欄中填寫的內容摘要應該能簡明扼要地反應經濟業務的概況。對

於經常發生變動的普通經濟業務，應盡量精簡，如從銀行提取庫存現金，可簡寫為「提現」；對於不常發生的特殊業務，應寫清楚所依據的文件號、批註人等內容。

6. 會計科目的填寫

會計科目的名稱一經確定，不得隨意簡化或改動。記帳憑證的會計科目必須規範填寫，不得只寫科目編號，也不得簡寫，如「庫存現金」不得簡寫為「現金」；要寫明一級科目、二級科目甚至三級科目，以便登記總分類帳和明細分類帳。要填寫清楚會計科目的對應關係，按照先借后貸的順序，填製一借一貸、一借多貸或多借一貸的會計分錄；在特殊情況下，如果某一項經濟業務本身需要，也可以編製多借多貸的會計分錄，以集中反應該項經濟業務的全貌。

7. 金額數字的填寫

記帳憑證的金額必須與所附原始憑證的金額相符；填寫金額數字時，應用阿拉伯數字書寫，精確到分位；書寫要規範，不得連筆，注意對準借貸欄次和科目欄次，防止錯欄串行；每筆經濟業務填入金額數字后，要在記帳憑證的合計行填寫合計金額，並在合計數前填寫貨幣符號「￥」（以人民幣為例）。

8. 逐行填寫不得留空

記帳憑證應按行逐項填寫，不得跳行或留有空行。記帳憑證填製完成經濟業務事項后，如有空行，應當自金額欄最后一筆金額數字下的空行處至合計數上的空行處劃線註銷。

9. 所附原始憑證的張數

一般而言，凡是涉及記帳憑證中經濟業務事項記錄有關的原始憑證都是記帳憑證的附件，所附原始憑證張數的計算以原始憑證的自然張數為主。

如果記帳憑證中附有原始憑證匯總表，那麼原始憑證匯總表應與其他所附原始憑證一併計入附件張數之內；但報銷差旅費等零散票券，可以粘貼在原始憑證粘貼單上，作為原始憑證的附件。

如果一張原始憑證涉及幾張記帳憑證，可以把原始憑證附在一張主要的記帳憑證后面，並在其他記帳憑證上註明附有該原始憑證的記帳憑證編號或附上該原始憑證的複印件。

一張原始憑證所列的支出需要幾個單位共同負擔時，應當由保存該原始憑證的單位開具原始憑證分割單，並提供給其他應負擔的單位。原始憑證分割單必須具備原始憑證的基本內容：憑證的名稱，填製憑證的日期，填製憑證單位的名稱或填製人的姓名，經辦人員的簽名或蓋章，接受憑證單位的名稱，經濟業務的內容、數量、單價、金額和費用的分攤情況等。

10. 記帳憑證必須簽章完整

製單人員填製記帳憑證完畢后，應該在憑證下方「製單」后簽名或蓋章，經審核人員審核無誤簽名蓋章后，再交由會計主管簽名或蓋章，最后，記帳人員根據審核無誤的記帳憑證登記會計帳簿，並在記帳憑證上簽名或蓋章。

11. 錯誤記帳憑證的更正

若記帳憑證的填寫錯誤在登記會計帳簿之前發現，則應該重新填製正確的記帳憑證，若已登記入帳的記帳憑證，在當年內發現填製錯誤，可用紅字填寫一張與原內容相同的記帳憑證，在摘要欄註明「註銷某月某日某號憑證」字樣，同時再用藍字重新

填製一張正確的記帳憑證，註明「訂正某月某日某號憑證」字樣。如果會計科目沒有錯誤，只是金額錯誤，也可將正確數字與錯誤數字之間的差額，另編一張調整的記帳憑證，調增金額用藍字填寫，調減金額用紅字填寫。

（二）專用記帳憑證填製要求

1. 收款憑證的填製要求

收款憑證左上方的「借方科目」按收款的性質填寫「庫存現金」或「銀行存款」；「　年　月　日」按貨幣資金收入的日期填寫；右上方填寫編製收款憑證的順序號；「摘要」欄填寫所記錄的經濟業務的簡要說明；「貸方科目」欄填寫與收到庫存現金或銀行存款相對應的會計科目；憑證登記入帳后，應及時在「記帳」欄打「√」，表示該憑證已登記帳簿，防止經濟業務重記或漏記；「金額」欄按該經濟業務事項的發生額填寫；右邊的「附件　張」按該憑證所附原始憑證的張數填寫；憑證下方應分別由有關人員簽章，以明確經濟責任。

【例4-1】 20×5年2月4日，邕桂公司收到上月惠民公司所欠貨款38,000元，款存銀行。應根據銀行的客戶回單編製收款憑證，如圖4-11所示。

<h3 style="text-align:center">收　款　憑　證</h3>

借方科目：銀行存款　　　　　20×5年2月4日　　　　　銀收字第1號

摘要	貸方科目		金額									記帳
	總帳科目	明細科目	億	千	百	十	萬	千	百	十	元	角	分	
收回前欠貨款	應收帳款	惠民公司				3	8	0	0	0	0	
合計						¥	3	8	0	0	0	0	

附單據壹張

會計主管：　　　　記帳：　　　　稽核：　　　　出納：　　　　製單：張三

圖4-11　收款憑證

2. 付款憑證的填製要求

付款憑證的編製方法跟收款憑證基本相同，只是左上方為「貸方科目」，憑證中間為「借方科目」。

【例4-2】 20×5年2月6日，邕桂公司以現金支付行政管理部門辦公用品費250元。應根據行政部報銷單和購貨發票編製付款憑證，如圖4-12所示。

對於涉及庫存現金和銀行存款往來的經濟業務，為了避免重複記帳，一般只編製付款憑證，不編製收款憑證。出納人員應根據會計人員審核無誤的取款憑證和付款憑證辦理收付款業務。如企業將銷售貨物或提供勞務收到的現金存入銀行時，會計人員只需要編製現金付款憑證，而不需要編製銀行收款憑證。再如單位為了發放職工工資從銀行提取現金時，只需要編製銀行付款憑證即可。

付 款 憑 證

貸方科目：庫存現金　　　　　　20×5 年 2 月 6 日　　　　　　現付字第 1 號

摘要	借方科目		金額	記帳
	總帳科目	明細科目	億 千 百 十 萬 千 百 十 元 角 分	
購買辦公用品	管理費用	辦公費	2 5 0 0 0	
	合計		¥ 　　　2 5 0 0 0	

會計主管：　　　記帳：　　　稽核：　　　出納：　　　製單：張三

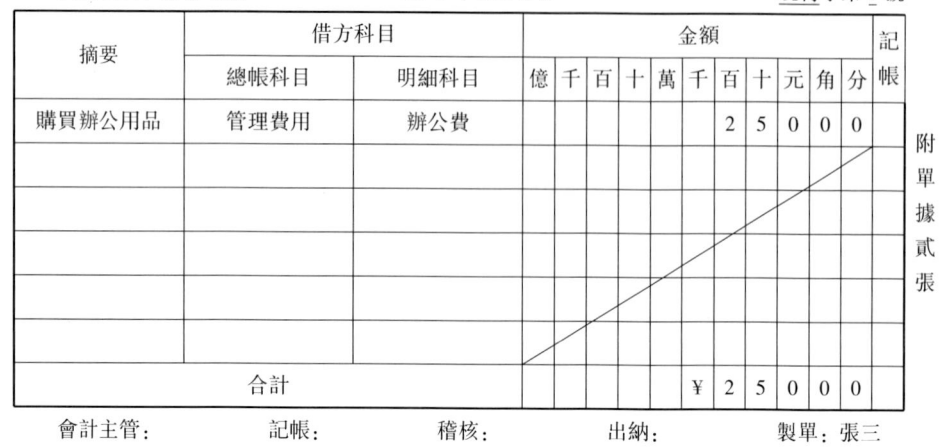

附單據貳張

圖 4-12　付款憑證

【例 4-3】20×5 年 2 月 16 日，邕桂公司從銀行提取現金 8,000 元補充備用金。應根據銀行現金支票存根編製銀行付款憑證，如圖 4-13 所示。

付 款 憑 證

貸方科目：銀行存款　　　　　　20×5 年 2 月 16 日　　　　　　銀付字第 1 號

摘要	借方科目		金額	記帳
	總帳科目	明細科目	億 千 百 十 萬 千 百 十 元 角 分	
提現	庫存現金		8 0 0 0 0 0	
	合計		¥ 　　8 0 0 0 0 0	

會計主管：　　　記帳：　　　稽核：　　　出納：　　　製單：張三

附單據壹張

圖 4-13　付款憑證

3. 轉帳憑證的填製要求

與貨幣資金收付無關的業務可用轉帳憑證記錄，轉帳憑證的填製與收、付款憑證略有不同，它的應借、應貸會計科目全部列入記帳憑證之內。轉帳憑證將經濟業務事項中所涉及的全部會計科目，按先借后貸的順序記入「會計科目」欄中的「總帳科目」和「明細科目」欄，並將會計科目對應的金額分別填列在「借方金額」和「貸方金額」欄內，借方、貸方金額合計數應該相等。其他項目的填列與收、付款憑證相同。

【例 4-4】20×5 年 2 月 21 日，邕桂公司向鴻願公司銷售 A 產品 100 件，每件 150 元，共計 15,000 元，增值稅稅率為 17%，貨已發出，款項未收。應根據發票記帳聯編

製轉帳憑證，如圖 4-14 所示。

轉 帳 憑 證

20×5 年 2 月 21 日　　　　　　　　　　　　　　　　　　轉字第 1 號

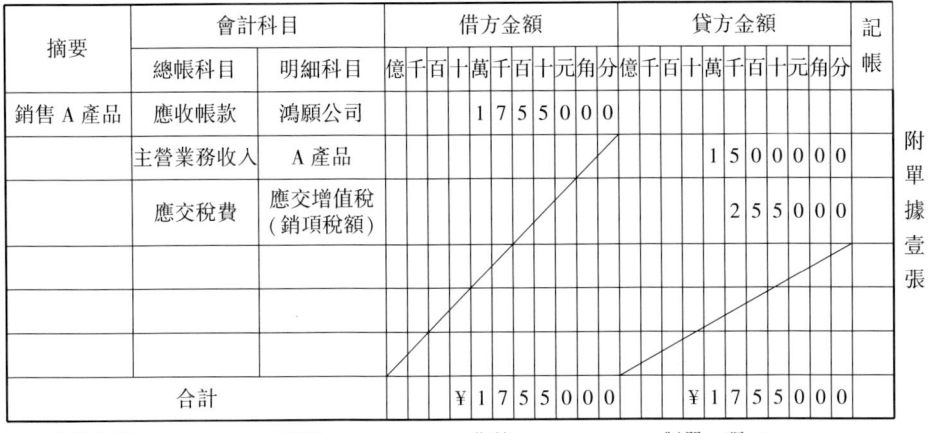

摘要	會計科目		借方金額	貸方金額	記帳
	總帳科目	明細科目	億千百十萬千百十元角分	億千百十萬千百十元角分	
銷售 A 產品	應收帳款	鴻願公司	1 7 5 5 0 0 0		
	主營業務收入	A 產品		1 5 0 0 0 0 0	
	應交稅費	應交增值稅（銷項稅額）		2 5 5 0 0 0	
	合計		¥ 1 7 5 5 0 0 0	¥ 1 7 5 5 0 0 0	

附單據壹張

會計主管：　　　　記帳：　　　　復核：　　　　製單：張三

圖 4-14　轉帳憑證

採用專用記帳憑證記帳時，當一項經濟業務既涉及庫存現金和銀行存款之間的收付業務，又涉及轉帳業務時，則需要分別編製付款憑證和轉帳憑證。

（三）通用記帳憑證的填製要求

採用通用記帳憑證的單位，不必再根據經濟業務的性質，區分填製記帳憑證的種類。通用記帳憑證的編製方法跟轉帳憑證基本相同。

【例 4-5】20×5 年 2 月 25 日，職工王五出差預支現金 3,000 元。以通用記帳憑證記錄如圖 4-15 所示。

記 帳 憑 證

20×5 年 2 月 25 日　　　　　　　　　　　　　　　　　　記字第 1 號

摘要	會計科目		借方金額	貸方金額	記帳
	總帳科目	明細科目	億千百十萬千百十元角分	億千百十萬千百十元角分	
王五預借差旅費	其他應收款	王五	3 0 0 0 0 0		
	庫存現金			3 0 0 0 0 0	
	合計		¥ 3 0 0 0 0 0	¥ 3 0 0 0 0 0	

附單據壹張

會計主管：　　記帳：　　復核：　　出納：　　製單：張三

圖 4-15　記帳憑證

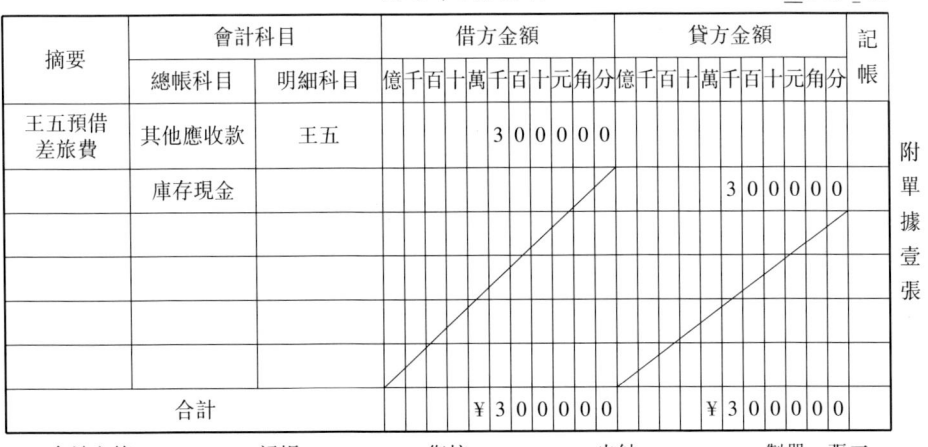

五、記帳憑證的審核

為了保證會計信息的質量，在記帳之前必須由有關稽核人員對記帳憑證進行嚴格的審核。

記帳憑證審核的內容有：

1. 內容是否真實

它要求審核記帳憑證是否有原始憑證為依據。按審核原始憑證的要求對所附原始憑證進行復核。記帳憑證的內容與所附的原始憑證反應的經濟業務內容是否一致，所附原始憑證是否能充分反應經濟業務的發生或完成情況等。

2. 項目是否齊全

它要求審核記帳憑證的各個項目，如日期、憑證編號、摘要、會計科目、金額、所附原始憑證張數及有關人員簽章等，是否填寫齊全。

3. 科目是否正確

它要求審核記帳憑證的應借、應貸科目是否正確，是否有明確的帳戶對應關係，所使用的會計科目是否規範等。

4. 金額是否正確

它要求審核記帳憑證所記錄的金額與所附原始憑證的有關金額是否一致、計算是否正確等。

5. 書寫是否規範

它要求審核記帳憑證中的記錄是否文字工整、數字清晰，是否按規定進行更正等。

審核中如果發現所填列的記帳憑證有差錯或遺漏，應按規定的辦法及時更正、補充或重製。只有經過審核無誤的記帳憑證，才能據以登記入帳。

實行會計電算化的單位，對於機制記帳憑證，也應該認真審核，確保會計科目和金額數字正確。打印出來的機制記帳憑證應與傳統記帳憑證一樣，有製單人員、審核人員、會計主管和記帳人員蓋章或簽字。

第四節　會計憑證的傳遞、裝訂及保管

一、會計憑證的傳遞

會計憑證的傳遞，是指從會計憑證取得或填製開始，到歸檔保管為止，按規定的時間、路線在本單位內部有關部門和人員之間辦理業務手續、進行處理的過程。

會計憑證的傳遞，要求能夠滿足內部控制制度的要求，既要保證有關部門和人員對會計憑證進行審核和處理，又要盡可能減少傳遞中不必要的環節和手續，節約傳遞時間。合理有效地組織會計憑證的傳遞，對於幫助有關部門和人員及時瞭解、處理經濟業務，加強企業管理，實現會計監督職能具有十分重要的意義。

會計憑證的傳遞一般包括傳遞程序和傳遞時間兩個方面。

會計憑證的傳遞程序是指一張會計憑證，從填製完成時開始，應該先後交到哪個部門、哪個崗位、由誰辦理業務手續，直至歸檔保管為止的流程。由於各單位的經濟業務內容不同，組織機構設置和人員分工不同，管理的要求也不盡相同，因此，單位

應根據自身具體情況制定每一種憑證的傳遞程序，如憑證有一式數聯的，還應規定每一聯傳到哪些部門，有什麼用途等。

會計憑證的傳遞時間應考慮各有關部門和人員的工作量，在正常情況下完成工作所需的時間，明確規定會計憑證在各部門停留的最長時間，使各部門人員相互督促，確保會計憑證的傳遞和處理在報告期內完成。

由於原始憑證大多涉及本單位內部各個部門和人員，因此，會計部門應當與各個部門共同協商確定會計憑證的傳遞程序和傳遞時間。會計憑證的傳遞程序和傳遞時間一經確定后，應立即建立憑證傳遞制度，報經本單位領導批准後，通知有關部門和人員遵守執行。

二、會計憑證的裝訂

任何單位在完成經濟業務手續和記帳之後，必須將會計憑證按規定的立卷歸檔制度形成會計檔案資料，妥善保管。將會計憑證裝訂成冊，既可以防止會計憑證散失，又便於隨時查閱。具體方法如下：

（1）每月記帳完畢，會計人員應按記帳憑證的種類、編號加以整理並核查，審核所附原始憑證是否齊全；編號是否連續，有無重號、跳號；是否漏記或重複登記會計帳簿。

（2）會計人員將會計憑證按照種類、編號順序，連同所附原始憑證一起，加具封面、封底，裝訂成冊，並在裝訂線上加貼封簽，由裝訂人員在裝訂線封簽處簽名或蓋騎縫章。

（3）會計憑證封面應註明單位名稱、憑證種類、憑證張數、起止號數、年度、月份等有關事項，會計主管人員和保管人員應在封面上簽章。樣式如圖4-16所示。

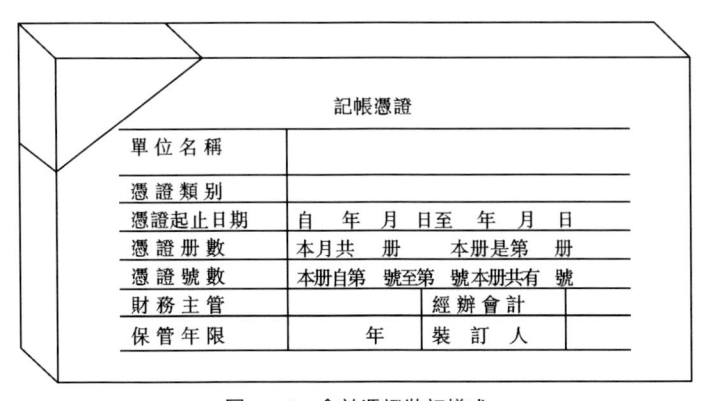

記帳憑證	
單位名稱	
憑證類別	
憑證起止日期	自　年　月　日至　年　月　日
憑證冊數	本月共　　冊　　本冊是第　　冊
憑證號數	本冊自第　號至第　號本冊共有　號
財務主管	經辦會計
保管年限	年　　裝訂人

圖4-16　會計憑證裝訂樣式

會計憑證的裝訂，一般以月為單位，每月訂成一冊或若干冊。一本憑證，厚度應該在1.5~2.0厘米為宜，每本憑證的厚度應盡量保持一致。在裝訂之前，可以預先設計本月憑證應分為幾冊裝訂，還應注意不能把應歸屬於一張記帳憑證附件的幾張原始憑證分開裝訂，以免影響核查工作。經濟業務量較小、憑證較少的單位，可以將若干月份的憑證合併訂成一本，但應在本冊憑證的封面註明所包含的月份。

某類原始憑證較多時，該類原始憑證可以單獨裝訂，但應在憑證封面註明所屬記

帳憑證的日期、編號和種類，同時在所屬記帳憑證上註明「附件另訂」及原始憑證的名稱和編號，以便查閱。對各種涉及日后經濟業務事項的原始憑證，如押金收據、提貨單等，以及各種需要隨時查閱和退回的單據，應另編目錄，單獨保管，並在有關記帳憑證和原始憑證上分別註明日期和編號。

三、會計憑證的保管

會計憑證是記帳的依據，是重要的會計檔案和經濟資料。單位負責人、稅務人員和審計人員等有關單位和個人可能因各種需要查閱會計憑證，因此會計憑證必須整理裝訂，按《會計檔案管理辦法》妥善保管，嚴防損毀、散失，更不得隨意銷毀。

（1）單位從外部接收的原始憑證，附有符合《中華人民共和國電子簽名法》規定的第三方認證的電子簽名，且同時滿足《會計檔案管理辦法》第七條規定條件的，可僅以電子形式歸檔保存。

（2）單位每年裝訂成冊的會計憑證，一般應當在會計年度終了後一年內，由單位會計機構向檔案機構或檔案工作人員進行移交。因工作需要確須推遲移交、由會計機構臨時保管的，應當經檔案機構或檔案工作人員所屬機構同意，且最多不超過三年。在臨時保管期間，會計憑證的保管應當符合國家有關規定，且出納人員不得兼管會計憑證。

（3）辦理會計憑證移交時，應當編製會計檔案移交清冊，並按國家有關規定辦理移交手續。（可參見本書第十一章《會計工作組織》中會計工作交接部分內容）

（4）單位保存的會計憑證一般不得對外借出。確實因工作需要且根據國家有關規定必須借出的（如出於業務主管部門、政府機關的檢查，或者出於司法需要等），應當嚴格按照規定辦理相關手續。

（5）嚴格遵循會計憑證的保管期限要求，期滿前不得隨意銷毀。會計憑證的保管期限如表 4-2 和表 4-3 所示。

表 4-2　　　　企業和其他組織會計檔案保管期限表（會計憑證類）

序號	會計憑證名稱	保管期限	備註
1	原始憑證	30 年	
2	記帳憑證	30 年	

表 4-3　財政總預算、行政單位、事業單位和稅收會計檔案保管期限表（會計憑證類）

序號	會計憑證名稱	財政總預算	行政單位 事業單位	稅收會計	備註
1	國家金庫編送的各種報表及繳庫退庫憑證	10 年		10 年	
2	各收入機關編送的報表	10 年			
3	行政單位和事業單位的各種會計憑證		30 年		包括原始憑證、記帳憑證和傳票匯總表
4	財政總預算撥款憑證和其他會計憑證	30 年			包括撥款憑證和其他會計憑證

（6）保管期滿后的會計憑證，經鑒定可以銷毀的，應填製會計檔案銷毀清冊，在監銷人監督下完成會計憑證的銷毀工作。(可參見本書第十一章《會計工作組織》中會計檔案的銷毀部分內容)

（7）保管期滿但未結清的債權債務會計憑證和涉及其他未了事項的會計憑證不得銷毀，紙質會計檔案應當單獨抽出立卷，電子會計檔案單獨轉存，保管到未了事項完結時為止。單獨抽出立卷或轉存的會計檔案，應當在會計檔案銷毀清冊和會計檔案保管清冊中列明。

思考題：

1. 什麼是會計憑證？它在會計核算中有什麼作用？
2. 原始憑證的基本要素有哪些？
3. 記帳憑證的基本要素有哪些？
4. 審核原始憑證時應注意哪些問題？
5. 如何根據原始憑證編製記帳憑證？
6. 審核記帳憑證時應注意哪些問題？
7. 要組織好會計憑證的傳遞，需要注意哪些問題？

第五章
會計帳簿

【學習要求】

通過本章的學習,要求讀者瞭解會計帳簿的內容、種類和作用;理解並掌握會計帳簿的啟用和記帳規則,瞭解會計帳簿的更換與保管;熟練掌握會計帳簿的登記方法、對帳和結帳的方法以及錯帳的更正方法。

【案例】

請你為出納員出出主意

邕桂公司是一家大中型企業,經營範圍比較廣,貨幣資金的收支業務量大,發生頻繁。為了隨時瞭解公司貨幣資金的收支結存情況,以便對公司的貨幣資金進行有效管理和內部控制,公司經理要求公司出納員每隔5天向他提供一份反應貨幣資金來龍去脈的收支結存匯總表。這個要求使得出納員犯難了,這無疑大大增加了他的工作量。如果你是這名出納員,你該怎樣設計出一個使各方都比較滿意的方案呢?

第一節 會計帳簿概述

通過會計憑證的填製與審核,可以將每天發生的經濟業務進行如實、正確的記錄,明確經濟責任。但會計憑證數量繁多、信息分散,缺乏系統性,難以全面、完整地瞭解企業的財務狀況,不便於會計信息的整理與報告。因此,各單位應當按照國家統一的會計法規制度的規定和會計業務的需要設置會計帳簿,以便系統歸納會計信息,全面、系統、連續地核算和監督單位的經濟活動及其財務收支情況。所謂會計帳簿是指由一定格式帳頁組成的,以經過審核無誤的會計憑證為依據,序時、連續、系統、全面地記錄和反應會計主體各項經濟業務的簿籍。

一、會計帳簿的內容

在實際工作中,由於各種會計帳簿所記錄的經濟業務不同,帳簿的格式也多種多樣,但各種不同的會計帳簿一般都應具備以下基本內容:

(一)封面

會計帳簿的封面應標明帳簿的名稱和記帳單位的名稱,如總帳、債權債務明細帳、庫存現金日記帳等。

(二) 扉頁

會計帳簿的扉頁應填列「帳簿啟用及經管人員一覽表」，其基本要素包括：

(1) 單位名稱；
(2) 帳簿名稱；
(3) 起止頁數；
(4) 啟用日期；
(5) 責任人（單位領導人、會計主管人員、經管人員）簽章；
(6) 移交人員和移交日期；
(7) 接管人員和接管日期等。（格式如表 5-1 所示）

表 5-1　　　　　　　　　　帳簿啟用及經管人員一覽表

單位名稱：＿＿＿＿＿　　　　帳簿名稱：＿＿＿＿＿　　　　帳簿編號：＿＿＿＿＿
帳簿冊數：＿＿＿＿＿　　　　帳簿頁數：＿＿＿＿＿　　　　啟用日期：＿＿＿＿＿
單位領導人簽章：＿＿＿＿＿　　　　　　　　　　　　會計主管人員簽章：＿＿＿＿＿

經管人員		接管			移交			會計負責人		印花稅票粘貼處
姓名	簽章	年	月	日	年	月	日	姓名	簽章	

(三) 帳頁

帳頁是帳簿的主體，是帳簿用來記錄經濟業務事項的載體，其基本要素內容：

(1) 帳戶的名稱（即一級會計科目或明細科目）；
(2) 登記帳戶的日期欄；
(3) 憑證種類和編號欄；
(4) 摘要欄（記錄經濟業務內容的簡要說明）；
(5) 金額欄（記錄經濟業務的金額增減變動情況）；
(6) 總頁次和分戶頁次等。

二、會計帳簿的種類

在會計核算中，帳簿的種類是多種多樣的，不同帳簿，其用途、形式、內容和登記方法都各不相同。為了便於瞭解和正確使用各種帳簿，有必要對帳簿進行分類。帳簿一般可以按其用途、外表形式和帳頁格式進行劃分。

(一) 帳簿按其用途分類

帳簿按其用途不同，可分為序時帳簿、分類帳簿和備查帳簿三種。

1. 序時帳簿

序時帳簿又稱日記帳，是按照經濟業務發生或完成時間的先後順序逐日逐筆進行登記的帳簿。在古代會計中也把它稱為「流水帳」，其特點是序時、逐筆登記。序時帳簿可以用來核算和監督某一類型經濟業務或全部經濟業務的發生和完成情況。序時帳簿通常有兩種，一種是根據各種經濟業務的發生情況取得原始憑證，編製成會計分錄

並按其先后順序登記入帳，稱為普通日記帳，也稱分錄簿；另一種是用來專門登記某一類經濟業務發生情況的日記帳，稱為特種日記帳，如記錄現金收付業務及其結存情況的庫存現金日記帳，記錄銀行存款收付業務及其結存情況的銀行存款日記帳，以及專門記錄轉帳業務的轉帳日記帳。在實際工作中，因經濟業務的複雜性，一般很少採用普通日記帳，應用較為廣泛的是特種日記帳。為了加強對貨幣資金的監督和管理，各單位應當設置庫存現金日記帳和銀行存款日記帳。在我國，大多數單位一般只設置庫存現金日記帳和銀行存款日記帳，而不設置轉帳日記帳。

2. 分類帳簿

分類帳簿是對全部經濟業務事項按照會計要素的具體類別而進行分類登記的帳簿。分類帳簿按照反應信息的概括程度不同，又分為總分類帳和明細分類帳兩種。按照總分類帳戶分類登記經濟業務事項的是總分類帳簿，簡稱總帳。按照明細分類帳戶分類登記經濟業務事項的是明細分類帳簿，簡稱明細帳。明細分類帳是對總分類帳的補充和具體化，並受總分類帳的控制和統馭。

分類帳簿可以反應和監督各項資產、負債、所有者權益、收入、費用和利潤的增減變動情況及其結果。因而，分類帳簿提供的核算信息是編製會計報表的主要依據。

分類帳簿和序時帳簿的作用不同。序時帳簿能提供連續系統的信息，反應企業資金運動的全貌；分類帳簿則是按照經營與決策的需要而設置的帳戶，歸集並匯總各類信息，反應資金運動的各種狀態、形式及其構成。在帳簿組織中，分類帳簿佔有特別重要的地位。因為只有通過分類帳簿，才能將數據按帳戶形成不同類別的信息，滿足編製會計報表的需要。

3. 備查帳簿

備查帳簿簡稱備查簿，又稱輔助帳簿，是對某些在序時帳簿和分類帳簿等主要帳簿中不予以登記或登記不夠詳細的經濟業務事項進行補充登記的帳簿，所以備查帳簿也叫補充登記簿。備查帳簿可以為某項經濟業務的內容提供必要的參考資料，加強企業對使用和保管的屬於他人的財產物資的監督。例如，租入固定資產登記簿、受託加工材料登記簿、代銷商品登記簿等。備查帳簿可以由各單位根據需要進行設置，並非一定要設置，並且沒有固定格式。

備查帳簿與序時帳簿和分類帳簿相比，存在兩點不同之處：一是登記依據可能不需要記帳憑證，甚至不需要一般意義上的原始憑證；二是帳簿的格式和登記方法不同，備查帳簿的主要欄目不記錄金額，它更注重用文字來表述某項經濟業務的發生情況。

（二）帳簿按其外表形式分類

帳簿按其外表形式不同可分為訂本式帳簿、活頁式帳簿和卡片式帳簿三種。

1. 訂本式帳簿

訂本式帳簿是啟用之前就已將帳頁裝訂成冊，並對帳頁進行了連續編號的帳簿，簡稱訂本帳。

訂本帳的優點是能避免帳頁散失和防止抽換帳頁；其缺點是不能準確為各帳戶預留帳頁，不能根據需要增減帳頁，一本訂本帳同一時間只能由一名會計人員記帳，不利於會計崗位分工協作記帳。這種帳簿一般適用於總分類帳、庫存現金日記帳、銀行存款日記帳。

2. 活頁式帳簿

活頁式帳簿是把零散的帳頁裝在活頁帳夾中，可以隨時添加帳頁的帳簿，簡稱活頁帳。活頁帳登記完畢之后（通常是一個會計年度結束之后），才將帳頁予以裝訂，加具封面，並給各帳頁連續編號。

活頁式帳簿的優點是記帳時可以根據實際需要，隨時將空白帳頁裝入帳簿，或抽去不需用的帳頁，同一時間可以由若干會計人員分工記帳；其缺點是如果管理不善，可能會造成帳頁散失或故意抽換帳頁。各種明細分類帳一般採用活頁帳形式。

3. 卡片式帳簿

卡片式帳簿是將帳戶所需格式印刷在硬卡片上，簡稱卡片帳。嚴格來說，卡片帳也是一種活頁帳，只不過它不是裝在活頁帳夾中，而是裝在卡片箱內，並且可以跨會計年度使用，不需要每年更換新帳。卡片式帳簿一般多用於記錄內容比較複雜的財產明細帳，如固定資產的明細核算，也有少數企業在材料核算中使用材料卡片帳。

(三) 帳簿按其帳頁格式分類

帳簿按其帳頁格式的不同，可以分為兩欄式、三欄式、多欄式和數量金額式四種。

1. 兩欄式帳簿

兩欄式帳簿是指只有借方和貸方兩個基本金額欄的帳簿。普通日記帳和轉帳日記帳一般採用兩欄式帳簿。這種帳簿在會計實務中用得很少。

2. 三欄式帳簿

三欄式帳簿是設有借方、貸方和余額三個基本金額欄的帳簿。三欄式帳簿的帳頁格式是最基本的帳頁格式，其他帳頁格式都是在此類基礎上增減欄目演變而成。在實務工作中，三欄式帳簿得到普遍應用，如各種日記帳、總分類帳以及資本、債權、債務明細帳都可採用三欄式帳簿。

3. 多欄式帳簿

多欄式帳簿是在帳簿的借方和貸方兩個基本欄目內按需要再設置多個明細金額欄的帳簿，如多欄式日記帳、多欄式明細帳。但是，其明細金額欄設多少欄，設在借方還是在貸方，或是兩方同時設置，均應根據業務需要確定。收入、費用明細帳一般採用這種格式的帳簿。

4. 數量金額式帳簿

數量金額式帳簿是在其借方、貸方和余額三個欄目內，都分設數量、單價和金額三小欄，借以反應財產物資的實物數量和價值量。如原材料、庫存商品等明細帳一般都採用數量金額式帳簿。

會計帳簿的總體分類情況，如圖 5-1 所示。

三、會計帳簿的作用

設置和登記帳簿，是編製會計報表的基礎，是連接會計憑證與會計報表的中間環節，在會計核算中具有重要意義。

（1）通過帳簿的設置和登記，可以記載、儲存會計信息。將會計憑證所記錄的經濟業務逐項記入有關帳簿，可以全面反應一定時期發生的各項經濟活動，及時儲存所需要的各項會計信息。

```
                              ┌ 普通日記帳
                    ┌ 序時帳簿 ┤              ┌ 庫存現金日記帳
                    │         └ 特種日記帳 ┤ 銀行存款日記帳
          ┌ 按用途分類┤                        └ 轉帳日記帳
          │         │         ┌ 總分類帳
          │         ├ 分類帳簿 ┤
          │         │         └ 明細分類帳
          │         └ 備查帳簿
會計帳簿分類┤                   ┌ 訂本式帳簿
          ├ 按外表形式分類 ┤ 活頁式帳簿
          │                   └ 卡片式帳簿
          │                   ┌ 兩欄式帳簿
          │                   ├ 三欄式帳簿
          └ 按帳頁格式分類 ┤ 多欄式帳簿
                              └ 數量金額欄式帳簿
```

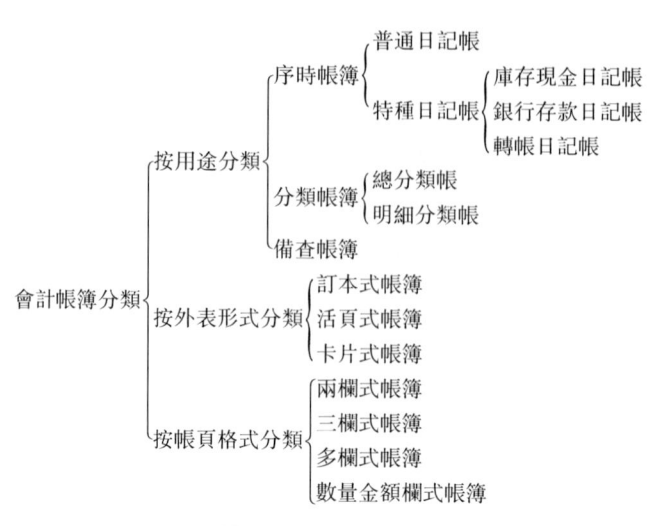

圖 5-1　會計帳簿分類

　　(2) 通過帳簿的設置和登記，可以分類、匯總會計信息。通過帳簿記錄，可以將分散在會計憑證上的大量核算資料，按不同性質加以歸類、整理和匯總，以便全面、系統、連續和分類地提供企業資產、負債、所有者權益、收入、費用和利潤等會計要素的增減變化情況，及時提供各方面所需要的總括會計信息，為管理決策提供信息。

　　(3) 通過帳簿的設置和登記，可以檢查、校正會計信息。帳簿記錄是對會計憑證的進一步整理，也是會計分析、會計檢查的重要依據。如帳簿中記錄的財產物資的帳面數可以通過實地盤點的方法，與實存數進行核對，來檢查財產物資是否妥善保管，帳實是否相符。

　　(4) 通過帳簿的設置和登記，可以編報、輸出會計信息。為了反應特定日期的財務狀況及一定時期的經營成果，單位需要定期編製會計報表。而會計帳簿是對會計憑證的系統化，提供的是全面、系統、分類的會計信息，因而帳簿記錄是編製會計報表的主要資料來源，帳簿所提供的資料，是編製會計報表的主要依據。

第二節　會計帳簿的啟用與記帳規則

一、會計帳簿的啟用

　　帳簿是重要的會計檔案。為了確保帳簿記錄的合規性和完整性，明確記帳責任，在啟用會計帳簿時，應當嚴格按照《會計基礎工作規範實施細則》的規定執行。

　　(1) 在帳簿封面上寫明單位名稱和帳簿名稱。

　　(2) 帳簿扉頁上應附「經管人員一覽表」，內容包括單位名稱、帳簿名稱、帳簿頁數、啟用日期、會計主管人員和記帳人姓名，並加蓋名章和單位公章，還應有經管或接管日期、移交日期。

　　(3) 帳簿第一頁，應設置帳戶目錄，內容包括帳戶名稱，並註明各帳戶頁次。

　　(4) 啟用訂本式帳簿，應按順序編定頁數使用，不得跳頁、缺號。使用活頁式帳

頁，應按實際使用的帳頁順序編號，並定期裝訂成冊。

（5）總帳按會計制度規定的總分類科目分別設立帳戶。

（6）明細帳開始使用時應填寫：

①銀行存款日記帳中開戶銀行或戶名項應填寫其開戶行的全稱。銀行帳號項應填寫銀行帳號的全部數字。

②金額三欄式帳應填寫編號、明細科目和戶名項。

③實物類帳應填寫編號、品名、規格、單位、數量、單價等項。

④固定資產帳除按實物類帳填寫外，還應填寫使用年限、存放地點等項。

⑤序時明細帳的預留銀行印鑒項，所加蓋的印章應與預留在銀行的印鑒卡片的印章一致。如需更換印鑒時，須在備註欄加蓋新的印鑒，並註明啟用日期。

（7）粘貼印花稅票。印花稅票應粘貼在帳簿的右上角，並且劃線註銷，在使用繳款書繳納印花稅時，應在右上角註明「印花稅已繳」及繳款金額。

二、會計帳簿的記帳規則

在登記會計帳簿時，應遵循以下一些基本規則：

（一）準確完整

為了保證帳簿記錄的準確、整潔，應當根據審核無誤的會計憑證連續、系統地登記會計帳簿，不能錯記、漏記、重記。登記會計帳簿時，應當將會計憑證日期、編號、業務內容摘要、金額和其他有關資料逐項記入帳內，必須使用會計科目、明細目的全稱，不能簡化，做到數字準確、摘要清楚、登記及時、字跡工整。每一項會計事項，一方面要記入有關的總帳，另一方面要記入該總帳所屬的明細帳。帳簿記錄中的日期，應該填寫記帳憑證上的日期；以自製原始憑證（如收料單、領料單等）作為記帳依據的，帳簿記錄中的日期應按有關自製憑證上的日期填列。

（二）註明記帳符號

帳簿登記完畢后，記帳人員要在記帳憑證上簽名或者蓋章，並在記帳憑證的「過帳」欄內註明帳簿頁數或畫對勾，表示已經記帳完畢，避免重記、漏記。

（三）書寫規範

帳簿中書寫應採用標準的簡化漢字，不能使用不規範的漢字；金額欄的數字應該採用阿拉伯數字，並且對齊位數，注意「0」不能省略和連寫。文字和數字不要寫滿格，一般緊靠底線書寫，占行距的1/2，這樣做是為了在發生登記錯誤時，能夠留有餘地進行更正，同時也方便查帳工作。

（四）正常記帳使用藍黑墨水書寫

為了保持帳簿記錄的持久性，防止塗改，登記帳簿必須使用藍黑墨水或碳素墨水並用鋼筆書寫，不得使用圓珠筆（銀行的復寫帳簿除外）或者鉛筆書寫。在會計上，數字的顏色極為重要，它同數字和文字一起傳遞出會計信息。如同數字和文字錯誤會表達錯誤的信息，書寫墨水的顏色用錯了，其導致的概念混亂也不亞於數字和文字錯誤。

（五）特殊記帳使用紅墨水書寫

在下列情況下，可以用紅色墨水記帳：

（1）按照紅字衝帳的記帳憑證，衝銷錯誤記錄。

（2）在不設借貸等欄的多欄式帳頁中，登記減少數。
（3）在三欄式帳戶的余額欄前，如未印明余額方向的，在余額欄內登記負數余額。
（4）根據國家統一的會計制度規定可以用紅字登記的其他會計記錄。
由於會計中的紅字表示負數，因而除上述情況外，不得用紅色墨水登記帳簿。

（六）連續登記

在登記各種帳簿時，應按頁次順序連續登記，不得隔頁、跳行。如不慎發生隔頁、跳行現象，應在空頁、空行處用紅色墨水劃對角線註銷，並註明「此頁空白」或「此行空白」字樣，並由記帳人員簽名或者簽章，不得任意撕毀或抽換帳頁，以防舞弊行為。

（七）結出余額

凡需要結出余額的帳戶，結出余額后，應當在「借或貸」欄目內註明「借」或「貸」字樣，表明余額的方向；對於沒有余額的帳戶，應在「借或貸」欄內寫「平」字，並在「余額」欄用「Q」表示。庫存現金日記帳和銀行存款日記帳必須逐日結出余額。一般說來，對於沒有余額的帳戶，在余額欄內標註的「Q」應當放在「元」位。

（八）過次承前

每一帳頁登記完畢結轉下頁時，應當結出本頁合計數及余額，寫在本頁最后一行和下頁第一行有關欄內，並在摘要欄內註明「過次頁」和「承前頁」字樣；也可以將本頁合計數及金額只寫在下頁第一行有關欄內，並在摘要欄內註明「承前頁」字樣，以保持帳簿記錄的連續性，便於對帳和結帳。

「過次頁」和「承前頁」的方法有兩種：一是在本頁最后一行內結出發生額合計數及余額，然后過次頁，在次頁第一行承前頁；二是只在次頁第一行承前頁寫出發生額合計數及余額，不在上頁最后一行結出發生額合計數及余額後過次頁。

對需要結計本月發生額的帳戶，結計「過次頁」的本頁合計數應當為自本月初起至本頁末止的發生額合計數。這樣做便於根據「過次頁」和合計數，隨時瞭解本月初到本頁末止的發生額，也便於月末結帳時，加計「本月合計數」。

對需要結計本年累計發生額的帳戶，結計「過次頁」的本頁合計數應當為自年初起至本頁末止的累計數。這樣做，便於根據「過次頁」的合計數，隨時瞭解本年初到本頁末止的累計發生額，也便於年終結帳時，加計「本年累計」數。

對既不需要結計本月發生額也不需要結計本年累計發生額的帳戶，可以只將每頁末的金額結轉次頁。

三、會計帳簿的更換與保管

會計帳簿的更換通常在會計年度終了時進行。一般來說，總帳、日記帳和多數明細帳應每年更換一次。但有些財產物資明細帳和債權債務明細帳由於材料品種、規格和往來單位較多，更換新帳，重抄一遍的工作量較大，因此，可不必每年更換。各種備查帳簿也可連續使用。

更換帳簿時，上年度各種帳戶余額結轉下年，啟用新帳后，一般要把舊帳送交總帳會計集中統一管理。被更換下來的舊帳是會計檔案的重要組成部分，必須科學、妥善地加以保管。會計帳簿暫由本單位財務會計部門保管半年，期滿之后，由財務會計部門編造清冊移交本單位的檔案部門保管。

第三節　會計帳簿的登記方法

一、序時帳的登記方法

如前所述，序時帳也稱日記帳，是按照經濟業務發生或完成的時間先后順序逐筆進行登記的帳簿。按其所核算和監督經濟業務的範圍不同，日記帳可分為普通日記帳和特種日記帳。普通日記帳是將企業每天發生的所有經濟業務，不論其性質全部按發生時間順序登記入帳；特種日記帳則是按經濟業務的性質單獨設置的帳簿，凡是相同性質的經濟業務，在同一帳簿中登記。特種日記帳設置與否，應根據經濟業務的特點和單位管理的需要來決定。對於那些發生頻繁並且需要經常核算、嚴格控制的經濟業務，應該設置特種日記帳。

（一）普通日記帳

1. 普通日記帳的格式

如果一個單位同時設置普通日記帳和特種日記帳，普通日記帳只序時地登記特種日記帳以外的經濟業務；如果不設置特種日記帳，則要序時登記全部經濟業務。普通日記帳也稱分錄簿，一般採用兩欄式帳頁。普通日記帳在會計實務中用得很少。

2. 普通日記帳的登記方法

普通日記帳是由會計人員根據審核無誤后的記帳憑證序時地逐筆登記各項經濟業務，要登記日期、憑證編號、經濟業務內容摘要、借貸方科目和金額。其格式如表5-2所示。

表 5-2　　　　　　　　　　　　普通日記帳

20×5 年		憑證		摘要	會計科目	借方金額	貸方金額	過帳
月	日	字	號					
3	1	轉	1	購入材料，價稅款未付	在途物資	10,000		
					應交稅費	1,700		
					應付帳款		11,700	

（二）特種日記帳

特種日記帳是專門用來登記某一類型經濟業務的發生和完成情況的帳簿，它是普通日記帳的進一步發展。各單位一般應設置特種日記帳，常見的特種日記帳有庫存現金日記帳、銀行存款日記帳兩種，有的單位也設置轉帳日記帳。這裡只介紹庫存現金日記帳與銀行存款日記帳的設置和登記方法。

1. 庫存現金日記帳的格式和登記方法

庫存現金日記帳是用來核算和監督庫存現金每天的收入、支出和結存情況的帳簿。在實務中，庫存現金日記帳可以設置為既登記現金收入又登記現金支出的「庫存現金收付日記帳」（簡稱庫存現金日記帳），也可以分別設置「庫存現金收入日記帳」和「庫存現金支出日記帳」。

(1) 庫存現金日記帳的格式

庫存現金日記帳格式可以設置為三欄式和多欄式兩種。無論採用三欄式還是多欄式的庫存現金日記帳，都必須使用訂本帳。

三欄式庫存現金日記帳設借方、貸方和余額三個基本金額欄目，或者設收入、支出和結余三個基本金額欄目。在金額欄與摘要欄之間常常插入「對方科目」，以便記帳時標明庫存現金收入的來源科目和庫存現金支出的用途科目。三欄式庫存現金日記帳的格式如表 5-3 所示。多欄式庫存現金日記帳是在三欄式庫存現金日記帳的基礎上發展起來的，即在日記帳的借方（收入）和貸方（支出）金額欄內進一步設對方科目，也就是在收入欄內設應貸科目（反應庫存現金的來源），在支出欄內設應借科目（反應庫存現金的用途）。多欄式庫存現金日記帳的格式如表 5-4 所示。

表 5-3　　　　　　　　　　庫存現金日記帳（三欄式）

20×5 年		憑證		摘要	對方科目	收入	支出	結余
月	日	字	號					
1	1			上年結余				1,000
	1	銀付	1	提現	銀行存款	2,000		3,000
	1	現付	1	零星購料	原材料		1,500	1,500
	1	現收	1	職工還款	其他應收款	500		2,000
	1			本日小計		2,500	1,500	

表 5-4　　　　　　　　　　庫存現金日記帳（多欄式）

年		憑證		摘要	收入			支出			結余
月	日	字	號		應貸科目		合計	應借科目		合計	
					銀行存款	主營業務收入 ……		其他應收款	管理費用 ……		

(2) 庫存現金日記帳的登記方法

庫存現金日記帳由出納員根據審核無誤后的有關庫存現金的收付記帳憑證和銀行存款付款憑證，按時間順序逐日逐筆進行登記，並根據「本日余額＝上日余額＋本日收入－本日支出」的公式，逐日結出庫存現金余額，與庫存現金實存數核對，以檢查每日庫存現金收付是否有誤。

三欄式庫存現金日記帳的具體登記方法如下：

①日期欄：登記記帳憑證的日期，應與庫存現金實際收付日期一致。

②憑證欄：登記收付款憑證的種類和編號，如「庫存現金收款憑證」簡寫為「現收」「庫存現金付款憑證」簡寫為「現付」「銀行存款收款憑證」簡寫為「銀收」「銀行存款付款憑證」簡寫為「銀付」「收款憑證」簡寫為「收」「付款憑證」簡寫為

「付」。憑證欄還應登記憑證的編號數，以便於查帳和核對。

③摘要欄：要簡明扼要地說明登記入帳的經濟業務內容，做到文字精練，表達清楚。

④對方科目欄：指庫存現金收入的來源科目或支出的用途科目。如從銀行提取庫存現金，其來源科目（即對方科目）為「銀行存款」科目。設置「對方科目欄」，作用在於瞭解經濟業務的來龍去脈。

⑤收入、支出欄：指庫存現金實際收付的金額。每日終了，應分別計算庫存現金收入和付出的合計數，結出余額，同時將余額與庫存現金實存數核對，即通常說的「日清」。如帳款不符應查明原因．並記錄備案。月終要結出庫存現金本月發生額和余額，在摘要欄內註明「本月合計」字樣，並在下面通欄劃單紅線，通常稱為「月結」。

庫存現金收入日記帳是按對應的貸方科目設置專欄，另設「支出合計」欄和「余額」欄；庫存現金支出日記帳則只按支出的對方科目開設專欄，不再設置「收入合計」欄和「結余」欄。「庫存現金收入日記帳」的格式如表 5-5 所示，「庫存現金支出日記帳」的格式如表 5-6 所示。

表 5-5　　　　　　　　　　庫存現金收入日記帳　　　　　　　　第 1 頁

20×5 年		憑證		摘要	貸方科目			收入合計	支出合計	余額
月	日	字	號		銀行存款	其他應收款	其他業務收入			
1	1			上年結余						900
	2	銀付	1	提現	800			800		1,700
	6	現收	1	銷售零星材料			80	80		1,780
	6	現收	2	職工還款		50		50		1,830

表 5-6　　　　　　　　　　庫存現金支出日記帳　　　　　　　　第 1 頁

20×5 年		付款憑證		摘要	結算憑證		借方科目		
月	日	字	號		種類	號數	其他應付款	管理費用	支出合計
1	3	現付	1	預支差旅費			500		500
	5	現付	2	支付電話費				100	600

借貸方分設的多欄式庫存現金日記帳的登記方法是：

①先根據有關庫存現金收入業務的記帳憑證和銀行存款付款業務的記帳憑證登記庫存現金收入日記帳，根據有關庫存現金支出業務的記帳憑證登記庫存現金支出日記帳。

②每日營業終了，根據庫存現金支出日記帳結計的支出合計數，一筆轉入庫存現金收入日記帳的「支出合計」欄中，並結出當日余額。

2. 銀行存款日記帳的格式和登記方法

銀行存款日記帳是用來序時反應銀行存款每日的收入、支出和結余情況的帳簿。銀行存款日記帳應按企業在銀行開立的帳戶和幣種分別設置，每個銀行帳戶設置一本日記帳。由出納員根據與銀行存款收付業務有關的記帳憑證，按時間先后順序逐日逐

筆進行登記，並每日結出存款餘額。

（1）銀行存款日記帳的格式

銀行存款日記帳的格式與庫存現金日記帳相同，既可以採用三欄式，也可以採用多欄式。多欄式可以將收入和支出核算進行在一本帳上，也可以分設「銀行存款收入日記帳」和「銀行存款支出日記帳」，其格式與表5-5、表5-6相似。銀行存款日記帳（三欄式）的具體格式如表5-7所示。

表 5-7　　　　　　　　　　　　　銀行存款日記帳

開戶銀行：建行南寧財經路支行

帳號：20001556

20×5年			憑證		摘要	對方科目	收入	支出	餘額
月	日 || 字	號						
1	1 ||		上年結餘				100,000
	1 || 銀付	1	提現	庫存現金		2,000	98,000
	2 || 銀收	1	銷售商品	主營業務收入	50,000		148,000
	2 || 銀付	2	購料	原材料		30,000	118,000

（2）銀行存款日記帳的登記方法

銀行存款日記帳的登記方法也與庫存現金日記帳的登記方法基本相同，也需要做到「日清月結」，並要定期與銀行對帳單進行核對（核對方法在本書第七章中作介紹）。

二、分類帳的登記方法

（一）總分類帳的登記方法

1. 總分類帳的格式

總分類帳簡稱總帳，是根據總分類科目開設，用來對經濟業務進行總分類核算，提供總括會計信息的帳簿。總分類帳在會計帳簿中的地位十分重要，它可以全面、系統、綜合地反應企業所有的經濟活動情況，可以為編製會計報表提供所需的資料。因此，每一個企業都應設置總分類帳。

總分類帳最常用的格式為三欄式，設置借方、貸方和餘額三個基本金額欄目，如表5-8所示。總分類帳必須使用訂本帳。

2. 總分類帳的登記方法

總分類帳的登記方法比較靈活，根據不同的帳務處理程序，有不同的登記方法。總帳既可以根據記帳憑證逐筆登記，也可以根據經過匯總的科目匯總表或匯總記帳憑證等登記。（詳細內容在本書第九章中作介紹）

表 5-8　　　　　　　　　　　　　總分類帳

帳戶名稱：銀行存款

20×5 年		憑證		摘要	借方金額	貸方金額	借或貸	余額
月	日	字	號					
1	1			上年結余			借	100,000
	1	銀付	1	提現		2,000	借	98,000
	2	銀收	1	銷售商品	50,000		借	148,000
	2	銀付	2	購買原材料		30,000	借	118,000
〜	〜	〜	〜	〜	〜	〜	〜	〜

(二) 明細分類帳的登記方法

1. 明細分類帳的格式

明細分類帳是根據明細分類科目開設，用以分類、連續地登記經濟業務以提供明細核算資料的帳簿。明細分類帳是總分類帳的明細記錄，是根據總分類帳的核算內容，按照更加詳細的分類，用來反應某一具體類別經濟活動情況的簿籍。它對總分類帳起補充說明的作用，除了記錄經濟業務的金額變化外，往往還要記錄實物數量、費用與收入的構成、債權債務結算等內容。因此，明細分類帳的帳頁可以根據企業業務核算和經營管理的需要，設置不同格式。其格式有三欄式、數量金額式、多欄式和橫線登記式（或稱平行式）等多種。

(1) 三欄式明細分類帳

三欄式明細分類帳是設有借方、貸方和余額三欄，用以分類核算各項經濟業務，提供詳細核算資料的帳簿，其格式與三欄式總帳格式相同。三欄式明細帳適用於只進行金額核算的帳戶，如應收帳款、應付帳款等往來結算帳戶。三欄式明細分類帳的格式如表 5-9 所示。

表 5-9　　　　　　　　　　　　應收帳款明細分類帳

會計科目：應收帳款

明細科目：A 公司

20×5 年		憑證		摘要	借方	貸方	借或貸	余額
月	日	字	號					
1	1			上年結余			借	100,000
	4	銀收	5	收到前欠貨款		100,000	平	0
	15	轉	9	銷售商品	50,000		借	50,000

(2) 數量金額式明細分類帳

數量金額式明細分類帳的基本結構是在借方（收入）、貸方（發出）和余額（結存）三欄下面都再分別設有數量、單價和金額三個專欄。數量金額式明細帳適用於既要進行金額核算又要進行實物數量核算的帳戶，如原材料、庫存商品等帳戶的明細帳。其格式如表5-10所示。

表 5-10　　　　　　　　　　　原材料明細分類帳

類別：鋼材　　　　　　　計劃單價：5,000.00
品名或規格：鋼板　　　　儲備定額：
存放地點：1號倉庫　　　　計量單位：噸

20×5年		憑證		摘要	收入			發出			結存		
月	日	字	號		數量	單價	金額	數量	單價	金額	數量	單價	金額
1	1			上年結余							10	5,000	50,000
	2	總	5	生產產品領料				6	5,000	30,000	4	5,000	20,000
	10	總	50	購料	5	5,000	25,000				9	5,000	45,000

(3) 多欄式明細分類帳

多欄式明細分類帳是指根據業務特點和經營管理的要求，在一張帳頁內將屬於同一個總帳科目的各個明細科目設若干專欄的帳簿，即在這種格式帳頁的借方或貸方金額欄內按照明細項目設若干專欄用以在同一帳頁上集中反應各有關明細帳目的詳細資料。多欄式明細分類帳一般適用於成本、費用、收入、利潤類帳戶的明細核算。由於各種多欄式明細分類帳所記錄的經濟業務內容不同，所需要核算的指標也不同，因此欄目的設置也不盡相同。

在實際工作中，成本費用類科目的明細帳，可以只按借方發生額設置專欄，貸方發生額由於每月發生的筆數很少，可以在借方直接用紅字衝銷。這類明細帳也可以在借方設專欄的情況下，貸方設一總的金額欄，再設一余額欄。這兩種多欄式明細帳的格式如表5-11、表5-12所示。

表 5-11　　　　　　　　　　　管理費用明細分類帳

20×5年		憑證		摘要	借方							
月	日	字	號		工資及福利費	辦公費	差旅費	折舊費	修理費	工會經費	……	合計
1	3	總	10	支付電話費		100						100
	5	總	40	會議室維修					1,000			1,000
	5	總	41	報銷差旅費			800					800
	31	總	105	期末結轉損益	10,000*	1,200	800	1,200	1,000	400		14,600

*註：☐內數字表示紅字。

表 5-12　　　　　　　　　管理費用明細分類帳

20×5年		憑證		摘要	借方								貸方	餘額
月	日	字	號		工資及福利費	辦公費	差旅費	折舊費	修理費	工會經費	……	合計		
1	3	總	10	支付電話費		100						100		
	5	總	40	會議室維修					1,000			1,000		
	31	總	105	期末結轉損益									14,600	0

（4）平行式明細分類帳

平行式明細分類帳又稱橫線登記式明細分類帳，是將每一相關的業務登記在同一行，從而可依據每一行各個欄目的登記是否齊全來判斷該項業務的進展情況。它不是逐日登記，而是將有密切聯繫的相關經濟業務登記在同一行。這種明細帳實際上也是一種多欄式明細帳，適用於登記在途物資、應收票據、其他應收款等明細帳，其格式如表 5-13 所示。

表 5-13　　　　　　　　　在途物資明細帳

材料名稱：鋼板　　　　規格：　　　　計量單位：噸　　　　第 1 頁

20×5年		憑證		發票編號	採購數量	借方金額			20×5年		憑證		收料單		貸方
月	日	字	號			發票價格	採購費用	合計	月	日	字	號	編號	數量	
1	5	總	25	001254	10	48,000	2,000	50,000	1	10	總	50	0052	10	50,000
1	8	總	41	005241	5	25,000	1,000	26,000							

2. 明細分類帳的登記方法

明細分類帳的登記通常有幾種方法：一是根據原始憑證直接登記；二是根據匯總原始憑證登記；三是根據記帳憑證登記。

不同類型經濟業務的明細分類帳，可根據管理需要，依據記帳憑證、原始憑證或匯總原始憑證逐日逐筆或定期匯總登記。固定資產、債權、債務等明細帳應逐日逐筆登記；庫存商品、原材料、產成品收發明細帳以及收入、費用明細帳可以逐筆登記，也可定期匯總登記。

（三）總分類帳與明細分類帳的平行登記

1. 總分類帳與明細分類帳平行登記的含義

總分類帳，是指根據總分類科目設置的，用於對會計要素具體內容進行總括分類核算的帳戶，又稱為一級帳戶，簡稱總帳帳戶或總帳。為了保持會計信息的一致性、可比性，目前總分類帳戶一般根據國家統一的會計法規制度的有關規定設置。明細分類帳，是指根據明細分類科目設置的，用於對會計要素具體內容進行明細分類核算的

帳戶，簡稱明細帳。

總分類帳是所屬明細分類帳的統馭帳戶，是對有關明細分類帳戶資料的綜合，對所屬明細分類帳起著控制作用；而明細分類帳則是某個總分類帳的從屬帳戶，是對總分類帳戶資料的具體化，對其所隸屬的總分類帳戶起著輔助補充作用。總分類帳戶與其所屬的明細分類帳戶所反應的會計事項是相同的，登帳時所依據的是同一會計憑證，分別以總括指標和詳細指標的形式反應同一項內容，為了確保核算內容的正確、完整，總分類帳戶和明細分類帳戶必須採用平行登記的方法。

平行登記是指特定單位經濟業務發生時，會計人員根據有關會計憑證，既要登記有關總分類帳，同時又要登記該總分類帳所屬的各有關明細帳的一種登記方法。

2. 總分類帳與明細分類帳平行登記的要點

(1) 內容相同

凡是在總分類帳戶下設有明細分類帳戶的，對於發生的經濟業務事項，要依據相同的會計憑證，一方面要在有關的總分類帳戶中登記，另一方面又要在該總分類帳戶所屬明細分類帳戶中登記。

(2) 會計期間相同

對於發生的每一項經濟業務，都應根據審核無誤的會計憑證，既登記某一總分類帳戶，又登記其所屬明細分類帳戶。在記入總分類帳戶和明細分類帳戶的過程中，可以有先有後，但必須在同一會計期間全部登記入帳。即一項經濟業務發生后，必須在記入總分類帳戶進行總括登記的同一會計期間，在其所屬明細分類帳戶進行明細分類登記。

(3) 借貸方向相同

對於發生的每一項經濟業務，記入某一總分類帳戶和其所屬明細分類帳戶的方向必須相同。如果總分類帳戶登記在借方，那麼所屬的明細分類帳戶也應該登記在借方；相反，如果總分類帳戶登記在貸方，那麼其所屬明細分類帳戶也應該登記在貸方。

(4) 金額相等

總分類帳戶提供總括信息，明細分類帳戶提供總分類帳戶所記錄內容的具體指標，所以對於發生的每一項經濟業務，記入總分類帳戶的金額必須等於所屬明細分類帳戶的金額之和。因而，總分類帳戶本期發生額與其所屬明細分類帳戶本期發生額合計相等；總分類帳戶期初餘額與其所屬明細分類帳戶期初餘額合計相等；總分類帳戶期末餘額與其所屬明細分類帳戶期末餘額合計相等。

三、輔助帳的登記方法

《中華人民共和國會計法》不僅規定各單位必須依法設帳，還對設置會計帳簿的種類作出了規定：「會計帳簿包括總帳、明細帳、日記帳和其他輔助性帳簿。」其中，其他輔助帳簿，也稱備查簿，是為備忘備查而設置的。在會計實務中主要包括各種租借設備、物資的輔助登記或有關應收、應付款項的備查簿，擔保、抵押備查簿等。各單位可根據自身管理的需要，設置其他輔助帳。

設置備查帳時，一般應該注意以下事項：

(1) 備查帳應根據國家統一會計法規制度的規定和企業管理的需要設置，並不是每個企業都要設置備查帳簿，而應根據管理的需要來決定。但是對於會計法規制度規

定必須設置備查簿的科目，如「應收票據」「應付票據」等，必須按照會計法規制度的規定設置備查帳簿。

（2）備查帳的格式由企業自行確定。備查帳沒有固定的格式，與其他帳簿之間也不存在嚴密的勾稽關係，其格式可由企業根據內部管理的需要自行確定。

（3）備查帳的外表形式一般採用活頁式帳簿。與明細帳一樣，為保證帳簿的安全、完整，使用時應順序編號並定期裝訂成冊，注意妥善保管，以防帳頁丟失。

下面以「應收/應付票據備查簿」為例來說明備查帳的登記方法。

企業設置「應收票據備查簿」時，應該逐筆登記每一張應收票據的種類、號數、出票日期、票面金額、交易合同號、付款人、承兌人、背書人的姓名或單位名稱、到期日期和利率、貼現日期、貼現率和貼現淨額、收款日期和收回金額等資料，應收票據到期結清票款後，應在備查簿內逐筆註銷。

企業設置「應付票據備查簿」時，應該詳細登記每一張應付票據的種類、號數、簽發日期、到期日、票面金額、合同交易號、收款人姓名或單位名稱、付款日期和金額等詳細資料。應付票據到期付清時，應在備查簿內逐筆註銷。

第四節　對帳

一、對帳的作用

對帳就是核對帳目，是指對帳簿、帳戶記錄所進行的核對工作，一般是在會計期間（月份、季度、年度）終了時，檢查和核對帳證、帳帳、帳實、帳表是否相符，以確保帳簿記錄的正確性。

對帳是日常會計工作的一個必要環節，因為在填製憑證、登記帳簿等一系列會計工作的過程中，由於客觀或主觀的原因，難免會發生帳簿記錄差錯，出現帳帳、帳實不符等情況。因而，為了保證帳簿記錄的完整性與正確性，如實反應企業經濟活動的真實情況，在結帳前，要通過對帳，將有關帳簿記錄進行核對。對帳的目的是要達到帳證相符、帳帳相符、帳實相符，為編製會計報表提供真實可靠的數據資料，對帳工作每年至少進行一次。

二、對帳的內容

（一）帳證核對

帳證核對是指核對會計帳簿記錄與原始憑證、記帳憑證的時間、憑證字號、內容、金額是否一致，記帳方向是否相符。為了保證帳證相符，必須將帳簿記錄同有關會計憑證相核對。一般來說，日記帳應與收、付款憑證相核對，總帳應與記帳憑證相核對，明細帳應與記帳憑證或原始憑證相核對，通常這些核對工作是在日常制證和記帳工作中進行的。核對時，可以根據需要，採用逐筆核對或抽查核對的方法。但無論採用何種方法，其目的都是確保帳證相符。如果發現差錯，則應查明原因，並按照規定的方法予以更正。（更正帳簿記錄錯誤的方法，將在本章第六節中予以介紹）

（二）帳帳核對

帳帳核對是指核對不同會計帳簿之間的帳簿記錄是否相符。為了保證帳帳相符，

必須將各種帳簿之間的有關數據進行核對。具體核對的內容包括四個部分。

1. 總分類帳簿有關帳戶的余額核對

資產類帳戶的余額應等於權益類帳戶的余額，或總帳帳戶的借方期末余額合計數應與貸方期末余額合計數核對相符。具體核對方法是：通過編製總分類帳戶發生額及余額對照表（試算平衡表），檢查總分類帳戶的記錄是否正確。根據試算平衡原理，各個總分類帳戶的期初（期末）借、貸雙方余額和本期借、貸雙方發生額相符，則說明達到「帳帳相符」；如果不平衡，則說明總帳記錄有差錯，應進一步查明原因，更正帳簿記錄。

2. 總分類帳簿與所屬明細分類帳簿核對

總帳帳戶的期末余額應與所屬明細分類帳戶期末余額之和核對相符。具體核對方法是：通過編製明細分類帳本期發生額明細表進行核對。由於總帳與所屬明細帳的記錄是按照平行登記的要求進行的，所以各明細分類帳的期初（期末）余額、本期借方發生額之和、本期貸方發生額之和應當與相關的總分類帳的期初（期末）余額、本期借方發生額、本期貸方發生額相等；如果不等，則應查明原因，並予以更正。

3. 總分類帳簿與序時帳簿核對

如前所述，序時帳簿包括特種日記帳和普通日記帳。而我國企事業單位必須設置的特種日記帳是庫存現金日記帳和銀行存款日記帳。這兩類業務同時還必須設置總分類帳。庫存現金日記帳和銀行存款日記帳期末余額應分別同有關總分類帳戶的期末余額核對相符。這種核對，有助於檢查總帳記錄中重記或漏記的差錯。

4. 會計帳與業務帳之間的核對

有些資產的增減變化，除了會計部門在各種財產物資明細分類帳中進行記錄外，有關財產物資保管或使用部門也要設置帳卡進行記錄，因此要求會計部門與業務部門定期進行核對。例如原材料、庫存商品等財產物資明細帳就應與倉庫帳目進行核對。

(三) 帳實核對

帳實核對是指各項財產物資、債權債務等帳面余額與其實有數額之間的核對。為了保證帳實相符，應將各種帳簿記錄與有關財產物資的實有數相核對。具體核對內容包括：

1. 庫存現金日記帳帳面余額與庫存現金數額核對

由出納員將庫存現金日記帳帳面余額與庫存現金實際庫存金額進行逐日核對，檢查是否相符。單位會計主管每月也要進行抽查。

2. 銀行存款日記帳帳面余額與銀行對帳單的余額核對

由出納員將銀行存款日記帳的帳面余額與開戶銀行送來的對帳單余額進行定期核對，通過逐筆核對雙方記錄，將未達帳項編製銀行存款余額調節表，以便檢查銀行存款日記帳記錄是否有誤。

3. 各項財產物資明細帳帳面余額與財產物資的實有數額核對

各項財產物資明細帳帳面余額與財產物資的實有數定期核對相符。

4. 有關債權債務明細帳帳面余額與對方單位的帳面記錄核對

各種應收、應付、應交款項明細帳的期末余額應與債務、債權單位的帳目核對相符；與上下級單位、財政和稅務部門的撥繳款項也應定期核對無誤，並督促有關責任人積極處理。

造成帳實不符的原因是多方面的，如在收發財產物資時，由於計量或檢驗不準確，

造成品種、數量或質量上的差錯；由於管理不善或責任者的過失，造成財產物資毀損、短缺；由於財產物資保管中發生自然損耗或遭受自然災害造成財產物資損失；由於不法分子貪污盜竊、營私舞弊而發生財產物資損失等。因此需要通過定期的財產清查來彌補漏洞，保證會計信息真實可靠，提高企業管理水平。

第五節　結帳

結帳是在把一定時期內發生的全部經濟業務登記入帳的基礎上，計算並記錄本期發生額和期初餘額的過程。結帳的內容通常包括兩個方面：一是結清各種損益類帳戶，並據以計算確定本期利潤；二是結清各資產、負債和所有者權益帳戶，分別結出本期發生額合計和餘額。

一、結帳的程序
（1）將本期發生的經濟業務事項全部登記入帳，並保證其正確性。
（2）根據權責發生制的要求，調整有關帳項，合理確定本期應計的收入和應計的費用。
①應計收入和應計費用的調整。

應計收入是指已在本期實現，因未收款而未登記入帳的收入。企業發生的應計收入，主要是本期發生且符合權責發生制的收入確認標準，但尚未收到相應款項的商品或勞務。對於這類調整事項，應確認為本期收入。

應計費用是指已在本期發生，因未付款而未登記入帳的費用。企業發生的應計費用，主要是本期已受益，根據權責發生制符合費用確認標準的事項，如應付而未付的借款利息等。由於這些費用已經發生，應當在本期確認為費用。
②收入分攤和成本分攤的調整。

收入分攤是指企業已經收取有關款項，但未完成或未全部完成商品銷售或勞務提供，需要在期末按本期已完成的比例，分攤確認本期已實現收入的金額，並調整以前預收款項時形成的負債。

成本分攤是指企業的支出已經發生，但能使企業在以後若干個會計期間受益，為了能正確計算各個會計期間的損益，應將這些支出在其受益期間進行分配。
（3）將損益類科目轉入「本年利潤」科目，結平所有損益類科目。
（4）結算出資產、負債和所有者權益科目的本期發生額和餘額，並結轉至下期。

二、結帳的方法
（一）明細帳的結帳方法
明細帳的結帳按不同情況分三種類型：
1. 對本月無發生額或只有一筆發生額的明細帳

對本月無發生額的明細帳，無須按月結計本期發生額。該帳戶最後一筆餘額為以前的月末餘額。在其最後一筆經濟業務事項記錄之下已有通欄單紅線，本月無發生額，不需要再結計餘額。

本月只有一筆發生額時，可在其餘額欄同時結計餘額，並在其最後一筆經濟業務事項記錄下劃通欄單紅線，也無須再另行結計本月發生額及餘額。

這種類型主要適用於債權債務往來結算類明細帳和各財產物資明細帳。

2. 對本月發生額較多的明細帳

庫存現金日記帳，銀行存款日記帳和收入、費用等明細帳每月都有較多的發生額，每月結帳時，要在本月最後一筆經濟業務記錄下面劃一條通欄單紅線，在本月最後一筆經濟業務記錄的下一行摘要欄內註明「本月合計」字樣，結出本月發生額和餘額，在「本月合計」這行的下面再劃一條通欄單紅線。這樣就表示月結完畢。

3. 對全年累計數的結計

需要結計本年累計發生額的某些明細帳戶，每月結帳時，應在「本月合計」行下結出自年初起至本月末止的累計發生額，登記在月份發生額下面，在摘要欄內註明「本年累計」字樣，並在下面通欄劃單紅線。12月末的「本年累計」就是全年累計發生額，全年累計發生額下通欄劃雙紅線，如一些收入、費用類帳戶。

(二) 總帳的結帳方法

總帳帳戶平時只需結出月末餘額。年終結帳時，將所有總帳帳戶結出全年發生額和年末餘額，在摘要欄內註明「本年合計」字樣，並在合計數下通欄劃雙紅線。

年度終了結帳時，有餘額的帳戶，要將其餘額結轉下年，並在摘要欄註明「結轉下年」字樣；在下一會計年度新建有關會計帳戶的第一行餘額欄內填寫上年結轉的餘額，並在摘要欄註明「上年結餘」字樣，即將有餘額的帳戶的餘額直接記入新帳餘額欄內，不需要編製記帳憑證，也不必將餘額再記入本年帳戶的借方或貸方，使本年有餘額的帳戶的餘額變為零。因為既然年末是有餘額的帳戶，其餘額應當如實在帳戶中加以反應，否則容易混淆有餘額的帳戶和沒有餘額的帳戶之間的關係。格式如表5-14所示。

表5-14　　　　　　　　　　　　應收帳款

| 20×5年 || 憑證 || 摘要 | 借方 | 貸方 | 借或貸 | 餘額 |
月	日	字	號					
1	1			上年結餘			借	30,000
12	31			本月合計	26,000	16,000	借	40,000
	31			本季累計	98,000	88,000		
	31			本年累計	225,000	215,000		
				結轉下年				

第六節　錯帳更正

一、查找錯帳的方法

在記帳過程中，可能會發生錯誤，即出現錯帳，如漏記、重記、帳戶記錯、借貸方向記反、記錯金額等，從而影響帳簿記錄的準確性，應及時運用合理的方法找出錯帳，並予以更正。一般情況下，如果發生了錯帳，應採取以下措施查找：

（1）先計算出差錯的數額。
（2）綜合各種有關情況，確定可能出現差錯的範圍。
（3）確定查找的線索，採用適當的方法予以查錯。

主要查錯方法有四種：順查法、逆查法、抽查法、偶合法。

（一）順查法

順查法是指沿著「填製憑證—登記帳簿」的順帳務處理程序，從頭到尾進行普遍檢查。具體做法為：

（1）將記帳憑證與原始憑證核對，檢查有無憑證填製錯誤；
（2）將記帳憑證及所附原始憑證與帳簿記錄逐筆核對，檢查有無記帳錯誤。

這種檢查方法，可以發現重記、漏記、錯記科目、錯記金額等。這種方法的優點是查的範圍大，不易遺漏；缺點是工作量大，需要的時間比較長。所以在實際工作中，一般是在採用其他方法查找不到錯誤的情況下採用這種方法。

（二）逆查法

逆查法是指沿著「登記帳簿—填製憑證」的逆帳務處理程序，從尾到頭進行普遍檢查。具體做法為：

（1）將記帳憑證及所附原始憑證與帳簿記錄逐筆核對，檢查有無記帳錯誤。
（2）將記帳憑證與所附的原始憑證核對，檢查有無憑證填製錯誤。

這種方法的優缺點與順查法相同。不同的是可根據實際工作的需要，對由於某種原因導致后期產生錯誤的可能性較大時可採用逆查法查錯。

（三）抽查法

抽查法是指在初步掌握情況的基礎上，有重點地抽取帳簿記錄中某些部分進行局部檢查的方法。當出現差錯時，可根據具體情況分段、重點查找，將一部分帳簿記錄同有關的記帳憑證或原始憑證進行核對。還可以根據差錯發生的位數有針對性地查找。例如，差數是元位數時，只找元、角、分位數，其他數字則不必逐一檢查。採用這種檢查方法的目的是縮小查找範圍，比較省力、省時。

（四）偶合法

偶合法是根據帳簿記錄錯誤中最常見的規律，推測錯帳的類型以及與錯帳有關的記錄進行查帳的方法。常用的方法有以下幾種：

1. 差數法

差數法是按照錯帳的差數查找錯帳的方法。例如，在記帳過程中，只登記了會計分錄的借方或貸方，漏記了另一方，從而導致試算平衡中借方合計與貸方合計不等。其表現形式是：借方金額遺漏，會使金額在貸方超出；貸方金額遺漏，則會使金額在

借方超出。對於這樣的差錯，可由會計人員通過回憶和與相關金額的記帳核對來查找。

2. 尾數法

對於發生角、分位數的差錯可以只查找小數部分，以提高查錯的效率。如只差 0.06 元，只需看一下尾數有「0.06」的金額，看是否已將其登記入帳。

3. 除 2 法

除 2 法是指以差數除以 2 來查找錯帳的方法。當帳證、帳帳或帳實不符，且差數為偶數時，應首先檢查記帳方向是否發生錯誤。在記帳時，有時由於疏忽，錯將借方金額登記到貸方或將貸方金額登記到了借方，必然會出現一方合計數增多，而另一方合計數減少的情況，其差額恰是記錯方向數字的一倍，且差數是偶數。對於這種錯誤的檢查，可用差錯數除以 2，得出的商數就是帳中記帳方向的反方向數字，然后再到帳目中去尋找差錯的數字，這樣就有了一定的目標。

4. 除 9 法

除 9 法是指以差數除以 9 來查找錯數的方法。它適用於以下兩種情況：

（1）數字錯位。在查找錯誤時，如果差錯的數額較大，就應該檢查一下是否在記帳時發生了數字錯位。在登記帳目時，有時會把位數看錯，如把十位數看成百位數，百位數看成了千位數，把小數看大了；也可能把百位數看成十位數，千位數看成百位數，把大數看小了；這種情況下，差錯數額一般比較大，可以用除 9 法進行檢查。如將 70.00 元看成了 700.00 元並登記入帳，此時在對帳時就會出現余額差 700 元－70 元＝630 元，用 630 元除以 9，商為 70 元，70 元是應該記錄的正確的數額。又如收入現金 800 元，誤記為 80 元，對帳結果會出現 800 元－80 元＝720 元差值，用 720 元除以 9，商數 80 即為要找的差錯數。

（2）相鄰數字顛倒錯誤的查找。在記帳時，有時易將相鄰的兩位數或三位數的數字登記顛倒了，查找的方法是：將差數除以 9，得出的商數連續加 11，直到找出顛倒的數字為止。如將 86 記成 68，它們的差值是 18，被 9 整除得 2，連加 11 後可能的結果為：13、24、35、46、57、68、79、80、91。當發現帳簿記錄中出現上述數字（本例為 68）時，則有可能就是顛倒的數字。

二、錯帳更正方法

帳簿記錄應保持整齊清潔。因此，記帳時應力求正確和清楚，避免差錯。如果帳簿記錄發生錯誤，必須按照規定的方法予以更正。不準塗改、挖補、刮擦或者用藥水消除字跡，不準重新抄，應採用正確的方法予以更正。錯帳更正方法通常有劃線更正法、紅字更正法和補充登記法等幾種。

（一）劃線更正法

劃線更正法又稱紅線更正法。在結帳前發現帳簿記錄有文字或數字錯誤，而記帳憑證沒有錯誤，可以採用劃線更正法。更正時，可在錯誤的文字或數字上劃一條紅線，在紅線的上方用藍黑墨水填寫正確的文字或數字，並由記帳及相關人員在更正處蓋章，以明確責任。對於錯誤的數字，不得只劃銷其中的錯誤數字，應將全部數字劃紅線，並保持原有數字清晰可辨。對於文字錯誤，可只劃去錯誤的部分。

【例 5-1】某帳簿記錄中，將 3,684.00 元誤記為 6,384.00 元，而記帳憑證沒有錯誤。

更正方法為：不能只劃去其中的「36」，改為「63」；而是應當把「3,684.00」全部用紅線劃去，並在其上方寫上「6,384.00」。

(二) 紅字更正法

紅字更正法是指用紅字衝銷原有錯誤記錄後再予以更正或調整帳簿記錄的一種方法。它適用於兩種情況。

1. 全部紅字更正法

記帳后，在當年內發現記帳憑證所記的應借、應貸會計科目錯誤，可以採用紅字更正法。

更正方法是：記帳憑證的會計科目錯誤時，用紅字填寫一張與原記帳憑證完全相同的記帳憑證並據以記帳，以註銷原錯誤記錄，然后用藍字填寫一張正確的記帳憑證，並據以記帳。

【例 5-2】邕桂公司簽發現金支票購買行政管理用辦公用品 3,000 元。在填製記帳憑證時，誤作貸記「庫存現金」科目，並已據以登記入帳。會計分錄如下：

借：管理費用　　　　　　　　　　　　　　　　　　3,000
　　貸：庫存現金　　　　　　　　　　　　　　　　　　3,000

該公司更正時，應當用紅字填製一張與原錯誤記帳憑證內容完全相同的記帳憑證，以衝銷原錯誤記錄。(以下會計分錄中，□內數字表示紅字)

借：管理費用　　　　　　　　　　　　　　　　　　|3,000|
　　貸：庫存現金　　　　　　　　　　　　　　　　　|3,000|

然后，用藍字填製一張正確的記帳憑證並據以記帳。會計分錄如下：

借：管理費用　　　　　　　　　　　　　　　　　　3,000
　　貸：銀行存款　　　　　　　　　　　　　　　　　　3,000

2. 部分紅字更正法

記帳憑證的會計科目無誤而所記金額大於應記金額，從而引起記帳錯誤，可以採用紅字更正法。

更正方法是：記帳憑證的會計科目無誤而所記金額大於應記金額時，按多記的金額用紅字編製一張與原記帳憑證應借、應貸科目完全相同的記帳憑證，以衝銷多記的金額，並據以記帳。

【例 5-3】承例 5-2，記帳憑證科目選用正確，但金額誤記為 30,000 元，誤作下列記帳憑證，並已登記入帳。

借：管理費用　　　　　　　　　　　　　　　　　　30,000
　　貸：銀行存款　　　　　　　　　　　　　　　　　　30,000

發現錯誤后，應將多記的金額用紅字作與上述科目相同會計分錄並據以記帳。會計分錄如下：

借：管理費用　　　　　　　　　　　　　　　　　　|27,000|
　　貸：銀行存款　　　　　　　　　　　　　　　　　|27,000|

(三) 補充登記法

補充登記法又稱補充更正法，是在記帳后發現記帳憑證填寫的會計科目無誤，只

是所記金額小於應記金額時，所採用的一種更正方法。

具體更正方法是：按少記的金額用藍字編製一張與原記帳憑證應借、應貸科目完全相同的記帳憑證，以補充少記的金額，並據以記帳。

【例5-4】承例5-2，記帳憑證金額誤記為300，誤作下列記帳憑證，並已登記入帳。

借：管理費用　　　　　　　　　　　　　　　　300
　　貸：銀行存款　　　　　　　　　　　　　　　　　300

發現錯誤後，應將少記的金額用藍字編製一張與原記帳憑證應借、應貸科目完全相同的記帳憑證，並登記入帳：

借：管理費用　　　　　　　　　　　　　　　　2,700
　　貸：銀行存款　　　　　　　　　　　　　　　　　2,700

思考題：

1. 什麼是會計帳簿？會計帳簿一般包括哪些基本內容？
2. 會計帳簿如何分類？
3. 設置和登記帳簿有何作用？
4. 會計帳簿記帳規則的主要內容有哪些？
5. 什麼叫特種日記帳？特種日記帳的一般格式和登記方法是什麼？
6. 總分類帳和明細分類帳在格式上一般有何區別？為什麼？
7. 總分類帳和明細分類帳為什麼要採用平行登記的方法？二者平行登記的要點是什麼？
8. 什麼叫對帳？對帳包括哪些內容？
9. 什麼叫結帳？結帳包括哪些程序？
10. 更正錯帳的方法有哪些？它們各自的適用範圍是什麼？

第六章
成本計算

【學習要求】

通過本章的學習，讀者需要掌握採購成本、發出存貨成本和產品生產成本的一般計算方法；理解成本和費用的區別。

【案例】

成本與定價

某企業生產一種產品，預計單位製造成本為 100 元，那麼正常情況下該企業出售該產品的單價會低於 100 元嗎？假設行業平均成本利潤率為 12%，每出售一件產品發生的稅費是 8 元，那麼該產品的合理定價是多少？

第一節　成本計算概述

成本計算是按照一定對象歸集和分配生產經營過程中發生的各種費用，以便確定各個對象的總成本和單位成本的一種專門方法。成本計算實質上就是通過採用科學的程序，把生產經營過程中發生的費用進行歸集，並分配給特定的對象，由特定對象負擔所耗費用的過程。成本計算是會計核算的一種專門方法。

製造企業的生產經營過程分為供、產、銷三個階段，企業在每一個階段都會發生各種耗費。因此，在供、產、銷三個階段都存在成本計算的問題，即供應階段計算材料採購成本；生產階段計算產品生產成本；銷售階段計算產品銷售成本。其中，企業生產階段的耗費最為多樣和複雜，這導致生產成本的計算比其他階段的成本計算要複雜得多。因此，很多時候基礎會計的成本計算通常是指產品生產成本的計算。

一、成本計算的意義

企業是以盈利為主要目的的經濟組織。它通過投入各種經濟資源（如機器設備、原材料、勞動力等），從事生產經營活動，生產、銷售市場所需要的產品或勞務，目的是獲得利潤，實現企業資本的保值與增值。通常企業要先有經濟資源的耗費才能獲得經營成果。在會計核算中，我們把企業在生產經營過程中發生的經濟資源的耗費稱為費用。費用是企業為銷售商品、提供勞務等日常活動所發生的經濟利益的流出。而成本是指按一定對象歸集的費用，是對象化了的費用。例如，以某種產品或材料為對象

所歸集的費用，即為該產品或材料的生產成本。成本與費用是兩個並行使用的概念，兩者既有聯繫又有區別。費用與一定的會計期間相聯繫，反應一定時期的資產耗費，是根據權責發生制、配比原則等要求來確認的；成本則與一定種類和數量的產品相聯繫，是根據受益性原則和重要性要求計算出來的。就生產企業而言，生產費用的發生過程，同時就是產品成本的形成過程。費用是形成成本的基礎，成本是對象化了的費用。

成本計算是會計核算的專門方法之一，其意義主要表現在以下方面：

1. 成本計算是企業盈虧計算的基礎

企業經營的目標是謀求更多的利潤，利潤是企業收入扣除成本、費用後的餘額。企業在確認各期經營成果時，需要用本期取得的收入減去本期所發生的耗費以確定本期的經營成果。可見，如果成本計算不真實，將直接影響企業損益計算的正確性。因此，成本計算是企業盈虧計算的重要環節，它與收入核算一起，構成企業盈虧計算的基礎。

2. 成本計算是企業耗費補償的依據

為了維持企業的再生產，需要對生產過程中所消耗的材料、機器設備等價值進行補償，那麼補償的標準是什麼？是一次性地全部予以補償還是分期逐次地進行補償？補償的金額是多少？這些都需要通過成本計算來予以確定。因此，正確計量生產中所發生的耗費，有助於確定生產經營耗費的補償，保證企業生產循環和經營的持續進行。

3. 成本計算是企業制定商品價格的基礎

商品的價格直接影響到商品的銷售和企業盈利的多少，而商品價格的高低又由商品的成本所決定。在日趨激烈的市場競爭中，企業必須制定合理的商品價格，全面提高商品在價格上的競爭能力，以確保產品銷售得以順利實現。正確計算產品成本，能為企業合理地制定商品價格提供依據和基礎。

4. 成本計算是衡量企業管理水平的綜合性指標

企業各方面工作的成果，如各項資產的耗費水平、設備的利用情況、人、財、物的組織是否合理，供、產、銷是否均衡等，最終都會反應在產品的成本上。因此，通過對成本資料的考核分析，可以發現企業管理上存在的問題，為提高各項管理工作的效率指明方向。

二、成本計算的基本原則

成本計算原則，就是對不同經營階段、不同計算對象的各種成本進行計算時應當遵循的共同規律。在不同的企業，或同一企業的不同經營階段，會產生不同的經濟活動，發生不同的費用支出，形成不同對象的成本。不同的成本計算對象在成本計算方法上必然會存在著一定的差異，如材料採購成本的計算方法與產品生產成本的計算方法就有許多的不同之處。不同計算對象的成本在內容、構成和計算方法等方面雖然不盡相同，但它們都是企業在經營過程中發生的資源消耗，都應依據權責發生制、劃分收益性支出與資本性支出的要求和費用的受益性原則等，將所發生的各項耗費按照一定的方法歸集、分配到受益對象上去。不同對象的成本計算其原則是相同的。

成本計算的基本原則可以概括為三點。

1. 直接受益直接分配原則

經營活動的目的與達到該目的所要發生的耗費有著直接的聯繫，企業在某一經營活動中支付費用，目的是在這種經營活動中獲得合理的經營成果。也就是說，某一經營活動的成果就是該經營活動中所支付費用的受益對象。例如，為生產某一產品而耗用的原材料費用，其受益對象就是所生產的該種產品。當能夠直接確定某種費用是為某項經營活動而發生時，我們稱這種費用為該成本計算對象的直接費用。直接費用應當在發生時直接計入各受益對象的成本中，直接由各受益對象來承擔。

2. 共同受益間接分配原則

企業在日常經營活動中，各種經營活動常常是交叉進行的，因此，有的費用是為了若干個受益對象而共同發生的，這些費用則應當由相關的若干個受益對象來共同承擔，會計上把這種由若干受益計算對象共同承擔的費用稱為共同性費用。共同性費用通常是採用客觀性較強的標準將其在各受益對象之間合理分配。首先確定需要分配的共同性費用總額和費用分配標準，然后再按一定的方法將需要分配的共同性費用在受益對象之間進行合理分配。

3. 重要性原則

企業發生的共同性費用中，會有一些共同性費用一方面與受益對象的受益關係並不十分明顯，另一方面費用的金額較小，如將這些共同性費用按受益性原則分配計入各受益對象的成本，一是不易選擇客觀的分配標準，二是這些費用計入或不計入受益對象成本，對受益對象的成本影響不大。因此，在成本核算中，只把那些與受益對象的受益關係較為明顯，易於選擇分配標準且費用金額較大，能對受益對象的成本升降產生影響的共同性費用，計入受益對象的成本；把那些與受益對象的受益關係不十分明顯，費用金額不大，不易確定客觀的分配標準，對受益對象的成本升降影響不大的共同性費用，不計入受益對象的成本，而是一次性計入當期損益。

三、成本計算的基本要求

為了正確、及時計算成本，獲得各成本計算對象的真實資料，在進行成本計算過程中，相關會計人員應當遵循以下基本要求：

(一) 嚴格執行企業會計準則中成本開支範圍的規定

成本開支範圍，是指哪些耗費允許列入成本，哪些耗費不允許列入成本的規定。

成本是企業為生產產品、提供勞務而發生的各種經濟資源的耗費。企業的生產經營過程同時也是企業各項資產的耗費過程。企業生產產品，需要耗費材料，磨損設備，以現金或銀行存款支付職工工資等。這些資產的耗費，從企業內部來看僅僅是一種資產（材料、現金等）轉變為另一種資產（產成品），是資產形態的轉換。這種在企業內部之間的資產形態轉換，不會導致經濟利益流出企業，也不會導致企業所有者權益的減少，因此這些耗費不是企業的費用，而是企業為取得另一項資產付出的成本。

(二) 正確劃分各種成本耗費的界限

在進行成本計算時，必須先分清以下各種費用之間的界限，以保證成本計算的真實、準確。

1. 正確劃分資本性支出與收益性支出的界限

資本性支出，是指該項支出所帶來的效益能延及幾個會計年度的支出。資本性支

出應計入相關資產的成本，並隨著資產的消耗，合理分攤相關費用。如企業購建固定資產的支出，應計入固定資產的成本，並在固定資產的使用期間內分攤其成本。收益性支出，是指凡支出的效益僅與本會計年度相關的支出。收益性支出形成企業當期費用，應從當期收入中進行補償。收益性支出應計入當期損益，在損益表中反應；資本性支出，應列作企業資產，在資產負債表中反應。正確劃分資本性支出與收益性支出，才能保證企業資產價值的正確計量，保證企業產品成本、期間費用和各期損益計算的準確性。

2. 正確劃分存貨成本與期間費用的界限

存貨成本是指企業在購買材料、生產產品或提供勞務過程中發生的，應由該材料、產品或勞務負擔的各項耗費，這些成本的發生與所採購的材料或產品的生產具有直接的聯繫。

期間費用是指企業當期發生的必須從當期收入中得到補償的各種耗費。如為組織整個企業經營活動而發生的管理費用、為籌集資金而發生的財務費用等。這些費用的發生只與特定的經營時期相聯繫，難以科學、合理地計入產品或勞務的成本。因此，期間費用不計入產品或勞務成本，而應當直接計入當期損益，並從當期收入中得到補償。

劃分存貨成本和期間費用的界限，可使成本計算更具規範性和操作性，避免通過期間費用的增減，人為調整產品成本，確保產品成本真實、可比。

3. 正確劃分各會計期間的成本界限

某項耗費是否應當計入本月的產品成本以及應當計入多少，取決於該項成本是否應由本月負擔以及本月受益量的多少。企業應當根據權責發生制和受益性原則的要求進行判斷，凡是屬於本期產品受益的耗費，不論款項是否在本期支付，都應當計入本期產品的成本；凡是不屬當期產品受益的耗費，即使款項已在本期支付，也不能計入本期產品的成本。對於本月和以後各月共同受益的耗費，則應當按受益期間或受益量的多少進行合理分攤，分別計入各期產品的成本。例如，企業支付了設備未來兩年的財產保險費，雖然成本已在本期支付，但成本的受益期是未來兩年，因此，企業應把本期支付的保險費作為長期待攤費用，在未來兩年內平均分攤。

4. 正確劃分各種不同產品之間的成本界限

企業在生產過程中發生的各種成本費用，必須分清應由哪一種產品來負擔。劃分的依據是受益性原則，即誰受益誰負擔。企業在生產多種產品時，凡是為生產某種產品單獨發生的費用，應當直接計入該產品的成本；凡是為生產幾種產品共同發生的費用，則應選擇合理的分配標準，按誰受益誰負擔的原則，對共同性費用進行分配，分別計入各受益產品的成本。只有這樣，才能保證各種產品成本的真實性。

5. 正確劃分完工產品與在產品的成本界限

會計期末在歸集出某種產品應負擔的全部生產成本后，如果該種產品已全部完工，所歸集的費用應全部計入該完工產品的成本；如果該種產品全部沒有完工，所歸集的費用應全部計入該在產品的成本；如果該種產品是一部分完工一部分尚未完工，則應將所歸集的全部生產成本按一定的分配標準，在完工產品與在產品之間進行分配，分別計算出完工產品應負擔的成本和在產品應負擔的成本，並將本期未完工的在產品轉入下期繼續加工。企業期初在產品成本即為上月末轉入的未完工的在產品成本。月初

在產品成本、本月生產成本、本月完工產品成本、月末在產品成本四者之間的關係如下：

月初在產品成本+本月生產成本=本月完工產品成本+月末在產品成本

(三) 做好成本核算的各項基礎工作

成本核算的基礎工作，是正確、及時進行成本計算的根本保證，為確保成本計算的正確性與及時性，提高會計信息的有用性，必須做好以下各項基礎工作：

(1) 完善定額管理，為編製成本計劃，控制、考核成本耗費提供依據。
(2) 建立健全材料物資的計量、收發、領退、盤點制度。
(3) 完善各項原始記錄。
(4) 制定企業內部結算價格，分析、考核企業內部各單位的成本計劃執行情況。
(5) 及時修訂、完善各項成本管理制度。

(四) 選擇適當的成本計算方法

進行成本計算應結合本企業的實際情況，選擇適合本企業特點的成本計算方法。成本計算方法的選擇，應同時考慮企業的生產類型、特點和企業對成本管理的要求，生產類型的差異和對成本管理的不同要求，構成了不同的成本計算方法。在同一企業中，可以根據需要採用某一種成本計算方法或同時採用多種成本計算方法，但是成本計算方法一經選定，不得隨意變更。

四、成本計算的基本程序

成本計算程序，是指從生產費用的歸集開始，到算出完工產品成本的順序和步驟。由於每個企業的生產特點和成本管理要求不同，需要採用不同的成本計算方法。因此，會計上形成了各種不同的成本計算方法。但不論哪種成本計算方法，它們在成本計算程序上是基本相同的，概括說來，成本計算的基本程序包括以下幾個方面：

(一) 確定成本計算對象

成本計算對象，是成本的歸屬對象和承擔者，也是各項耗費的受益者。確定成本計算對象，是歸集費用的依據和成本計算的前提。例如，為採購某材料發生的耗費，應當由該材料來承擔，應選擇所採購的材料作為成本計算對象；企業為生產某種產品而發生的材料、人工、機物料損耗等費用，應當由該產品來承擔，應選擇所生產的產品作為成本計算對象。成本計算對象的確定，生產經營中發生的各項耗費就有了具體的歸屬和承擔者，企業就可以根據成本計算對象開設成本計算單，歸集、分配各種生產耗費，計算各成本對象的總成本和單位成本。

(二) 確定成本計算期

成本計算期，是指成本計算的間隔期，即多長時間計算一次成本。從理論上說，產品生產完工之時，才是產品成本完全形成之日。因此，應當在產品生產完工之時以產品的生產週期作為成本計算期。但在實際工作中，有許多企業並不是按照產品的生產週期來計算產品成本的。例如，不斷大量重複生產同類產品的企業，生產的投入(生產開始)與產出(生產完成)在時間上是不斷交叉的，並沒有嚴格的工作完成時間，企業出於分期考核經營成果的要求，往往是選擇會計報告期(按月)作為成本計算期。所以，成本計算期的確定，取決於企業的生產經營特點和成本管理要求。企業可按實際需要，選擇生產週期或會計報告期作為成本計算期。一般情況下，大批量重

複生產的企業，一般以會計報告期作為成本計算期，按月計算產品成本；小批量單件生產的企業，則應以產品的生產週期作為成本計算期，在產品生產完工時計算產品成本。

（三）確定成本項目

成本項目，是對產品成本構成內容按用途所作的分類。成本計算，不僅僅是為了對生產耗費進行補償，更重要的是為了企業挖掘降低成本的潛力、提高經濟效益提供依據。確定成本項目，就是對生產費用按經濟用途進行的分類核算。例如，產品的成本項目一般包括直接材料、直接人工和製造費用等。借助於成本項目，可以清楚地瞭解費用成本的構成與用途，加強成本的控制與管理。通過對成本項目的分析，可以查找成本升降的原因，挖掘降低成本的潛力，尋求節約支出、提高經濟效益的途徑。

（四）正確歸集和分配各種費用，計算完工產品成本

生產過程中發生的各種耗費，必須按照成本計算對象和成本項目在各種產品之間進行歸集和分配。在會計實務中，成本計算一般是按照成本計算對象及其成本項目，通過編製成本計算表來完成的。在成本計算期內，如果所生產的產品全部完工，則所歸集的生產費用全部由完工產品負擔；如果期末存在在產品，則應將所歸集的生產費用先在完工產品與在產品之間進行分配，再計算完工產品的生產成本。

第二節　企業生產經營過程中的成本計算

製造業企業的經營過程一般包括供應、生產和銷售三個階段。不同的經營階段要計算不同對象的成本，即供應過程計算存貨採購成本，生產過程計算產品生產成本，銷售過程計算產品銷售成本（主營業務成本）等。本節中我們將簡要地介紹材料採購成本、產品生產成本和產品銷售成本的基本計算方法，由於成本計算的具體內容比較複雜，成本計算的詳細內容將在成本會計課程中進行專門介紹。

一、材料採購成本的計算

計算材料採購成本，一般是按材料的品種或類別設置成本計算對象，並在「在途物資」或「材料採購」帳戶下按材料的品種或類別分別設置明細帳，用以歸集、分配應計入材料採購成本的各種費用，月末根據各成本對象帳戶所歸集的費用，編製材料採購成本計算表，計算確定各種材料的總成本和單位成本。

（一）材料採購成本的構成

材料的採購成本，一般由買價和採購費用兩個成本項目構成。

其中，買價是指企業購進材料發票上所列明的材料價格，但不包括按規定可以抵扣的增值稅進項稅額。採購費用，是指購進材料過程中發生的運輸費、裝卸費、保險費及運輸途中的合理損耗、入庫前的挑選整理費用、購進材料應負擔的進口關稅和其他稅費等。

（二）材料採購成本的計算方法

根據成本計算的基本原理，在材料採購過程中發生的各種費用，能夠直接分清受益對象的直接費用，應當直接計入採購對象的成本。如材料的買價，一般屬於直接費

用，應當直接計入材料的採購成本。其他採購費用中，凡是能直接分清受益對象的，也應直接計入相應材料的採購成本。對於在採購過程中發生的不能直接分清受益對象的各種共同性費用，如幾種材料共同發生的運費，則應先選擇一定標準將所發生的共同性費用在各相關材料中進行合理分攤，然後再分別計入各材料的採購成本。分配費用的標準可按所購材料的重量、買價、體積等比例進行。計算公式如下：

分配率＝共同費用總額÷分配標準總額

某種材料應分擔的費用＝該材料的分配標準×分配率

對於在材料採購過程中發生的某些費用，如供應部門或材料倉庫發生的經常性費用、採購人員的差旅費、採購機構經費以及市內小額的運雜費等，這些費用一般不易分清具體的受益對象或費用金額較小，對材料採購成本的影響不大，按重要性原則，通常不計入材料的採購成本，而是作為期間費用處理，直接列入企業的管理費用。

現以邕桂公司採購材料為例，說明材料採購成本的計算。

【例6-1】邕桂公司向 A 鋼鐵廠購入乙材料 400 千克，單價為 39 元/千克，增值稅進項稅額為2,652元，丙材料 200 千克，單價為 20 元/千克，增值稅進項稅額為 680 元。此外，由 A 鋼鐵廠代墊運雜費 600 元。以上款項已用銀行存款支付，材料已驗收入庫。

要求：

（1）若運雜費按重量分攤，計算其採購成本；

（2）若運雜費按買價分攤，計算其採購成本。

計算邕桂公司所購入材料成本：

（1）若運雜費按重量分攤：

分配率＝600÷（400+200）＝1

乙材料應承擔的運雜費 ＝400×1＝ 400（元）

丙材料應承擔的運雜費 ＝200×1＝ 200（元）

乙材料的採購成本＝15,600+400＝16,000（元）

丙材料的採購成本＝4,000+200＝4,200（元）

（2）若運雜費按買價分攤：

分配率＝ 600÷（15,600+4,000）＝0.030,6

乙材料應承擔的運雜費＝15,600×0.0306＝477.36（元）

丙材料應承擔的運雜費＝600−477.36＝122.64（元）

乙材料的採購成本＝15,600+477.36＝16,077.36（元）

丙材料的採購成本＝4,000+122.64＝4,122.64（元）

二、產品生產成本的計算

（一）產品生產成本的構成

生產成本是企業為生產一定種類和數量的產品而發生的各種費用的總和，將這些費用歸集、分配到具體的產品中，就構成了各種產品的生產成本。產品成本按經濟用途進行分類稱為成本項目，歸集、分配各種產品的生產費用，通常是按成本項目進行的。生產企業的成本項目一般包括以下幾項：

1. 直接材料

它是指企業在生產產品和提供勞務的過程中所消耗的，直接用於產品生產，並構

成產品實體的原料、主要材料、外購半成品、包裝物以及有助於產品形成的輔助材料等。

2. 直接人工

它是指企業在生產產品和提供勞務的過程中，直接參加產品生產的生產工人工資以及其他各種形式的職工薪酬。

3. 製造費用

它是指企業為生產產品、提供勞務而發生的，不能直接歸入直接材料和直接人工的各項間接費用，包括雖直接用於產品生產，但不便於直接計入產品成本，沒有專設成本項目的費用（如生產設備的折舊費、生產產品耗用的水電費等），以及各生產車間為組織、管理生產而發生的屬管理性質的費用（如車間管理人員的工資費用、車間照明用電的費用、辦公費、勞動保護費等）。

（二）產品生產成本的計算方法

1. 產品成本計算的一般程序

產品成本計算，是一項系統性很強的工作，需要按照一定的程序和步驟來進行。由於每個企業的生產特點和成本管理要求不同，產品成本核算的具體步驟不盡一致，但其基本核算程序是相同的，一般包括以下幾個步驟：

（1）對生產費用進行審核，確定所開支的費用能否計入產品成本，並在此基礎上，將生產費用區分為產品成本和期間費用。

（2）將應當計入產品成本的各項成本費用，區分為應當計入本月產品的成本和應當由以后月份產品負擔的成本。

（3）將應該計入本月產品成本的各種費用，在各種產品之間按成本項目進行歸集和分配，計算出各種產品的成本。

（4）對於既有完工產品又有在產品的產品，應採用一定的方法將所歸集的生產費用總和，在完工產品和在產品之間進行合理分配，計算出該種完工產品的成本。

2. 產品生產成本的計算方法

成本計算，通常是以生產部門所生產的各種產品作為成本計算對象，並按各對象的成本項目分別歸集、分配各項生產費用。在歸集和分配各項要素費用時，應遵循以下原則：對於能夠直接確定成本計算對象，並設有專門成本項目的費用（如生產產品直接耗用的直接材料、直接人工），應直接計入各產品的成本；對於不能直接確定成本計算對象的各項間接費用或沒有專門設立成本項目的直接費用（如生產車間的管理費用、輔助生產發生的費用等），則應根據受益性原則採用適當的方法進行分配后再計入各受益產品的成本。即直接費用直接計入，間接費用分配計入。

產品生產成本的計算方法多種多樣，在會計實務中，有品種法、分批法和分步法等。對於各種專門成本計算方法的原理和應用，將在成本會計課程中進行詳細介紹。在本課程中我們只對產品生產成本計算的基本方法進行介紹。

現以品種法為例，說明產品生產成本的基本計算方法。

【例6-2】邕桂公司20×5年6月份生產A、B產品的有關成本資料如下：

（1）期初在產品成本資料如表6-1所示。

表 6-1　　　　　　　　　　　期初在產品成本資料　　　　　　　　　　單位：元

產品名稱	直接材料	直接人工	製造費用	合計
A 產品	3,700	20,000	1,500	25,200
B 產品	2,000	15,000	900	17,900
合計	5,700	35,000	2,400	43,100

（2）本月發生的各項生產費用耗費情況如下：

①材料耗用情況：A 產品領用原材料 65,000 元，B 產品領用原材料 18,000 元，生產車間一般耗用原材料 5,000 元。

②發生工資薪酬：A 產品生產工人工資薪酬 150,000 元，B 產品生產工人工資薪酬 120,000 元，車間管理人員工資薪酬 10,000 元。

③本月生產車間共同耗費外購動力費用 6,000 元，計提生產設備、車間廠房折舊費 4,000 元。此外，本月生產車間發生辦公費 2,000 元。

（3）期末產量資料：

本月生產 A 產品 80 件，期末全部生產完工；生產 B 產品 60 件，其中本月完工產品 50 件，月末在產品 10 件。

B 在產品成本採用定額成本標準進行計算。B 在產品各成本項目的單位定額成本分別為直接材料 150 元、直接人工 1,000 元、製造費用 110 元。

要求：

根據資料歸集、分配本月發生的製造費用，計算 A、B 兩種產品的完工成本（假定製造費用按生產工人工資的比例分配）。

根據上述資料進行產品成本計算：

（1）製造費用總額 = 5,000+10,000+6,000+4,000+2,000 = 27,000（元）

（2）分配製造費用

$$分配率 = \frac{27,000}{150,000+120,000} = 0.1$$

A 產品應負擔的製造費用 = 150,000×0.1 = 15,000（元）

B 產品應負擔的製造費用 = 120,000×0.1 = 12,000（元）

（3）計算應當計入產品成本的各項成本費用：

應當計入 A 產品的成本 = 25,200+65,000+150,000+15,000 = 255,200（元）

應當計入 B 產品的成本 = 17,900+18,000+120,000+12,000 = 167,900（元）

（4）計算未完工產品成本：

由於 B 產品尚有 10 件未完工，因此，應將本期歸集的生產費用合計數 167,900 元，按一定的方法在完工產品和在產品之間進行分配。按本例所給的條件，B 在產品採用定額成本進行計算，其計算方法和結果如下：

期末 B 在產品成本：

直接材料 = 150×10 = 1,500（元）

直接人工 = 1,000×10 = 10,000（元）

製造費用 = 110×10 = 1,100（元）

B 在產品成本合計：12,600（元）

完工 B 產品的生產成本計算公式為：
完工產品生產成本＝月初在產品成本＋本月發生的生產費用－月末在產品成本
完工 B 產品的生產成本＝167,900－12,600＝155,300（元）
其中，完工 B 產品直接材料費用＝2,000＋18,000－1,500＝18,500（元）
完工 B 產品直接人工費用＝15,000＋12,000－10,000＝125,000（元）
完工 B 產品製造費用＝900＋12,000－1,100＝11,800（元）
（5）計算 A、B 產品的完工總成本和單位成本，如表 6-2 所示。

表 6-2　　　　　　　　　　　　產品生產成本計算表
編表單位：邕桂公司　　　　　編表日期：20×5 年 6 月　　　　　　　　單位：元

成本項目	A 產品（80 件）		B 產品（50 件）	
	總成本	單位成本	總成本	單位成本
直接材料	68,700	858.75	18,500	370
直接工資	170,000	2,125	125,000	2,500
製造費用	16,500	206.25	11,800	236
合計	255,200	3,190	155,300	3,106

三、產品銷售成本的計算

（一）產品銷售成本的計算要求

產品的銷售成本，是指已經銷售的產品的生產成本。企業銷售產品，必然會引起企業庫存產成品的減少。因此，企業應當把因銷售而減少的庫存產成品的價值（即產品的銷售成本）從「庫存商品」帳戶結轉到「主營業務成本」帳戶。產品銷售成本的計算，實質就是企業發出存貨成本的計算。

企業在計算產品銷售成本時，應堅持配比原則，將本期實現的銷售收入與本期發生的費用相配比，不得提前或延遲結轉產品銷售成本，不得多轉或少轉產品銷售成本。另外，企業應結合本企業的生產經營特點和管理要求，選擇正確的成本計算方法，一經確定，不得隨意變更。

（二）產品銷售成本的計算方法

企業銷售產品的過程，也是企業發出存貨的過程。通常，企業應當在存貨發出時，按發出存貨的數量和存貨的實際單位成本來計算發出存貨的成本，但是由於企業取得存貨的時間、批量或地點不同，同一種存貨的單位成本必然會有所不同。企業在銷售產品時，必然會涉及採用何種單價計算發出存貨成本的問題。對於不便隨時計算發出存貨成本的企業，可以在每月終了採用一定的方法計算當期發出存貨的成本。發出存貨成本的計算，通常採用的方法有先進先出法、一次加權平均法、移動平均法和個別計價法等。

（1）先進先出法，是以先取得的存貨先發出為假設前提，按照貨物取得的先後順序，確定發出存貨和期末存貨成本的方法。企業發出存貨時，按照存貨中先購進的那批存貨進行計價。

（2）一次加權平均法，又稱全月一次加權平均法或月末加權平均法，是指以月初

結存存貨和本月收入存貨的數量為權數，於月末一次計算存貨的加權平均單價，並據以計算發出存貨成本的一種方法。其計算公式如下：

$$加權平均單價 = \frac{期初結存存貨實際成本 + 本期收入存貨實際成本}{期初結存存貨數量 + 本期收入存貨數量}$$

本月發出存貨實際成本＝本月發出存貨數量×加權平均單價

月末結存存貨實際成本＝月末結存存貨數量×加權平均單價

或者：月末結存存貨實際成本＝期初結存存貨成本＋本期收入存貨成本－本期發出存貨成本

（3）移動平均法又稱移動加權平均法，是指在每次購進存貨後，都要根據庫存存貨的數量和成本，重新計算新的存貨平均單價，並作為發出存貨的計價標準，計算發出存貨成本的方法。這種方法與全月一次加權平均法的計算原理基本相同，只是要求在每次（批）購進存貨後，重新計算結存存貨的平均單價。

（4）個別計價法也稱個別認定法，是指每次發出存貨的實際成本均按該存貨入庫時的實際成本分別計價的方法。這種方法是將存貨的實物流轉與成本流轉統一起來，按其購入時所確定的單位成本計算發出和結存存貨的實際成本。

下面以一次加權平均法為例，舉例說明產品銷售成本的計算方法。

【例6-3】邕桂公司20×5年6月共計銷售甲產品500件。甲產品的期初庫存餘額為200件，單位成本為88元；本月生產完工入庫600件，單位成本為92元。假定企業採用一次加權平均法計算產品的銷售成本，則本月銷售甲產品的成本計算如下：

（1）計算本月甲產品的加權平均單價

甲產品的加權平均單價＝（200×88+600×92）÷（200+600）＝91（元／件）

（2）計算本月甲產品的銷售成本：

甲產品銷售成本＝500×91＝45,500（元）

企業計算確認當期產品銷售成本後，應對已銷產品的成本進行結轉，即將已銷的產品成本從「庫存商品」帳戶轉入「主營業務成本」帳戶，並編製相應的會計分錄：

借：主營業務成本——甲產品　　　　　　　　　　　45,500
　　貸：庫存商品——甲產品　　　　　　　　　　　　45,500

思考題：

1. 簡述成本與費用的區別。
2. 簡述成本與利潤的關係。

第七章 財產清查

【學習要求】

通過本章的學習，讀者要瞭解財產清查的概念、作用，理解財產清查的分類及財產物資的盤存制度，掌握對貨幣資金、實物資產、往來款項的清查方法，學會編製銀行存款餘額調節表，掌握財產清查結果的處理程序和帳務處理方法。

【案例】

設備缺失的處理

邕桂公司年底進行財產清查時，發現缺少了一臺機器設備。該設備原價為60,000元，已提折舊20,000元，淨值40,000元。經調查發現是該企業副經理王某所為，他私自將該臺在用的機器設備借給開辦工廠的弟弟吳某使用，並未辦理任何外借手續。企業得知情況後，派人向王某的弟弟吳某索要設備，吳某卻稱該設備已被偷走。當問及王副經理對該盤虧設備的處理意見時，他建議按照正常報廢處理。

請問：盤虧的這臺設備按正常報廢處理是否符合規定？企業應該怎樣正確處理盤虧的資產？

第一節　財產清查概述

一、財產清查的概念及作用

（一）財產清查的概念

財產清查是指通過對企業各項財產物資進行實地盤點與核對，查明其實有數額，並確定實存數與帳面數是否相符的一種專門的會計核算方法。

在實際生產經營過程中，常常會出現帳實不符的現象，產生這種現象的原因是多方面的，具體來說主要有以下幾點：

（1）財產物資發生物理或化學變化造成數量或質量上的自然損耗，或發生不可抗力如自然災害、氣候突變使物資在保管過程中造成損失等；

（2）會計人員在收發財產物資時計量、檢驗出現差錯，造成多收或少收、多付或少付現象；

（3）手續不健全或制度不完善導致憑證、帳簿登記不全，出現錯帳、漏帳、重複記帳等錯誤；

（4）由於保管不善或人員失職，造成物資在保管過程中損壞、變質或價值下降等；
（5）不法分子貪污、舞弊、盜竊等非法行為導致財產物資損失；
（6）企業和銀行在結算過程中收付款項時間差異，形成未達帳項，造成帳實不符。

企業發生經濟業務后，要填製相應的會計憑證，並以會計憑證為依據登記會計帳簿，最后根據會計帳簿編製財務會計報告。因此，只有保證會計憑證和會計帳簿的正確性與完整性，才能保證財務會計報告的客觀真實。這就要求在會計核算中經常對會計憑證和帳簿記錄進行核查，保證帳證相符、帳帳相符。同時，為了保護企業財產物資的安全，提供真實可靠的財務信息，必須定期或不定期地對財產物資、貨幣資金、債權債務進行盤點與核對，查明帳實是否相符，在帳證、帳帳、帳實都相符的基礎上編製財務報表。

（二）財產清查的作用

財產清查是一種專門的會計核算方法，也是發揮會計監督職能的一個重要手段。財產清查的主要作用有：

（1）確保會計核算資料的真實性和可靠性。通過財產清查，可以確定各項財產物資的實有數額，將實有數額與帳面數額進行對比，確定是否相符，若存在差異，查明差異原因，及時調整帳簿記錄，最終使帳實相符，為編製財務報表作好準備。

（2）建立健全財產物資管理制度，保證財產物資安全完整。通過財產清查，發現企業經營管理中存在的漏洞和問題，以便改善經營管理，確保企業財產物資的安全，健全相關制度。

（3）提高財產物資的使用效能，加速資金週轉。通過財產清查，掌握各項財產物資的盤盈、盤虧情況，可以查明各項財產物資的儲備、使用、經營情況，進而及時調節余缺，充分發揮企業財產物資的使用效能，加速資金週轉，提高企業的經營業績。

（4）保證財經紀律和責任制度的貫徹執行。通過財產清查，可以掌握各項往來業務的收支結算進行得是否及時，可以查明各項財產物資的儲備情況以及各種責任制度的建立、執行情況，促使財產物資保管人員加強責任感，企業也能及時結清債權債務，維護自身的商業信譽。

二、財產清查前的準備工作

財產清查是一項複雜細緻的工作，由於涉及面廣、工作量大，必須在進行財產清查前制訂好相關計劃，有組織、有步驟地做好各方面的準備工作。

（一）組織準備

為保證財產清查工作的質量，企業應在進行財產清查時成立專門的財產清查領導小組，負責財產清查的具體實施工作。財產清查領導小組成員包括單位職能部門主管人員、財務人員、技術人員、實物保管人員等。該領導小組的主要任務是：根據財產物資管理制度和相關部門要求，制訂財產清查計劃，確定清查的範圍和對象，安排清查工作進度，配備清查人員並明確各工作人員的職責；對在清查過程中出現的問題要及時研究解決，保證清查工作順利開展；清查工作結束後要形成財產清查書面工作報告，提出清查結果處理意見。

（二）業務準備

為了使財產清查工作順利進行，各相關部門應積極主動配合，做好以下準備工作：

(1) 會計部門。會計人員應在財產清查前將有關帳簿登記齊全，結出余額，並認真核對總帳和明細帳，做到帳簿記錄正確、完整，對銀行存款和往來款項，應及時取得核對憑證，為財產清查提供可靠依據。

(2) 財產物資保管部門。該部門相關人員應在財產清查前將待清查的財產物資整理好，排列整齊，掛上標籤，詳細標明其編號、名稱、規格、數量，以便盤點時查對。

(3) 業務部門和其他有關部門。清查人員在清查地點準備好必要的計量器和有關清查登記用的記錄表單，以備清查盤點之用。其他有關人員也應根據實際情況，在業務上作好相關準備。

三、財產清查的種類與內容

財產清查可以按照清查的對象和範圍、清查的時間、清查的執行單位、清查的內容進行分類。

（一）按財產清查的對象和範圍進行分類

財產清查按其對象和範圍可劃分為全面清查和局部清查。

1. 全面清查

全面清查，是指對一個企業的所有實物資產、貨幣資金、債權債務進行的全面盤點與核對。全面清查具有清查範圍廣，清查內容多，工作量大，需要投入較多人力、物力，耗時較長的特點。通常在下述情況下，需要進行全面清查：

(1) 年終決算之前，為了確保會計資料的真實性與準確性而進行清查；

(2) 單位撤銷、合併或改變隸屬關係時，需要進行全面清查以明確經濟責任；

(3) 單位主要負責人調離工作崗位前，需要進行全面清查；

(4) 開展資產評估、清產核資時，需要進行全面清查；

(5) 企業進行股份制改制前，中外合資、國內合資前，需要進行全面清查。

2. 局部清查

局部清查，是指根據有關規定或管理需要，只對企業的部分財產物資、貨幣資金、債權債務進行盤點和核對。由於全面清查工作量大，而局部清查範圍小、針對性強、耗時短，相對全面清查來說具有一定的優勢。局部清查一般在平時進行，企業主要針對那些流動性較大的財產，如貨幣資金、原材料、庫存商品及貴重物品進行清查盤點。一般來說，需要進行局部清查的情況主要有以下幾種：

(1) 對於庫存現金，每日業務終了應由出納人員進行清點核對，以保證現金實存數與庫存現金日記帳結存數相符；

(2) 對於銀行存款，應由出納人員至少每月將銀行存款日記帳與銀行對帳單核對一次；

(3) 對於各種存貨，應有計劃、有重點地抽查，尤其對貴重物品，每月應清查盤點一次；

(4) 對各種債權債務，每年至少與對方核對一次。

（二）按財產清查的時間進行分類

財產清查按時間劃分，可分為定期清查和不定期清查。

1. 定期清查

定期清查，是指根據事先計劃或管理制度規定好的時間對財產物資進行的清查。

通常定期清查都在年末、季末或月末結帳時進行。例如，月末終了要對銀行存款日記帳進行核對。定期清查可以是局部清查，也可以是全面清查。

2. 不定期清查

不定期清查又稱臨時清查，是指事先不規定清查時間，而是根據實際情況的要求隨時組織進行的臨時性檢查。與定期清查一樣，不定期清查可以是局部清查，也可以是全面清查。通常在下述情況下，需要進行不定期清查：

（1）企業在更換財產物資保管人員、現金保管人員（出納）時，應對相應的財產進行清查，以分清經濟責任；

（2）由於自然災害或不可抗力使財產物資發生意外損失時，應對受損的財產物資進行清查，以查明損失情況；

（3）上級機關、審計部門、財稅部門要求對企業進行臨時性檢查時，應配合進行清查工作；

（4）企業發生撤銷、合併、重組、清算等改變隸屬關係業務時，應對本單位的各項財產物資進行清查。

（三）按財產清查的執行單位進行分類

財產清查按執行單位分類，可以分為內部清查和外部清查。

1. 內部清查

內部清查，是指全部由本企業內部職工組成清查小組來完成財產清查工作，這種自行組織的清查也稱為「自查」，大多數的企業財產清查屬於內部清查。

2. 外部清查

外部清查，是指由企業以外的有關部門，如上級主管部門、審計部門、司法機關，或有關人員根據國家相關規定對企業實體進行財產清查。

（四）按財產清查的內容進行分類

財產清查按其內容分類，主要有貨幣資金清查、實物資產清查以及往來款項清查。

1. 貨幣資金清查

貨幣資金清查主要是對企業庫存現金、銀行存款、股票、債券、基金等的清查。

2. 實物資產清查

實物資產清查主要是指對企業各種具有實物形態的資產進行清查，包括固定資產、原材料、庫存商品等。

3. 往來款項清查

往來款項清查，主要是指對企業的債權債務，如對應收帳款、其他應收款、應付帳款、其他應付款等進行查詢核對。

第二節　財產清查的方法

一、財產物資的盤存制度

財產物資的盤存制度，又叫作財產物資數量的盤存方法。它不僅是財產物資的一種管理制度，更是確定財產物資帳面結存數量的一種方法。按照確定財產物資帳面結存數的依據不同，可將財產物資的盤存制度分為永續盤存制和實地盤存制。

（一）永續盤存制

永續盤存制，又稱為帳面盤存制，這種盤存制度主要是通過設置存貨明細帳，並根據會計憑證對各項存貨的增加數和減少數進行連續記錄，從而可隨時結算出各類存貨的帳面結存數額。其計算公式如下：

帳面期末余額＝帳面期初余額＋本期增加額－本期減少額

採用永續盤存制，可以加強對財產物資的管理，從明細帳中隨時掌握每種財產物資的收入、發出及結存情況，從數量和金額上進行雙重控制。在實際工作中，該制度被廣泛應用。永續盤存制的缺點是在財產物資品種複雜、繁多的企業，登記明細帳的工作量較大。由於存在各種原因，採用永續盤存制仍會有帳面結存數和實存數不符的可能，為了保證帳實相符，還需要對財產物資進行定期或不定期的實地盤點。

（二）實地盤存制

實地盤存制，又稱以存計耗制或以存計銷制，是指對收入或增加的存貨逐筆登記在帳簿中，而對銷售的或減少的存貨不作記錄，平時不結出帳面結存數，月末根據實地盤點的實存數作為帳面結存數，然后再倒推出實物資產的減少數，並據以登記入帳。其計算公式如下：

本期減少數＝期初帳面余額＋本期增加數－期末實地盤存數

在實地盤存制下，日常核算工作得以簡化，但無法隨時反應存貨的發出及結存情況，可能會將一些非正常的損耗、差錯或短缺等全部擠入財產物資的發出成本之中，這既不利於財產的管理，又影響成本計算的準確性。因此，這種方法一般適用於價值低、品種雜、進出頻繁的物資。

二、財產清查的具體方法

財產物資種類較多，為了更好地完成財產清查工作，查明財產物資的帳實是否相符，達到財產清查目的，我們需要針對不同的清查對象採取不同的清查方法。

（一）貨幣資金的清查

貨幣資金的清查主要包括對庫存現金的清查、銀行存款的清查以及對其他貨幣資金的清查。下面主要介紹對庫存現金的清查和對銀行存款的清查方法。

1. 庫存現金的清查

庫存現金的清查主要以實地盤點法為基本方法，即通過清點庫存現金票數來確定現金實存數，然后與庫存現金日記帳的帳面余額進行核對，以查明帳實是否相符。庫存現金的清查具體可以分為以下兩種情況：

（1）在日常工作中，由現金出納員每日進行庫存現金的清點，將現金實有數與庫存現金日記帳的余額進行核對。這種日常的自查是現金出納人員的分內職責。

（2）在清查工作中，由專門人員對庫存現金進行清查，清查人員必須認真審核收付款憑證，並應特別注意企業是否存在以「白條」或「借據」抵庫的現象，即不能以未經審批核准的借條或收據抵充庫存現金。在財產清查過程中，為了明確經濟責任，出納人員必須在場。

庫存現金盤點結束後，應根據盤點結果填製「庫存現金盤點報告表」，及時將實存金額與帳存金額核對。「庫存現金盤點報告表」填製完畢，應由盤點人員和出納員共同簽章方能生效。該表具有「盤存單」和「實存帳存對比表」的雙重作用，是反應現金

實有數額和調整帳簿記錄的重要原始憑證。「庫存現金盤點報告表」的格式如表 7-1 所示。

表 7-1　　　　　　　　　　　庫存現金盤點報告表
單位名稱：　　　　　　　　　　　年　月　日

實存金額	帳存金額	實存與帳存對比		備註
		盤盈	盤虧	

盤點人簽章：　　　　　　　　　　　　　　　　　出納員簽章：

2. 銀行存款的清查

銀行存款的清查，主要是將本單位的銀行存款日記帳與開戶銀行提供的「對帳單」相核對，即採用核對帳目的方法來進行。核對前，首先把清查日止所有銀行存款的收、付業務都登記入帳，對發生的錯帳、漏帳及時查清更正，然后再與銀行的「對帳單」逐筆核對。如果發現兩者余額相符，一般說明無錯誤。若兩者余額不符，需要進一步進行核查：若屬於企業的記帳差錯，經確定后應立即更正；若屬於銀行的錯誤，應告知銀行由其更正。當雙方的記帳錯誤都已更正后，企業的銀行日記帳余額與銀行對帳單余額仍不符，一般是存在未達帳項造成的。

所謂未達帳項，是指企業與銀行之間由於取得結算憑證的時間存在差異，導致記帳時間不一致，即一方已經接到有關結算憑證並已登記入帳，另一方由於尚未接到有關結算憑證尚未入帳的款項。總體來說，未達帳項一般有兩大類型：一是企業已經入帳而銀行尚未入帳的款項；二是銀行已經入帳而企業尚未入帳的款項。具體有以下四類情況：

（1）企業已收款入帳，而銀行尚未收款入帳的款項，如企業收到外單位的轉帳支票等；

（2）企業已付款入帳，而銀行尚未付款入帳的款項，如企業開出轉帳支票，但銀行尚未收到持票人的轉帳要求；

（3）銀行已收款入帳，而企業尚未收款入帳的款項，如托收款項等；

（4）銀行已付款入帳，而企業尚未付款入帳的款項，如銀行代企業支付的相關費用等。

上述任何一種未達帳項的存在，都會使企業銀行存款日記帳余額與銀行開出的「對帳單」不一致。當發生（1）和（4）兩種情況時，企業的銀行存款日記帳余額會大於銀行對帳單的余額；當發生（2）和（3）兩種情況時，企業的銀行存款日記帳余額會小於銀行對帳單的余額。所以，企業在與銀行對帳時，應首先檢查是否存在未達帳項，如果存在未達帳項，應編製「銀行存款余額調節表」，對有關的帳項進行調整。

銀行存款余額調節表，是在企業銀行存款日記帳余額和銀行對帳單余額的基礎上，分別加減未達帳項，得出調節后余額。若通過調節后得出的企業銀行存款日記帳余額與銀行對帳單余額相符，說明企業和銀行雙方記帳過程基本正確。下面舉例說明銀行

存款余額調節表的具體編製方法。

【例 7-1】邕桂公司 20×5 年 9 月 30 日銀行存款日記帳余額為 731,000 元,而銀行對帳單余額為 724,000 元,經過逐筆核對,發現有下列未達帳項:

(1) 9 月 29 日,邕桂公司銷售產品收到 170,000 元的轉帳支票一張,已送存銀行。企業已登記銀行存款增加,但因跨行結算,銀行尚未記帳。

(2) 9 月 30 日,邕桂公司開出轉帳支票 44,000 元購買原材料,企業已登記銀行存款減少,但收款人尚未到銀行辦理轉帳,銀行未入帳。

(3) 9 月 30 日,銀行代收某廠家前欠本公司貨款 156,000 元,銀行已經登記增加,但企業尚未收到銀行收款通知,因而尚未入帳。

(4) 9 月 30 日,銀行代公司支付本月水電費 37,000 元,銀行已登記減少,而公司尚未收到付款通知,公司尚未入帳。

根據以上資料,編製「銀行存款余額調節表」,調整雙方余額。具體如表 7-2 所示。

表 7-2　　　　　　　　　　銀行存款余額調節表
20×5 年 9 月 30 日　　　　　　　　　　　　　　　單位:元

項目	金額	項目	金額
企業存款日記帳余額	731,000	銀行對帳單余額	724,000
加:銀行已收,企業未收款	156,000	加:企業已收,銀行未收款	170,000
減:銀行已付,企業未付款	37,000	減:企業已付,銀行未付款	44,000
調整后的存款余額	850,000	調整后的存款余額	850,000

從表 7-2 中可以看出,表中左右兩方調節后的金額相等,說明該公司的銀行存款日記帳記帳過程基本正確,但這並不是絕對的,如果雙方差錯正好相等,相互抵消為零,也會得到相等數額。余額表同時還說明公司的銀行存款實有數既不是 731,000 元,也不是 724,000 元,而是 850,000 元。需要說明的是,該調節表只起到對帳的作用,不能作為調節帳面余額的原始憑證,待收到有關原始憑證,企業或銀行才能進行相關的帳務處理。

(二) 實物財產的清查方法

實物財產的清查,是指對各種具有實物形態的財產,如原材料、在產品、庫存商品、包裝物、低值易耗品、固定資產等在數量和質量上進行的清查。不同的實物資產,由於其實物形態、體積、重量、堆放方式等不同,應根據實際情況採用實地盤點法或技術推算法來進行清查。

1. 實地盤點法

實地盤點法是通過對實物逐一清點或用計量器確定其實存數的一種方法。這種方法適用範圍廣,要求嚴格,數字準確可靠,大多數財產物資的清查採用這種方法。

2. 技術推算法

技術推算法是指不對物資進行逐一清點,而是利用一定的技術方法,對財產物資的實存數進行推算的一種方法。這種方法適用於數量大、難以逐一清點、價值又低的財產物資,如露天堆放的砂石、煤炭等。

為了明確經濟責任,進行財產清查時,有關實物財產的保管人員必須在場。根據

各項實物財產的盤點結果，應如實編製「實物盤存單」，並由盤點人員、實物資產的保管人員及有關責任人簽名蓋章。盤存單是用來記錄和反應各項財產物資在盤點日實有數量的原始憑證，一般填製一式三份，一份由清點人員留存備查，一份交實物保管人員保存，一份交財會部門與帳面記錄相核對。「實物盤存單」一般格式如表 7-3 所示。

表 7-3　　　　　　　　　　　　實物盤存單

單位名稱：　　　　　　　　　　　　　　　　　　　編號：
盤點時間：　　　　　　財產類別：　　　　　　存放地點：

編號	名稱	規格型號	計量單位	實存數量	單價	金額	備註

盤點人簽章：　　　　　　　　　　　　　　　保管人簽章：

實物財產盤點完畢，應將「實物盤存單」中所記錄的實存數與帳面結存數相核對，如發現實物盤點結果與帳面結存結果不相符，應根據有關帳簿資料和「實物盤存單」填製「實存帳存對比表」，以確定實物資產的盤盈或盤虧數額。「實存帳存對比表」既能分析產生差異的原因，也是明確經濟責任的依據，更是調整帳簿記錄的原始憑證。「實存帳存對比表」一般格式如表 7-4 所示。

表 7-4　　　　　　　　　　　　實存帳存對比表

　　　　　　　　　　　　　　　　　　　　　　　　財產類別：
單位名稱：　　　　　　　　年　月　日　　　　　編號：

編號	名稱及規格	計量單位	單價	實存		帳存		對比結果				備註
				數量	金額	數量	金額	盤盈		盤虧		
								數量	金額	數量	金額	

盤點人簽章：　　　　　　　　　　　　　　　會計人員簽章：

(三) 往來款項的清查

往來款項的清查是指對各種應收帳款、應付帳款、其他應收款、其他應付款的清查。各種往來款項的清查一般採用「詢證核對法」進行，即採用與對方核對帳目的辦法清查。清查時，通常由清查人員按往來單位逐戶編製對帳單，對帳單一式兩聯，一聯由本企業送交（寄）對方單位進行核對，並留存對方企業；另一聯作為回單。對方單位如核對數額相符，應在回單上蓋章後退回本企業；如發現數額不符，應在對帳單上說明不符原因及金額，或另擬對帳單寄回企業，作為進一步核對的依據。「往來款項對帳單」的格式如表 7-5 所示。

表 7-5   往來款項對帳單
單位名稱：   年　月　日

本企業入帳時間	發票或憑證號數	摘要	應收（付）金額	收（或付）方式	已收（付）金額	結欠金額	貴企業入帳時間	備註

貴企業（蓋章）   年　月　日

企業在收回各單位寄回的回單后，應據以填製「往來款項清查表」，其格式如表7-6所示。

表 7-6   往來款項清查表
會計科目：   年　月　日

明細科目		清查結果			不符原因			備註
名稱	帳面余額	相符金額	不符金額	未達帳項	爭執款項	無法收回款項	

清查人員簽章：   經管人員簽章：

第三節　財產清查結果的處理

一、財產清查結果的處理程序

財產清查結果的處理一般是指對盤盈、盤虧等有關內容的處理。企業對財產清查的結果，應以國家有關法規、政策、制度為依據進行處理：首先要核定金額，然后按規定的程序報經上級部門審批后，才能進行最終的會計處理。其具體的處理程序如下：

（一）核准金額和數量，認真查明差異原因

根據清查情況，將已清查的結果填列在「現金盤點報告單」「實存帳存對比表」等表中。我們應對這些原始憑證中所記錄的貨幣資金、財產物資及債權債務的盈虧數字進行全面的核實，然后對財產清查所發現的實存數與帳存數之間的差異進行原因分析，通過調查明確經濟責任，提出處理意見，報有關領導和部門審批。

（二）調整帳簿記錄，保證帳實相符

在核准金額數量、查明差異原因的基礎上，對財產清查中發現的盤盈、盤虧應及時進行批准前的會計處理，即根據「實存帳存對比表」「現金盤點報告單」等原始憑證編製記帳憑證，並據以登記有關帳簿。

（三）報請批准后進行帳務處理

在有關領導部門對所呈報的財產清查結果作出批示之后，應根據盤盈、盤虧或毀

損的原因和批覆的處理意見進行最終的帳務處理。

二、財產清查結果的帳務處理

(一) 財產清查結果處理的帳戶設置

為了反應和監督企業財產清查中查明的各種財產物資盤盈、盤虧和毀損及其處理情況，應設置「待處理財產損溢」帳戶。該帳戶是專門用來核算企業在清查過程中查明的各種財產物資盤盈、盤虧數，以及經批准后的轉銷數。該帳戶的性質屬資產類帳戶，借方登記發生的待處理財產物資的盤虧金額或毀損的數額，以及經批准轉銷的盤盈金額；貸方登記發生的待處理財產盤盈金額，以及批准轉銷的盤虧金額。為了分別反應和監督企業固定資產和流動資產的盈虧情況，該科目下設「待處理流動資產損溢」和「待處理固定資產損溢」兩個明細帳戶，進行明細分類核算。處理前的借方餘額，表示尚待批准處理的淨損失；處理前的貸方餘額，表示尚待批准處理的淨溢余。按規定，企業的各項盤盈、盤虧必須於期末結帳前處理完畢，如果在期末結帳前尚未經批准，應在對外提供財務報告時先行處理，並在會計報表附註中說明。所以，期末處理后該帳戶應無餘額。

綜上所述，「待處理財產損溢」帳戶的結構如圖 7-1 所示。

借方	待處理財產損溢	貸方
(1) 清查時發現的盤虧數 (2) 批准轉銷的待處理財產盤盈數		(1) 清查時發現的盤盈數 (2) 批准轉銷的待處理財產盤虧或毀損數
處理前余額：尚待批准處理的淨損失		處理前余額：尚待批准處理的淨溢余
期末處理后無余額		期末處理后無余額

圖 7-1 「待處理財產損溢」帳戶

(二) 財產清查結果的會計處理

1. 庫存現金清查結果的會計處理

庫存現金清查中發現長款（溢余）或短款（盤虧）時，應根據「庫存現金盤點報告表」以及有關的批准文件進行批准前和批准后的帳務處理。批准前的會計處理是：屬於庫存現金短缺，應按實際短缺的金額，借記「待處理財產損溢——待處理流動資產損溢」，貸記「庫存現金」帳戶；屬於庫存現金溢余，應按實際溢余的金額，借記「庫存現金」，貸記「待處理財產損溢——待處理流動資產損溢」帳戶。無論是庫存現金短缺還是溢余，應根據審批意見，將金額從「待處理財產損溢——待處理流動資產損溢」轉入相關帳戶。

當發生庫存現金短缺，屬於應由責任人賠償的部分，報經批准后計入「其他應收款」科目，並根據不同責任人或債務人設二級科目；屬於無法查明原因的現金短缺，經批准后應計入「管理費用」。當發生庫存現金溢余，屬於應支付給有關人員或單位的，應將現金長款從「待處理財產損溢」科目轉入「其他應付款」科目，並根據不同支付對象或債權人設二級科目；屬於無法查明原因的現金溢余，經批准后轉入「營業外收入」。

【例 7-2】邕桂公司某日進行財產清查時發現庫存現金長款 165 元，無法查明原

因，現進行批准前和批准后的帳務處理。
(1) 批准前，根據「庫存現金盤點報告單」，作如下會計處理：
借：庫存現金 165
　　貸：待處理財產損溢——待處理流動資產損溢 165
(2) 經反覆核查，未查明原因，報經批准作營業外收入處理：
借：待處理財產損溢——待處理流動資產損溢 165
　　貸：營業外收入 165

【例7-3】邕桂公司某日在現金清查中發現庫存現金短款660元，經查是由於出納員張某的責任，應由其賠償。現進行批准前和批准后的帳務處理。
(1) 批准前，根據「庫存現金盤點報告單」，作如下會計處理：
借：待處理財產損溢——待處理流動資產損溢 660
　　貸：庫存現金 660
(2) 經核查，屬於出納員張某的責任，經批准應由其賠償，會計處理如下：
借：其他應收款——張某 660
　　貸：待處理財產損溢——待處理流動資產損溢 660

2. 存貨清查結果的會計處理
(1) 存貨盤盈的會計處理
當發現存貨盤盈時，在報經有關部門批准前，應根據「實存帳存對比表」，將盤盈存貨的價值記入有關存貨帳戶的借方，同時記入「待處理財產損溢——待處理流動資產損溢」帳戶的貸方；報經批准后，衝減「管理費用」。

【例7-4】邕桂公司20×5年12月31日對存貨進行盤點，發現甲材料盤盈50千克，每千克100元。
① 審批前，根據「實存帳存對比表」的記錄，作如下會計處理：
借：原材料——甲材料 5,000
　　貸：待處理財產損溢——待處理流動資產損溢 5,000
② 經查明，上述材料盤盈屬計量工具不準造成的收發錯誤，經批准衝減當月的管理費用。會計處理如下：
借：待處理財產損溢——待處理流動資產損溢 5,000
　　貸：管理費用 5,000

(2) 存貨盤虧的會計處理
對於盤虧或毀損的存貨，在報經有關部門批准前應先記入「待處理財產損溢——待處理流動資產損溢」帳戶的借方，待有關部門審批后，應根據不同盤虧和毀損的原因分別根據以下情況進行會計處理：
① 屬於自然原因產生的定額內的合理損耗，經批准轉作「管理費用」；
② 屬於計量、收發差錯或管理不善等造成的存貨短缺或損毀，應先扣除可收回的保險公司和過失人賠款及殘料價值后，將淨損失計入「管理費用」；
③ 屬於自然災害或意外事故等非常原因造成的存貨毀損，扣除保險公司和過失人賠款以及殘料價值后的淨損失，計入「營業外支出」。
根據現行稅法規定，因管理不善造成被盜、丟失、霉爛變質的非正常損失，其進項稅額不能從銷項稅額中抵扣，應當予以轉出，具體會計處理留待后續有關課程介紹。

【例7-5】邕桂公司在 20×5 年 12 月 31 日財產清查中，發現盤虧乙材料 100 千克，每千克 65 元。

① 審批前，根據「實存帳存對比表」的記錄，作如下會計處理：
借：待處理財產損溢——待處理流動資產損溢　　　　　　　6,500
　貸：原材料——乙材料　　　　　　　　　　　　　　　　6,500

② 經查明，盤虧的乙材料 40 千克是由於保管人員陳某的失職造成的材料毀損，應由其賠償，其餘的 60 千克屬於定額內的合理損耗，報經批准後作如下會計處理：
借：其他應收款——張某　　　　　　　　　　　　　　　　2,600
　　管理費用　　　　　　　　　　　　　　　　　　　　　3,900
　貸：待處理財產損溢——待處理流動資產損溢　　　　　　6,500

【例7-6】邕桂公司在 20×5 年 12 月 31 日財產清查中，在財產清查中發現盤虧丙材料一批，實際成本為 9,000 元。

① 審批前，根據「帳存實存對比表」的記錄，作如下會計處理：
借：待處理財產損溢——待處理流動資產損溢　　　　　　　9,000
　貸：原材料——丙材料　　　　　　　　　　　　　　　　9,000

② 經查明，盤虧的丙材料是屬於非常事故造成的損失，保險公司經核定賠償 8,000 元，毀損殘料作價 400 元入庫，其余損失由企業承擔。報經批准作如下會計處理：
借：其他應收款——某保險公司　　　　　　　　　　　　　8,000
　　原材料——丙材料　　　　　　　　　　　　　　　　　　400
　　營業外支出　　　　　　　　　　　　　　　　　　　　　600
　貸：待處理財產損溢——待處理流動資產損溢　　　　　　9,000

3. 固定資產清查結果的會計處理

在財產清查中盤虧的固定資產，企業應及時辦理固定資產註銷手續，填製「固定資產盤虧報告表」並查明原因，寫出書面報告。在批准之前，應按盤虧的固定資產淨值借記「待處理財產損溢——待處理固定資產損溢」帳戶，按帳面已提折舊借記「累計折舊」，按原值貸記「固定資產」。盤虧的固定資產報經批准後，轉入「營業外支出」帳戶。

【例7-7】邕桂公司在財產清查中，發現盤虧機器設備一臺，帳面原價為 10,000 元，已提折舊 3,000 元。會計處理如下：

（1）盤虧時，根據「固定資產盤盈、盤虧報告表」，作如下會計分錄：
借：待處理財產損溢——待處理固定資產損溢　　　　　　　7,000
　　累計折舊　　　　　　　　　　　　　　　　　　　　　3,000
　貸：固定資產　　　　　　　　　　　　　　　　　　　10,000

（2）經批准予以轉銷，作如下會計分錄：
借：營業外支出　　　　　　　　　　　　　　　　　　　　7,000
　貸：待處理財產損溢——待處理固定資產損溢　　　　　　7,000

對於盤盈的固定資產，應按同類或類似固定資產的市場價格，減去按該項資產的新舊程度估計的價值損耗後的余額借記「固定資產」帳戶和貸記「以前年度損溢調整」帳戶。關於固定資產盤盈的具體會計處理留待后續有關課程介紹。

4. 往來款項清查結果的會計處理

在財產清查中，對發現的經查明確實無法收回的應收款項和確實無法支付的應付款項，按照規定程序報經批准後，不通過「待處理財產損溢」帳戶進行核算，而是在原來帳面記錄的基礎上，直接轉帳衝銷。具體為：對於無法收回的應收帳款，經有關部門批准後，應衝減已提取的「壞帳準備」帳戶；對於企業無法償付的應付帳款，經批准後予以轉銷，直接記入「營業外收入」。

【例7-8】邕桂公司在財產清查中查明應收南海公司的貨款10,000元，因南海公司破產，確認無法收回該款項。報經批准後，衝銷已提取的壞帳準備金。作如下會計處理：

借：壞帳準備　　　　　　　　　　　　　　　　　　10,000
　　貸：應收帳款——南海公司　　　　　　　　　　　　10,000

【例7-9】邕桂公司在財產清查中，發現一筆前欠北方公司貨款20,000元，因該公司解散，確實無法支付，經批准作如下會計處理：

借：應付帳款——北方公司　　　　　　　　　　　　20,000
　　貸：營業外收入　　　　　　　　　　　　　　　　20,000

思考題：

1. 什麼是財產清查？企業為何進行財產清查？
2. 財產清查種類有哪些？在哪些情況下要進行不定期清查？
3. 永續盤存制和實地盤存制有何異同？各自具有什麼優缺點？
4. 財產清查前應做好哪些準備工作？
5. 如何進行庫存現金清查？對庫存現金清查應注意的事項有哪些？
6. 什麼是未達帳項？未達帳項包括哪幾種情況？
7. 如何進行銀行存款的清查？如何編製「銀行存款余額調節表」？
8. 財產清查結果的處理程序是什麼？如何對盤虧的存貨進行清查結果處理？

第八章
財務會計報告

【學習要求】

通過本章的學習，讀者需要掌握財務會計報告的構成和列報要求，瞭解財務會計報告的分類和意義；掌握資產負債表、利潤表的結構、內容和編製方法，瞭解現金流量表、所有者權益變動表和附註的結構、內容和編製方法；瞭解財務報表分析的基本方法和指標。

【案例】

財務報表與財務報表分析的關係

國家統計局於 2015 年 1 月 27 日公布，2014 年全國規模以上工業企業實現利潤總額 64,715.3 億元，比 2013 年增長 3.3%。雖然增速創下了 1998 年以來的新低，但是，作為衡量企業能否盈利的重要指標，企業利潤率還是保持住了穩定向上的勢頭。其中，主營業務收入利潤率為 5.91%，仍保持在合理區間。在 41 個工業大類行業中，28 個行業利潤總額比上年有所增長，2 個行業持平，11 個行業下降。其中，採礦業全年利潤下降 23%，原材料行業下降 1.4%，而裝備製造業利潤增長 12.4%，高技術製造業增長 15.5%，增速比全部製造業分別高 5.9 和 9 個百分點。在國家統計局發布的這些數據中，「利潤總額」是怎麼統計出來的呢？「主營業務收入」是怎麼統計出來的呢？「利潤總額比上年增長」在會計上是如何具體表現出來的呢？請讀者帶著這些問題來學習本章，通過學習來解決這些問題。

第一節　財務會計報告的意義

一、財務會計報告的構成

（一）財務會計報告的概念

我國《企業會計準則——基本準則》第四十四條規定：財務會計報告是指企業對外提供的反應企業某一特定日期的財務狀況和某一會計期間的經營成果、現金流量等會計信息的文件。前面各章的學習都是在為期末編製財務會計報告作準備，填製或取得原始憑證表明經濟業務已經發生或完成，根據原始憑證填製記帳憑證，就把企業發生的各種經濟業務按會計要素與科目進行了分類，根據會計憑證登記日記帳、明細帳、總分類帳等會計帳簿，把各種分散在會計憑證中的信息按照會計要素進行了匯總，就

能夠得到企業的資產、負債、所有者權益這些財務狀況信息和收入、費用、利潤這些經營成果信息以及企業的現金流量信息，經過試算平衡之後，便可以編製財務會計報告了。

（二）財務會計報告的構成

財務會計報告包括財務報表及其附註和其他應當在財務會計報告中披露的相關信息和資料。企業財務報表是對企業財務狀況、經營成果和現金流量的結構性表述。一套完整的財務報表至少應當包括「四表一附註」，即資產負債表、利潤表、現金流量表、所有者權益變動表和附註，並且這些組成部分在列報上具有同等的重要程度，企業不得強調某張報表或某些報表（或附註）較其他報表（或附註）更為重要。這裡提到的列報，是指交易和事項在報表中的列示和在附註中的披露。其中，「列示」通常反應資產負債表、利潤表、現金流量表和所有者權益（或股東權益，下同）變動表等報表中的信息，「披露」通常反應附註中的信息。

根據《小企業會計準則》的規定，小企業的財務報表至少應當包括「三表一附註」，即資產負債表、利潤表、現金流量表和附註。

（三）財務會計報告的分類

財務會計報告可以按照不同的標準來分類。

1. 按照涵蓋的會計期間不同可以分為中期財務會計報告和年度財務會計報告

中期是指短於一個完整的會計年度的報告期間，比如半年、季度、月等。中期財務會計報告是指以中期為基礎編製的財務會計報告，一套完整的中期財務會計報告至少應包括「三表一附註」，即資產負債表、利潤表、現金流量表和附註。年度財務會計報告一般情況下是指公歷每年的1月1日~12月31日，一套完整的年度財務會計報告至少應包括「四表一附註」。

2. 按照編製主體不同可以分為個別財務會計報告和合併財務會計報告

個別財務會計報告是獨立核算的會計主體根據自身的會計記錄分析整理後編製的。合併財務會計報告是由母公司自身的財務會計報告資料和納入合併範圍的子公司的財務會計報告資料分析整理後編製的。

3. 按照財務會計報告信息服務對象的不同可以分為內部財務會計報告和外部財務會計報告

內部財務會計報告是企業根據自身生產經營活動特點設計的，用來滿足企業自身生產經營管理需要的財務會計報告，其格式、內容、編報時間都比較靈活，如成本報表。外部財務會計報告則必須按照財政部等部門統一規定的格式、內容、編報時間來編製，並按規定對外公布或者報送財務會計報告，如資產負債表、利潤表。

4. 按照財務會計報告所反應的資金運動狀態不同分為靜態報告、動態報告、動靜結合報告

靜態報告是反應企業某一特定時日財務狀況的財務會計報告，如資產負債表。動態報告是反應企業一定時期經營成果的財務會計報告，如利潤表。動靜結合報告是既反應企業某一特定時日的靜態會計信息，又反應企業一定時期經營成果、現金流量變動這些動態信息的財務會計報告，如現金流量表。

二、財務會計報告列報的基本要求

(一) 以各項會計準則確認和計量的結果為依據

企業應當根據實際發生的交易和事項，遵循《企業會計準則——基本準則》、各項具體會計準則及解釋的規定進行確認和計量，在此基礎上編製財務報表，並且應當在附註中對這一情況作出聲明；同時，企業不應以在附註中披露代替對交易和事項的確認和計量，即企業採用的不恰當的會計政策，不得通過在附註中披露等其他形式予以更正，企業應當對交易和事項進行正確的確認和計量。

此外，如果按照各項會計準則規定披露的信息不足以讓報表使用者瞭解特定交易或事項對企業財務狀況、經營成果和現金流量的影響時，企業還應當披露其他必要信息。

(二) 以持續經營為基礎

按我國企業會計準則的規定，企業應當以持續經營為基礎編製財務報表。在編製財務報表的過程中，企業管理當局應當充分考慮影響企業持續經營能力的因素，如企業目前或長期的償債能力、盈利能力、市場經營風險等，利用所有可獲得的相關信息評價企業從本報告期末起至少12個月的持續經營能力。如果評價結果表明對持續經營能力產生重大懷疑的，企業應當在附註中披露導致對持續經營能力產生重大懷疑的因素和企業準備採取的改善措施。

在某些情況下企業應當採用其他基礎編製財務報表。比如企業正式決定或被迫在當期或者將要在下一個會計期間進行清算或停止營業的，那麼企業以持續經營為基礎編製財務報表就不合理了。這種情況下企業應當採用其他基礎編製財務報表，然后在附註中聲明財務報表未以持續經營為基礎編製的事實，披露未以持續經營為基礎編製的原因，披露財務報表的編製基礎。

(三) 以權責發生制為原則

按我國企業會計準則的規定，企業應當按照權責發生制原則來編製財務報表，這與企業對日常經濟業務涉及的會計要素採用權責發生制進行確認、計量是一致的，但是現金流量表就不能按照權責發生制原則來編製，而是應當按照收付實現制原則編製，因為現金流量表反應的信息是企業一定時期現金的流入和流出。

(四) 遵循一致性

按我國企業會計準則的規定，財務報表項目的列報應當在各個會計期間保持一致，不得隨意變更，只有在特殊情況下才能變更財務報表項目的列報。這種特殊情況有兩種，一是會計準則要求改變，二是對企業經營影響較大的交易或事項發生後或者企業經營業務的性質已經發生重大變化。變更財務報表項目的列報能夠提供更可靠、更相關的會計信息。

(五) 遵循重要性

按我國企業會計準則的規定，重要性是指在合理預期下，財務報表某項目的省略或錯報會影響使用者據此做出經濟決策的，該項目具有重要性。重要性應當從項目的性質和金額兩方面並結合企業所處的具體環境進行判斷，對各項目重要性的判斷標準一經確定，不得隨意變更。項目性質重要性的判斷，應當考慮這個項目在性質上是否屬於企業日常活動，是否顯著影響企業的財務狀況、經營成果和現金流量等因素；項

目金額重要性的判斷，應當考慮這個項目金額占資產總額、負債總額、所有者權益總額、營業收入總額、營業成本總額、淨利潤、綜合收益總額等直接相關項目金額的比重或所屬報表單列項目金額的比重。

重要項目單獨列報。性質或功能不同的項目，應當在財務報表中單獨列報，但不具有重要性的項目除外。比如應收帳款和應付帳款，一個是資產，一個是負債，二者性質不同；又比如營業成本、管理費用，一個屬於企業從事經營業務發生的成本，一個是企業行政管理部門為組織和管理生產經營活動而發生的各項費用，屬於期間費用，二者功能不同；像這些性質或功能不同的項目，應當在財務報表中單獨列報。

重要類別，按類別列報。性質或功能類似的項目，其所屬類別具有重要性的，應當按其類別在財務報表中單獨列報。比如原材料、庫存商品、週轉材料等，從單個來看不一定具有重要性，但是他們的性質類似，都可以歸為「存貨」這個類別，存貨對企業來說是具有重要性的，這時就應當按「存貨」這個類別在財務報表中單獨列報。

對「四表」不重要，卻對附註具有重要性的項目，應當在附註中單獨披露。某些項目的重要性程度不足以在資產負債表、利潤表、現金流量表或所有者權益變動表中單獨列示，但對附註卻具有重要性，則應當在附註中單獨披露。

（六）不得相互抵銷后列報

按我國企業會計準則的規定，財務報表中資產項目的金額不得和負債項目的金額相互抵銷，收入項目的金額不得和費用項目的金額相互抵銷，直接計入當期利潤的利得項目的金額不得和損失項目的金額相互抵銷，除非其他會計準則另有規定。

不屬於抵銷的三種情況可以淨額列示，第一種情況是資產項目按扣除減值準備後的淨額列示；第二種情況是屬於非日常活動而不是企業主要的業務，其發生具有偶然性，從重要性來講，非日常活動產生的損益以收入扣減費用後的淨額列示，更有利於報表使用者的理解，不屬於抵銷；第三種情況是一組類似交易形成的利得和損失以淨額列示的，不屬於抵銷。比如，匯兌損益應當以淨額列報等，但是如果相關的利得和損失具有重要性，則應單獨列報。

（七）要列報比較信息

按我國企業會計準則的規定，當期財務報表的列報，至少應當提供所有列報項目的上一個可比會計期間的比較數據，以及與理解當期財務報表相關的說明，但其他會計準則另有規定的除外。比如半年度、年度財務報表的比較信息，如表 8-1 所示。

表 8-1　　　　　　半年度、年度財務報表的比較信息

報表類別	半年度財務報表列報期間		年度財務報表列報期間	
	半年度財務報表	比較期間	年度財務報表	比較期間
資產負債表	20×5.6.30	20×4.12.31	20×5.12.31	20×4.12.31
利潤表	20×5.1.1~6.30	20×4.1.1~6.30	20×5.1.1~12.31	20×4.1.1~12.31
現金流量表	20×5.1.1~6.30	20×4.1.1~6.30	20×5.1.1~12.31	20×4.1.1~12.31

如果財務報表的列報項目發生變更，應當至少對可比期間的數據按照當期的列報要求進行調整，並在附註中披露調整的原因、性質、金額。調整不切實可行的，應在附註中披露不能調整的原因。這裡說的不切實可行，是指企業在作出所有合理努力后

仍然無法採用某項會計準則規定。

(八) 表首應當在財務報表的顯著位置披露

財務報表一般分為兩部分：表首和正表。表首應位於財務報表的顯著位置，應至少披露下列各項信息：

(1) 編報企業的名稱。

(2) 資產負債表日或財務報表涵蓋的會計期間。資產負債表應披露資產負債表日，利潤表、現金流量表、所有者權益變動表應披露報表涵蓋的會計期間。

(3) 人民幣金額單位。人民幣元或者萬元等。

(4) 財務報表是合併財務報表的，應當予以標明。比如明確標出合併資產負債表、合併利潤表等。

(九) 報告期間的要求

按我國企業會計準則的規定，企業至少應當按年編製財務報表，這裡的年是指會計年度，我國的會計年度從公曆 1 月 1 日起至 12 月 31 日止，與日曆年度一致。如果一個企業 10 月 10 日設立，那麼該企業當年的年度財務報表涵蓋的期間將會短於一年，這種情況下應當披露年度財務報表的涵蓋期間、短於一年的原因以及報表數據不具可比性的事實。如果企業披露的是中期財務會計報告，報告期間應按《企業會計準則第 32 號——中期財務報告》的規定確定。

(十) 報表項目單獨列報的要求

根據《企業會計準則第 30 號——財務報表列報》的規定在財務報表中單獨列報的項目，應當單獨列報。其他會計準則規定單獨列報的項目，應當增加單獨列報項目。

三、財務會計報告的意義

編製財務會計報告是會計核算方法之一，財務會計報告綜合地反應了企業某一特定日期的財務狀況信息，企業某一會計期間的財務成果信息和現金流量信息，是企業會計核算最終形成的結果，也是企業管理的一項重要內容，對實現企業目標具有非常重要的意義。

(一) 內部意義

(1) 財務會計報告可以為企業管理當局加強管理提供相關信息。企業管理當局通過閱讀、分析、比較財務會計報告信息，可以更加合理地配置企業各項經濟資源，合理地評價企業經營業績，合理地考評各級管理人員的職責履行情況，發現問題，分析原因，提出建議，提高企業經營管理水平。

(2) 財務會計報告可以為企業職工瞭解企業、完成企業經營目標提供相關信息。企業職工通過閱讀、分析、比較財務會計報告信息，可以瞭解企業生產經營狀況，關注與自身利益相關的會計信息，做好個人的工作規劃，積極、主動地參與企業的各項經營管理工作，並且為企業的未來發展提出意見和建議，形成良好的企業文化，更有利於實現企業目標。

(二) 外部意義

(1) 財務會計報告可以為投資者、債權人、供應商、客戶做決策提供相關信息。投資者通過閱讀、分析、比較財務會計報告信息，可以預測投資風險、投資回報，為未來投資決策提供參考；債權人通過閱讀、分析、比較財務會計報告信息，可以瞭解

企業還債能力、盈利能力、發展能力，為債權人做出有關決策提供參考；供應商通過閱讀、分析、比較財務會計報告信息，可以瞭解企業生產經營基本情況、支付貨款的能力、信用政策等情況，為供應商做出有關決策提供參考；客戶通過閱讀、分析、比較財務會計報告信息，可以瞭解企業的產品信息、賒銷政策等情況，為客戶做出有關決策提供參考。

（2）財務會計報告可以為政府部門進行監督、檢查提供相關信息。政府部門通過閱讀、分析、比較財務會計報告信息，可以瞭解企業遵守財經法規制度的情況，監督企業依法納稅，守法經營，並為法規制度的修訂提供參考。

（3）財務會計報告可以為國家宏觀經濟管理提供相關信息。國家宏觀經濟管理部門通過閱讀、分析、比較財務會計報告信息，可以瞭解國民生產總值、國有資產變動、固定資產投資、社會保障等方面的信息，為國家制定宏觀經濟政策，進行宏觀經濟調控提供參考。

（4）財務會計報告可以為其他組織、部門等提供決策有用的信息。企業作為一個會計主體，必然對其他經濟組織、部門、個人等產生影響，也必然受到其他經濟組織、部門、個人等的影響。行業協會、企業所在的社區、競爭對手、財務分析者、新聞評論員等通過閱讀、分析、比較企業的財務會計報告信息，有利於在分析、決策時進行參考，做出相應決策。

第二節　資產負債表

一、資產負債表的概念

我國《企業財務會計報告條例》對資產負債表的定義是：資產負債表是反應企業在某一特定日期財務狀況的報表。它反應企業在某一特定日期，比如2015年6月30日所擁有或控制的經濟資源，所須償還的債務和所有者享有的企業資產扣除負債后剩餘的權益。通過資產負債表所提供的信息，會計信息使用者可以瞭解企業資產的總量及其具體分佈情況，瞭解企業負債的總量及其具體分佈情況，瞭解企業所有者權益的總量及其具體分佈情況；此外資產負債表也為財務分析提供了基本數據資料，比如分析企業的還債能力、存貨週轉速度、應收帳款週轉速度、每股收益等。

二、資產負債表的結構

資產負債表的結構有帳戶式和報告式兩種，目前我國的資產負債表採用帳戶式結構，又叫「T」字形結構。表首部分是會計主體的基本信息，比如單位名稱、編表時間、計量單位、報表編號等。正表部分左邊為資產，各資產項目按流動性大小分別列示；右邊為負債和所有者權益，各負債項目按償還時間的長短分別列示，所有者權益按投入資本和由資本增值形成的留存收益分別列示，左邊的資產總計必須等於右邊的負債總計加上所有者權益總計之和。這也是會計恆等式「資產＝負債＋所有者權益」在財務報表中的體現。企業資產負債表的結構如表8-2所示。

表 8-2　　　　　　　　　　　　　　　　資產負債表

會企 01 表

編製單位：邕桂公司　　　　　20×5 年 6 月 30 日　　　　　　　　　　　單位：元

資產	期末余額	年初余額	負債和股東權益	期末余額	年初余額
流動資產：		（略）	流動負債：		（略）
貨幣資金	9,689,000		短期借款	4,621,000	
以公允價值計量且其變動計入當期損益的金融資產	337,000		以公允價值計量且其變動計入當期損益的金融負債	35,389,320	
應收票據	23,400		應付票據	23,567,432	
應收帳款	1,517,860		應付帳款	467,820	
預付款項	43,600		預收款項	329,088	
應收利息	28,000		應付職工薪酬	328,600	
應收股利	46,000		應交稅費	652,900	
其他應收款	16,000		應付利息	23,650	
存貨	15,784,540		應付股利	32,430	
劃分為持有待售的資產			其他應付款	29,000	
一年內到期的非流動資產			劃分為持有待售的負債		
其他流動資產			一年內到期的非流動負債		
流動資產合計	27,485,400		其他流動負債		
非流動資產：			流動負債合計	65,441,240	
可供出售金融資產	56,000		非流動負債：		
持有至到期投資	764,000		長期借款	4,589,300	
長期應收款	357,130		應付債券	589,600	
長期股權投資	200,000		長期應付款	36,800	
投資性房地產	35,900		專項應付款	47,000	
固定資產	48,362,000		預計負債	9,800	
在建工程	619,000		遞延所得稅負債		
工程物資	36,000		其他非流動負債		
固定資產清理	372,180		非流動負債合計	5,272,500	
生產性生物資產			負債合計	70,713,740	
油氣資產			股東權益：		
無形資產	451,790		實收資本（或股本）	5,600,000	
開發支出	42,600		資本公積	200,000	
商譽			減：庫存股		
長期待攤費用	66,000		其他綜合收益	1,200,000	
遞延所得稅資產			盈余公積	669,000	
其他非流動資產			未分配利潤	465,260	

表8-2(續)

資產	期末余額	年初余額	負債和股東權益	期末余額	年初余額
非流動資產合計	51,362,600		所有者權益（或股東權益）合計	8,134,260	
資產總計	78,848,000		負債和所有者權益（或股東權益）合計	78,848,000	

三、資產負債表的內容

（一）資產類項目的內容

1. 流動資產

資產類項目應分別按流動資產和非流動資產列示，資產滿足下列條件之一的，應當歸類為流動資產：

（1）預計在一個正常營業週期中變現、出售或耗用。正常營業週期，是指企業從購買用於加工的資產起至實現現金或現金等價物的期間。正常營業週期通常短於一年。因生產週期較長等導致正常營業週期長於一年的，儘管相關資產往往超過一年才變現、出售或耗用，仍應當劃分為流動資產。正常營業週期不能確定的，應當以一年（12個月）作為正常營業週期。

（2）主要為交易目的而持有。

（3）預計在資產負債表日起一年內變現。

（4）自資產負債表日起一年內，交換其他資產或清償負債的能力不受限制的現金或現金等價物。

如果是金融企業等銷售產品或提供服務不具有明顯可識別營業週期的企業，其各項資產或負債按照流動性列示能夠提供可靠且相關信息的，可以按照其流動性順序列示。

如果是從事多種經營的企業，其部分資產或負債按照流動性和非流動性列報、其他部分資產或負債按照流動性列示能夠提供可靠且相關信息的，可以採用混合列報方式。

2. 非流動資產

流動資產以外的資產應當歸類為非流動資產，並應按其性質分類列示，比如固定資產、無形資產等。需要注意的是被劃分為持有待售的非流動資產應當歸類為流動資產，無論是被劃分為持有待售的單項非流動資產還是處置組中的資產，都應當在資產負債表的流動資產部分單獨列報。

（二）負債類項目的內容

1. 流動負債

負債分別按流動負債和非流動負債列示。負債滿足下列條件之一的，應當歸類為流動負債：

（1）預計在一個正常營業週期中清償。

（2）主要為交易目的而持有。

（3）自資產負債表日起一年內到期應予以清償。

（4）企業無權自主地將清償推遲至資產負債表日後一年以上。

負債在其對手方選擇的情況下可通過發行權益進行清償的條款與負債的流動性劃分無關。

企業對資產和負債進行流動性分類時，應當採用相同的正常營業週期。企業正常營業週期中的經營性負債項目即使在資產負債表日後超過一年才予以清償的，仍應當劃分為流動負債。經營性負債項目包括應付帳款、應付票據、應付職工薪酬等，這些項目屬於企業正常營業週期中使用的營運資金的一部分。

2. 非流動負債

流動負債以外的負債應當歸類為非流動負債，並應當按其性質分類列示，比如長期借款、長期應付款等。需要注意的是被劃分為持有待售的非流動負債應當歸類為流動負債。被劃分為持有待售的處置組中的與轉讓資產相關的負債應當在資產負債表的流動負債部分單獨列報。

(三) 所有者權益類項目的內容

資產負債表中的所有者權益類一般按照淨資產的不同來源和特定用途進行分類，《<企業會計準則第30號——財務報表列報>應用指南》規定，資產負債表中的所有者權益類應當按照實收資本（或股本）、資本公積、其他綜合收益、盈余公積、未分配利潤等項目分項列示。

四、資產負債表項目的填列方法

按照財務報表列報的基本要求，資產負債表必須提供比較數據，因此，資產負債表各項目需要列報「年初余額」和「期末余額」以供比較。資產負債表中的「年初余額」欄各項目，應根據上年年末資產負債表「期末余額」欄各項目所列數字填列。如果本年度資產負債表各個項目的名稱和內容與上年度不一致的，應將上年年末資產負債表各項目的數字按照本年度的規定進行調整，將調整后的數字填入本年度的「年初余額」欄內。

資產負債表中的「期末余額」欄各項目的填列方法可歸納為兩種：一種是分析計算填列法，另一種是直接填列法。

(一) 分析計算填列法

1. 根據幾個總帳科目的期末余額分析計算填列

資產負債表中有的項目是根據幾個總帳科目的期末余額來填列的。比如「貨幣資金」項目，需要根據「庫存現金」「銀行存款」「其他貨幣資金」三個總帳科目的期末余額的合計數填列。「存貨」項目，需要根據「原材料」「庫存商品」「在途物資」「生產成本」「製造費用」等總帳科目的期末余額的合計數填列。

【例8-1】邕桂公司20×5年6月30日期末結帳后的有關帳戶期末余額如表8-3所示。

表8-3　　　　　　　　　　有關帳戶期末余額表

帳戶名稱	期末借方余額
庫存現金	9萬元
銀行存款	900萬元

表8-3(續)

帳戶名稱	期末借方余額
其他貨幣資金	90 萬元
原材料	60 萬元
在途物資	10 萬元
生產成本	30 萬元

要求：計算「貨幣資金」項目和「存貨」項目的金額。

根據上述資料，該公司報表項目金額的計算如下：

「貨幣資金」項目的金額＝9＋900＋90＝999（萬元）

「存貨」項目的金額＝60＋10＋30＝100（萬元）

2. 根據有關明細帳科目餘額分析計算填列

(1)「應收帳款」項目，應根據「應收帳款」科目所屬的明細科目和「預收帳款」科目所屬的明細科目的期末借方餘額合計數填列。

(2)「預付款項」項目，應根據「應付帳款」科目所屬的明細科目和「預付帳款」科目所屬的明細科目的期末借方餘額合計數，減去「壞帳準備」科目中有關預付帳款計提的壞帳準備餘額后的金額填列。

(3)「應付帳款」項目，應根據「應付帳款」科目所屬的明細科目和「預付帳款」科目所屬的明細科目的期末貸方餘額合計數填列。

(4)「預收款項」項目，應根據「應收帳款」科目所屬的明細科目和「預收帳款」科目所屬的明細科目的期末貸方餘額合計數填列。

【例8-2】邕桂公司20×5年6月30日期末結帳後的有關帳戶期末余額如表8-4所示。

表8-4　　　　　　　　　　有關帳戶期末余額表

帳戶名稱		期末借方余額	期末貸方余額
總帳科目	所屬的明細科目		
應收帳款		800 萬元	
	——甲公司	860 萬元	
	——乙公司		60 萬元
預付帳款		63 萬元	
	——丙公司	75 萬元	
	——丁公司		12 萬元
應付帳款		370 萬元	
	——A 公司		136 萬元
	——B 公司		264 萬元
	——C 公司	30 萬元	
預收帳款		10 萬元	
	——D 公司		10 萬元

要求：計算「應收帳款」項目、「預付款項」項目、「應付帳款」項目、「預收款項」項目的金額。

根據上述資料，該公司報表項目金額的計算如下：

「應收帳款」項目的金額＝860（萬元）

「預付款項」項目的金額＝75＋30＝105（萬元）

「應付帳款」項目的金額＝136＋264＋12＝412（萬元）

「預收款項」項目的金額＝10＋60＝70（萬元）

3. 根據總帳科目和所屬明細帳科目余額分析計算填列

資產負債表中有的項目是分析總帳科目和所屬明細帳科目余額來填列的。如「長期借款」項目，需要根據「長期借款」總帳科目余額扣除「長期借款」科目所屬的明細科目中將在一年內到期的長期借款后的金額計算填列。

【例 8-3】邕桂公司 20×5 年 6 月 30 日期末結帳后的「長期借款」總帳科目余額為 2,300 萬元，通過查看其明細帳發現，其中有一筆 500 萬元的長期借款將於 20×5 年 9 月 30 日到期，那麼該公司 20×5 年 6 月 30 日的資產負債表中「長期借款」項目的金額應該以 1,800 萬元填列，另外的 500 萬元應列報於流動負債項目中的「1 年內到期的非流動負債」項目。

4. 根據總帳及其備抵科目的金額分析計算填列

資產負債表中有的項目是分析總帳及其備抵科目的金額來填列的。如資產負債表中的「存貨」「應收帳款」「固定資產」「在建工程」等項目，應當根據「存貨」「應收帳款」「固定資產」「在建工程」等項目的金額減去「存貨跌價準備」「壞帳準備」「固定資產減值準備」「累計折舊」「在建工程減值準備」等科目余額后的金額填列。「未分配利潤」項目需要分析「本年利潤」「利潤分配」等科目的期末余額來填列。

【例 8-4】邕桂公司 20×5 年 6 月 30 日期末結帳后的有關帳戶期末余額如表 8-5 所示。

表 8-5　　　　　　　　　　有關帳戶期末余額表

帳戶名稱		期末借方余額	期末貸方余額
總帳科目	所屬的明細科目		
應收帳款		820 萬元	
	——甲公司	870 萬元	
	——乙公司		50 萬元
預收帳款		64 萬元	
	——丙公司	79 萬元	
	——丁公司		15 萬元
壞帳準備			8 萬元
原材料		70 萬元	
生產成本		28 萬元	
存貨跌價準備			2 萬元

要求：計算「應收帳款」項目、「存貨」項目的金額。
根據上述資料，該公司報表項目金額的計算如下：
「應收帳款」項目的金額＝870+79-8＝941（萬元）
「存貨」項目的金額＝70+28-2＝96（萬元）

（二）直接填列法

有的報表項目可以不需要分析計算，而是直接根據總帳科目的期末余額填列。如資產負債表中的「以公允價值計量且其變動計入當期損益的金融資產」「短期借款」「應交稅費」「應付職工薪酬」「實收資本」「盈余公積」等項目。

資產負債表中「期末余額」欄內各項目的具體內容和填列方法如下：

（1）「貨幣資金」項目，應根據「庫存現金」「銀行存款」「其他貨幣資金」科目的期末余額合計數填列。

（2）「以公允價值計量且其變動計入當期損益的金融資產」項目，應根據「交易性金融資產」科目的期末余額填列。

（3）「應收票據」應根據「應收票據」科目的期末余額，減去「壞帳準備」科目中有關應收票據計提的壞帳準備期末余額后的金額填列。

（4）「應收帳款」項目，應根據「應收帳款」科目所屬各明細科目的期末借方余額和「預收帳款」科目所屬各明細科目的期末借方余額合計數，再減去「壞帳準備」科目中有關應收帳款計提的壞帳準備期末余額后的金額填列。

（5）「預付帳款」項目，應根據「預付帳款」科目和「應付帳款」科目所屬各明細科目的期末借方余額，再減去「壞帳準備」科目中有關預付帳款計提的壞帳準備期末余額后的金額填列。

（6）「應收利息」項目，應根據「應收利息」科目的期末余額，減去「壞帳準備」科目中有關應收利息計提的壞帳準備期末余額后的金額填列。

（7）「應收股利」項目，應根據「應收股利」科目的期末余額，減去「壞帳準備」科目中有關應收股利計提的壞帳準備期末余額后的金額填列。

（8）「其他應收款」項目，應根據「其他應收款」科目和「其他應付款」科目所屬各明細科目的期末借方余額合計，減去「壞帳準備」科目中有關其他應收款計提的壞帳準備期末余額后的金額填列。

（9）「存貨」項目，應根據「在途物資」「原材料」「庫存商品」「發出商品」「委託加工物資」「週轉材料」「消耗性生物資產」「生產成本」「製造費用」等科目的期末余額合計，減去「存貨跌價準備」科目期末余額，加上或減去「材料成本差異」「商品進銷差價」科目期末余額后的金額填列。

（10）「劃分為持有待售的資產」項目，反應資產負債表日劃分為持有待售的非流動資產，本項目應根據固定資產、無形資產、長期股權投資等非流動資產中在資產負債表日被劃分為持有待售的單個資產及處置組中的資產的期末余額填列。

（11）「一年內到期的非流動資產」項目，應根據「長期待攤費用」「長期應收款」等非流動資產中將於一年內到期的非流動資產的期末余額填列。

（12）「其他流動資產」項目，根據除以上流動資產外的其他流動資產的期末余額填列。

（13）「可供出售金融資產」項目，應根據「可供出售金融資產」科目的期末余

額，減去「可供出售金融資產減值準備」科目的期末余額填列。

（14）「持有至到期投資」項目，應根據「持有至到期投資」科目的期末余額，減去「持有至到期投資減值準備」科目的期末余額填列。

（15）「長期應收款」項目，應根據「長期應收款」科目的期末余額，減去「未實現融資收益」科目的期末余額，減去「壞帳準備」科目中有關長期應收款計提的壞帳準備，再減去一年內到期的部分填列。

（16）「長期股權投資」項目，應根據「長期股權投資」科目的期末余額，減去劃分為持有待售的長期股權投資的期末余額，減去「長期股權投資減值準備」科目的期末余額后的金額填列。

（17）「投資性房地產」項目，應根據「投資性房地產」科目的期末余額，減去「投資性房地產減值準備」科目的期末余額后的金額填列。

（18）「固定資產」項目，應根據「固定資產」科目的期末余額，減去劃分為持有待售的固定資產的期末余額，減去「累計折舊」及「固定資產減值準備」科目的期末余額后的金額填列。

（19）「在建工程」項目，應根據「在建工程」科目的期末余額，減去「在建工程減值準備」科目期末余額后的金額填列。

（20）「工程物資」項目，應根據「工程物資」科目的期末余額，減去「工程物資減值準備」科目期末余額后的金額填列。

（21）「固定資產清理」項目，應根據「固定資產清理」科目的期末借方余額填列。如「固定資產清理」科目期末為貸方余額，以「-」號填列。

（22）「生產性生物資產」項目，應根據「生產性生物資產」科目的期末余額，減去「生產性生物資產減值準備」科目期末余額后的金額填列。

（23）「油氣資產」項目，應根據「油氣資產」科目的期末余額，減去「油氣資產減值準備」科目期末余額后的金額填列。

（24）「無形資產」項目，應根據「無形資產」科目的期末余額，減去劃分為持有待售的無形資產的期末余額，減去「無形資產減值準備」及「累計攤銷」科目期末余額后的金額填列。

（25）「開發支出」項目，應根據「研發支出」科目中所屬的「資本化支出」明細科目期末余額填列。

（26）「商譽」項目，應根據「商譽」科目的期末余額，減去「商譽減值準備」科目期末余額后的金額填列。

（27）「長期待攤費用」項目，應根據「長期待攤費用」科目的期末余額，減去1年內攤完的長期待攤費用金額后填列。

（28）「遞延所得稅資產」項目，應根據「遞延所得稅資產」科目的期末余額填列。

（29）「其他非流動資產」項目，根據除以上非流動資產外的其他非流動資產的期末余額填列。

（30）「短期借款」項目，應根據「短期借款」科目的期末余額填列。

（31）「以公允價值計量且其變動計入當期損益的金融負債」項目，應根據「交易性金融負債」科目的期末余額填列。

（32）「應付票據」項目，應根據「應付票據」科目的期末余額填列。

（33）「應付帳款」項目，應根據「應付帳款」所屬各明細科目和「預付帳款」科目所屬各明細科目的期末貸方余額合計填列。

（34）「預收帳款」項目，應根據「預收帳款」所屬各明細科目和「應收帳款」科目所屬各明細科目的期末貸方余額合計填列。

（35）「應付職工薪酬」「應交稅費」「應付利息」「應付股利」項目，應根據其總帳科目的余額填列。

（36）「其他應付款」項目，應根據「其他應收款」科目和「其他應付款」科目所屬各明細科目的期末貸方余額合計填列。

（37）「劃分為持有待售的負債」項目，反應資產負債表日劃分為持有待售的處置組中的負債的期末余額。

（38）「一年內到期的非流動負債」項目，應根據「長期借款」「長期應付款」「應付債券」等非流動負債中將於一年內到期的非流動負債的期末余額填列。

（39）「其他流動負債」項目，根據除以上流動負債以外的其他流動負債的期末余額填列。

（40）「長期借款」項目，應根據「長期借款」科目的期末余額，減去一年內到期的金額填列。

（41）「應付債券」項目，應根據「應付債券」科目的期末余額，減去一年內到期的金額填列。

（42）「長期應付款」項目，應根據「長期應付款」科目的期末余額，減去一年內到期的金額，再減去「未確認融資費用」科目的期末余額后的金額填列。

（43）「專項應付款」項目，應根據「專項應付款」科目的期末余額，減去一年內到期的金額填列。

（44）「預計負債」項目，應根據「預計負債」科目的期末余額，減去一年內到期的金額填列。

（45）「遞延所得稅負債」項目，應根據其總帳科目的余額填列。

（46）「其他非流動負債」項目，根據除以上非流動負債以外的其他非流動負債的期末余額填列。

（47）「實收資本（或股本）」「庫存股」「資本公積」「其他綜合收益」「盈余公積」等項目，應分別根據其總帳科目的余額填列。

（48）「未分配利潤」項目，應根據「本年利潤」科目和「利潤分配」科目的余額計算填列。未彌補的虧損，在本項目內以「-」號填列。

五、資產負債表的編製舉例

【例8-5】邕桂公司20×5年6月30日的科目余額如表8-6所示。

表8-6　　　　　　　　　　　科目余額表　　　　　　　　　　　單位：元

科目名稱	期末余額	
	借方	貸方
庫存現金	53,000	

表8-6(續)

科目名稱	期末余額	
	借方	貸方
銀行存款	9,636,000	
交易性金融資產	337,000	
應收票據	23,400	
應收帳款	1,586,860	
壞帳準備（假設均為應收帳款所計提）		69,000
預付帳款	43,600	
應收股利	46,000	
應收利息	28,000	
其他應收款	16,000	
生產成本	532,760	
原材料	8,381,680	
庫存商品	6,932,100	
存貨跌價準備		62,000
可供出售金融資產	56,000	
長期應收款	357,130	
長期股權投資	219,000	
持有至到期投資	784,000	
長期股權投資減值準備		19,000
持有至到期投資減值準備		20,000
投資性房地產	35,900	
固定資產	51,987,000	
累計折舊		3,368,000
固定資產減值準備		257,000
工程物資	36,000	
在建工程	619,000	
在建工程減值準備		
固定資產清理	372,180	
無形資產	546,790	
累計攤銷		69,000
無形資產減值準備		26,000
長期待攤費用	66,000	
研發支出（假設均為資本化支出）	42,600	
短期借款		4,621,000
交易性金融負債		35,389,320
應付票據		23,567,432
應付帳款		467,820
預收帳款		329,088
應付職工薪酬		328,600

表8-6(續)

科目名稱	期末余額 借方	期末余額 貸方
應付股利		32,430
應付利息		23,650
應交稅費		652,900
其他應付款		29,000
預計負債		9,800
長期借款		4,589,300
應付債券		589,600
長期應付款		36,800
專項應付款		47,000
股本		5,600,000
資本公積		200,000
其他綜合收益		1,200,000
盈余公積		669,000
本年利潤		396,860
利潤分配（未分配利潤）		68,400
合計	82,738,000	82,738,000

根據科目余額表編製該公司的資產負債表，如表8-2所示。

第三節　利潤表

一、利潤表的結構與內容

（一）利潤表的概念

我國《企業財務會計報告條例》對利潤表的定義是：利潤表是反應企業在一定會計期間經營成果的報表。比如，邕桂公司20×5年6月的利潤表，反應的是邕桂公司20×5年1~6月這半年時間生產經營的成果。

（二）利潤表的結構

利潤表的結構有單步驟報告式和多步驟報告式兩種，目前我國的利潤表採用多步驟報告式結構。單步驟報告式的利潤表，其結構是把所有收入列報在一起，把所有費用列報在一起，二者相減得出當期淨利潤。多步驟報告式的利潤表，其結構分為表首和正表。表首反應的是會計主體的基本信息，比如單位名稱、編表時間、計量單位、報表編號等；正表部分是將當期的收入、費用、支出項目按性質加以歸類，對費用項目又進一步按照功能，分為從事經營業務發生的成本、管理費用、銷售費用和財務費用，按利潤形成的主要環節列示一些中間性利潤指標，比如營業利潤、利潤總額、淨利潤，便於會計信息使用者理解企業經營成果的不同來源。這也是會計等式「收入-費用=利潤」在財務報表中的體現。

(三) 利潤表的內容

《企業會計準則第 30 號——財務報表列報》中規定，利潤表至少應當單獨列示 14 類信息的項目，但其他會計準則另有規定的除外。這 14 類信息包括：營業收入、營業成本、營業稅金及附加、管理費用、銷售費用、財務費用、投資收益、公允價值變動損益、資產減值損失、非流動資產處置損益、所得稅費用、淨利潤、其他綜合收益各項目分別扣除所得稅影響後的淨額、綜合收益總額。

其他綜合收益，是指企業根據其他會計準則規定未在當期損益中確認的各項利得和損失。比如可供出售金融資產公允價值變動形成的利得或損失、持有至到期投資重分類為可供出售金融資產形成的利得或損失等。

綜合收益，是指企業在某一期間除與所有者以其所有者身分進行的交易之外的其他交易或事項所引起的所有者權益變動。

如果是金融企業，還可以根據其特殊性列示利潤表項目。我國利潤表的內容結構如表 8-7 所示。

表 8-7　　　　　　　　　　　　　　　利潤表

會企 02 表

編製單位：邕桂公司　　　　　20×5 年 6 月　　　　　　　　　　單位：元

項目	本期金額	上期金額（略）
一、營業收入	51,124,000	
減：營業成本	12,449,000	
營業稅金及附加	390,000	
銷售費用	3,286,000	
管理費用	895,000	
財務費用	5,829,000	
資產減值損失	826,000	
加：公允價值變動收益（損失以「-」號填列）	-36,000	
投資收益（損失以「-」號填列）	2,473,000	
其中：對聯營企業和合營企業的投資收益		
二、營業利潤（虧損以「-」號填列）	29,886,000	
加：營業外收入	462,000	
其中：非流動資產處置利得		
減：營業外支出	140,000	
其中：非流動資產處置損失		
三、利潤總額（虧損總額以「-」號填列）	30,208,000	
減：所得稅費用	7,552,000	
四、淨利潤（淨虧損以「-」號填列）	22,656,000	
五、其他綜合收益的稅後淨額	（略）	

表8-7(續)

項目	本期金額	上期金額（略）
（一）以后不能重分類進損益的其他綜合收益		
1. 重新計量設定受益計劃淨負債或淨資產導致的變動		
2. 權益法下核算的在被投資單位以后會計期間不能重分類進損益的其他綜合收益中所享有的份額		
……		
（二）以后將重分類進損益的其他綜合收益		
1. 權益法下在被投資單位以后會計期間將重分類進損益的其他綜合收益中所享有的份額		
2. 可供出售金融資產公允價值變動損益		
3. 持有至到期投資重分類為可供出售金融資產損益		
4. 現金流量套期損益的有效部分		
5. 外幣財務報表折算差額		
……		
六、綜合收益總額	（略）	
七、每股收益	（略）	
（一）基本每股收益		
（二）稀釋每股收益		

二、利潤表的編製方法

（一）上期金額的填列方法

按照財務報表列報的基本要求，利潤表必須提供比較數據，因此，利潤表各項目需要列報「本期金額」和「上期金額」以供比較。利潤表中的「上期金額」欄各項目，如為年度利潤表，則應該根據上年年末利潤表的「本期金額」欄數字填列，如果本年度利潤表各個項目的名稱和內容與上年度不一致的，應將上年年末利潤表各項目的數字按照本年度的規定進行調整，將調整后的數字填入本年度的「上期金額」欄內。

（二）本期金額的填列方法

利潤表中的「本期金額」欄各項目的填列方法可歸納為兩種：一種是直接填列法，另一種是分析填列法。

1. 直接填列法

有些利潤表項目可以直接根據損益類帳戶的本期發生額填列，比如營業稅金及附加、銷售費用、管理費用、財務費用、資產減值損失、公允價值變動收益、所得稅費用。

2. 分析計算填列法

有些利潤表項目應當根據損益類帳戶和所有者權益類帳戶的本期發生額分析計算填列，在這裡只介紹一些基本的利潤表項目的填列方法，其他項目的填列由於涉及較

多的專業知識，在這裡只簡單介紹，詳細內容將在以后的專業課學習中再介紹。

(1)「營業收入」項目，根據「主營業務收入」和「其他業務收入」總帳科目本期發生淨額填列。

(2)「營業成本」項目，根據「主營業務成本」和「其他業務成本」總帳科目本期發生淨額填列。

(3)「投資收益」項目，根據「投資收益」總帳科目本期發生淨額，減去對聯營企業和合營企業的投資收益后的金額填列。「對聯營企業和合營企業的投資收益」項目，根據「投資收益」明細科目的本期發生額分析填列。

(4)「營業利潤」項目，根據利潤表內有關項目計算填列。計算公式為：

營業利潤＝營業收入－營業成本－營業稅金及附加－管理費用－銷售費用－財務費用－投資損失－公允價值變動損益－資產減值損失

(5)「營業外收入」項目，根據「營業外收入」總帳科目本期發生淨額，減去非流動資產處置利得后的金額填列。「非流動資產處置利得」項目，根據「營業外收入」明細科目的本期發生額分析填列。

(6)「營業外支出」項目，根據「營業外支出」總帳科目本期發生淨額，減去非流動資產處置損失后的金額填列。「非流動資產處置損失」項目，根據「營業外支出」明細科目的本期發生額分析填列。

(7)「利潤總額」項目，根據利潤表內有關項目計算填列。計算公式為：

利潤總額＝營業利潤－營業外收支淨額

(8)「淨利潤」項目，根據利潤表內有關項目計算填列。計算公式為：

淨利潤＝利潤總額－所得稅費用

(9)「其他綜合收益的稅后淨額」項目及其各組成部分，應根據「其他綜合收益」科目及其所屬明細科目的本期發生額分析填列。

(10)「綜合收益總額」項目，根據利潤表內有關項目計算填列。計算公式為：

綜合收益總額＝淨利潤＋其他綜合收益的稅后淨額

(三) 利潤表的編製舉例

【例8-6】邕桂公司20×5年6月30日損益類帳戶本期發生額如表8-8所示，假設所得稅稅率為25%。

表8-8　　　　　　　　　損益類科目發生額及發生淨額表　　　　　　　單位：元

科目名稱	本期發生額 借方	本期發生額 貸方	本期發生淨額 借方	本期發生淨額 貸方
主營業務收入	3,000,000	53,689,000		50,689,000
其他業務收入		435,000		435,000
投資收益	413,000	2,886,000		2,473,000
營業外收入		462,000		462,000
營業外支出	140,000		140,000	
主營業務成本	13,580,000	1,400,000	12,180,000	
其他業務成本	269,000		269,000	

表8-8(續)

科目名稱	本期發生額		本期發生淨額	
	借方	貸方	借方	貸方
營業稅金及附加	390,000		390,000	
銷售費用	3,286,000		3,286,000	
管理費用	925,000	30,000	895,000	
財務費用	5,881,000	52,000	5,829,000	
資產減值損失	826,000		826,000	
公允價值變動損益	36,000		36,000	
所得稅費用	7,552,000			

要求：編製邕桂公司20×5年6月的利潤表。

根據以上資料編製的邕桂公司20×5年6月的利潤表如表8-7所示。

第四節　現金流量表

一、現金流量表的概念

現金流量表，是指反應企業在一定會計期間現金和現金等價物流入和流出的報表。現金流量表中的「現金」是指廣義的現金，包括：①庫存現金；②銀行存款，一般是指企業存入金融企業、隨時可以用於支付的存款；③其他貨幣資金，一般是指企業的外埠存款、銀行匯票存款、銀行本票存款、信用卡存款、信用證存款等；④現金等價物，一般是指企業持有的期限短、流動性強、易於轉換為已知金額現金、價值變動風險很小的投資。現金等價物通常包括三個月內到期的債券投資等。權益性投資變現的金額通常不確定，因而不屬於現金等價物。企業應當根據具體情況，確定現金等價物的範圍，一經確定不得隨意變更。現金流量表中的「現金流量」是指企業在一定會計期間內現金及現金等價物流入（增加）的金額、流出（減少）的金額以及流入減流出後的淨額。

二、現金流量表的結構與內容

現金流量表分為表首、正表兩個部分。表首反應企業的基本信息，比如企業名稱、編製時間、計量單位、報表編號等。正表由六個部分構成：一是經營活動產生的現金流量，經營活動是指企業投資活動和籌資活動以外的所有交易和事項。經營活動的範圍很廣，就拿工業企業來說，經營活動主要包括銷售商品、提供勞務、經營性租賃、購買商品、接受勞務、廣告宣傳、推銷產品、繳納稅款等。二是投資活動產生的現金流量，投資活動是指企業固定資產、在建工程、無形資產、其他資產等長期資產的購建和不包括在現金等價物範圍內的投資及其處置活動。三是籌資活動產生的現金流量，籌資活動是指導致企業資本及債務規模和構成發生變化的活動，這裡的「資本」包括

實收資本（股本）、資本溢價（股本溢價）。這裡的「債務」包括發行債券、向金融企業借入款項以及償還債務等。四是匯率變動對現金的影響。五是現金及現金等價物淨增加額。六是期末現金及現金等價物余額。現金流量表的格式如表8-9所示。

表8-9

現金流量表　　　　　　　　　　　　　　會企03表

編製單位：邕桂公司　　　　＿＿＿年＿＿＿月　　　　　　　單位：元

項目	本期金額	上期金額
一、經營活動產生的現金流量：		
銷售商品、提供勞務收到的現金		
收到的稅費返還		
收到的其他與經營活動有關的現金		
現金流入小計		
購買商品、接受勞務支付的現金		
支付給職工以及為職工支付的現金		
支付的各項稅費		
支付的其他與經營活動有關的現金		
現金流出小計		
經營活動產生的現金流量淨額		
二、投資活動產生的現金流量：		
收回投資所收到的現金		
取得投資收益所收到的現金		
處置固定資產、無形資產和其他長期資產收回的現金淨額		
處置子公司及其他營業單位收到的現金淨額		
收到的其他與投資活動有關的現金		
現金流入小計		
購建固定資產、無形資產和其他長期資產所支付的現金		
投資所支付的現金		
取得子公司及其他營業單位支付的現金淨額		
支付的其他與投資活動有關的現金		
現金流出小計		
投資活動產生的現金流量淨額		
三、籌資活動產生的現金流量：		
吸收投資所收到的現金		
借款所收到的現金		
收到的其他與籌資活動有關的現金		

表8-9(續)

項目	本期金額	上期金額
現金流入小計		
償還債務所支付的現金		
分配股利、利潤或償付利息所支付的現金		
支付的其他與籌資活動有關的現金		
現金流出小計		
籌資活動產生的現金流量淨額		
四、匯率變動對現金的影響		
五、現金及現金等價物淨增加額		
加：期初現金及現金等價物餘額		
六、期末現金及現金等價物餘額		

三、現金流量表附註的結構內容

現金流量表附註包括三項內容：一是補充資料。補充資料又分三個部分：①將淨利潤調節為經營活動產生的現金流量；②不涉及現金收支的重大籌資和投資活動；③現金及現金等價物淨變動情況。二是當期取得或處置子公司或其他營業單位的有關現金流量信息。三是現金和現金等價物具體構成的有關信息。

四、現金流量表的編製方法

現金流量表是按照收付實現制，以現金為基礎編製的。現金流量表可以採用直接法、工作底稿法、T型帳戶法等方法編製。

(一) 直接法

直接法是指按照現金流入和現金流出的主要類別直接反應企業經營活動、投資活動、籌資活動所產生的現金流量項目中的方法。現金流量表附註中的「將淨利潤調節為經營活動產生的現金流量」採用間接法編製，並且其結果應與採用直接法編製的「經營活動產生的現金流量」相等。間接法是指以淨利潤為依據，扣除投資活動、籌資活動對現金流量的影響，調整不涉及現金的收入、費用和已收付現金但不涉及收入、費用的項目，然后計算出經營活動產生的現金流量的方法。

(二) 工作底稿法

工作底稿法是指以工作底稿為手段，以利潤表和資產負債表數據為基礎，對每一項目進行分析並編製調整分錄，從而編製出現金流量表的做法。

(三) T型帳戶法

T型帳戶法是指以T型帳戶為手段，以利潤表和資產負債表數據為基礎，對每一項目進行分析並編製調整分錄，從而編製出現金流量表的做法。

由於現金流量表的編製需要較多專業知識，本書作為會計學的入門課程，在這裡僅介紹一些基本知識，更多的專業知識將在后續的專業課程中予以介紹。

第五節 所有者權益變動表

一、所有者權益變動表的概念、結構與內容

(一) 所有者權益變動表的概念

所有者權益變動表是指反應構成所有者權益的各組成部分當期的增減變動情況的報表。

(二) 所有者權益變動表的結構

企業應當以矩陣的形式列示所有者權益變動表。一方面，列示導致所有者權益變動的交易或事項，按所有者權益變動的來源對一定時期所有者權益變動情況進行全面反應；另一方面，按照所有者權益各組成部分（包括實收資本、資本公積、其他綜合收益、盈餘公積、未分配利潤、庫存股等）及其總額列示相關交易或事項對所有者權益的影響。一般企業所有者權益變動表的格式如表 8-10 所示。

表 8-10　　　　　　　　　　所有者權益變動表

會企 04 表

編製單位：邕桂公司　　　　　20×5 年度　　　　　　　　單位：元

項目	本年金額							上年金額						
	實收資本(或股本)	資本公積	減：庫存股	其他綜合收益	盈餘公積	未分配利潤	所有者權益合計	實收資本(或股本)	資本公積	減：庫存股	其他綜合收益	盈餘公積	未分配利潤	所有者權益合計
一、上年年末餘額	600,000,000	100,000,000			300,000,000	200,000,000	1,200,000,000							
加：會計政策變更														
前期差錯更正														
二、本年年初餘額	600,000,000	100,000,000			300,000,000	200,000,000	1,200,000,000							
三、本年增減變動金額（減少以「-」填列）														
(一) 綜合收益總額						600,000,000	600,000,000							
(二) 所有者投入和減少資本														
1. 所有者投入資本	200,000,000						200,000,000							
2. 股份支付計入所有者權益的金額														
3. 其他														
(三) 利潤分配														
1. 提取盈餘公積					60,000,000	-60,000,000	0							
2. 對所有者（或股東）的分配						-250,000,000	-250,000,000							
3. 其他														
(四) 所有者權益內部結轉														
1. 資本公積轉增資本（或）股本														
2. 盈餘公積轉增資本（或）股本	200,000,000				-200,000,000		0							
3. 盈餘公積補虧														
4. 其他														
四、本年年末餘額	1,000,000,000	100,000,000			160,000,000	490,000,000	1,750,000,000							

綜合收益和與所有者（或股東，下同）的資本交易導致的所有者權益的變動，應當分別列示。與所有者的資本交易，是指企業與所有者以其所有者身分進行的、導致企業所有者權益變動的交易。

(三) 所有者權益變動表的內容

所有者權益變動表至少應當單獨列示反應下列信息的項目：

（1）綜合收益總額，在合併所有者權益變動表中還應單獨列示歸屬於母公司所有者的綜合收益總額和歸屬於少數股東的綜合收益總額；

（2）會計政策變更和前期差錯更正的累積影響金額；

（3）所有者投入資本和向所有者分配利潤等；

（4）按照規定提取的盈餘公積；

(5) 所有者權益各組成部分的期初和期末余額及其調節情况。

二、所有者權益變動表的編製

根據《企業會計準則第30號——財務報表列報》的規定，企業需要提供所有者權益變動表，所有者權益變動表還就各項目再分為「本年金額」和「上年金額」兩欄分別填列。

「上年金額」欄的填列。企業應當根據上年度所有者權益變動表「本年金額」欄内所列數字填列本年度「上年金額」欄内各項數字。如果上年度所有者權益變動表規定的項目的名稱和内容同本年度不一致，應對上年度所有者權益變動表相關項目的名稱和金額按本年度的規定進行調整，填入所有者權益變動表「上年金額」欄内。

「本年金額」欄的填列。企業應當根據所有者權益類科目和損益類有關科目的發生額分析填列所有者權益變動表「本年金額」欄。具體包括如下情况：

(1)「上年年末余額」項目，應根據上年資産負債表中「實收資本（或股本）」「資本公積」「其他綜合收益」「盈余公積」「未分配利潤」等項目的年末余額填列。

(2)「會計政策變更」和「前期差錯更正」項目，應根據「盈余公積」「利潤分配」「以前年度損益調整」等科目的發生額分析填列，並在「上年年末余額」的基礎上調整得出「本年年初金額」項目。

(3)「本年增減變動額」項目分别反應如下内容：

①「綜合收益總額」項目，反應企業當年的綜合收益總額，應根據當年利潤表中「其他綜合收益的税后淨額」和「淨利潤」項目填列，並對應列在「其他綜合收益」和「未分配利潤」欄。

②「所有者投入和减少資本」項目，反應企業當年所有者投入的資本和减少的資本。其中：

「所有者投入資本」項目，反應企業接受投資者投入形成的實收資本（或股本）和資本公積，應根據「實收資本」「資本公積」等科目的發生額分析填列，並對應列在「實收資本」和「資本公積」欄。

「股份支付計入所有者權益的金額」項目，反應企業處於等待期中的權益結算的股份支付當年計入資本公積的金額，應根據「資本公積」科目所屬的「其他資本公積」二級科目的發生額分析填列，並對應列在「資本公積」欄。

③「利潤分配」下各項目，反應當年對所有者（或股東）分配的利潤（或股利）金額和按照規定提取的盈余公積金額，並對應列在「未分配利潤」和「盈余公積」欄。其中：

「提取盈余公積」項目，反應企業按照規定提取的盈余公積，應根據「盈余公積」「利潤分配」科目的發生額分析填列。

「對所有者（或股東）的分配」項目，反應對所有者（或股東）分配的利潤（或股利）金額，應根據「利潤分配」科目的發生額分析填列。

④「所有者權益内部結轉」下各項目，反應不影響當年所有者權益總額的所有者權益各組成部分之間當年的增减變動，包括資本公積轉增資本（或股本）、盈余公積轉增資本（或股本）、盈余公積彌補虧損等。其中：

「資本公積轉增資本（或股本）」項目，反應企業以資本公積轉增資本或股本的

金額，應根據「實收資本」「資本公積」等科目的發生額分析填列。

「盈余公積轉增資本（或股本）」項目，反應企業以盈余公積轉增資本或股本的金額，應根據「實收資本」「盈余公積」等科目的發生額分析填列。

「盈余公積彌補虧損」項目，反應企業以盈余公積彌補虧損的金額，應根據「盈余公積」「利潤分配」等科目的發生額分析填列。

【例 8-7】邕桂公司 20×5 年年初有關所有者權益科目的余額如表 8-11 所示。

表 8-11　　　　　　　　20×5 年初所有者權益科目余額表　　　　　　　　單位：元

科目名稱	股本	資本公積	盈余公積	未分配利潤	所有者權益合計
年初余額	600,000,000	100,000,000	300,000,000	200,000,000	1,200,000,000

20×5 年公司發生的涉及所有者權益的有關業務如下：
（1）當年投資者投入資金 200,000,000 元。
（2）當年以盈余公積 200,000,000 元轉增股本。
（3）當年實現淨利潤 600,000,000 元，按 10%計提法定盈余公積。
（4）當年向投資者分配利潤 250,000,000 元。
根據上述資料編製該公司所有者權益變動表，如表 8-10 所示。

第六節　附註

一、附註的概念

附註是對在資產負債表、利潤表、現金流量表和所有者權益變動表等報表中列示項目的文字描述或明細資料，以及對未能在這些報表中列示項目的說明等。

二、附註披露的內容

附註一般應當按照順序至少披露這些內容：企業的基本情況，比如企業註冊地、組織形式、總部地址、企業的業務性質和主要經營活動等；財務報表的編製基礎；遵循企業會計準則的聲明；重要會計政策和會計估計；會計政策和會計估計變更以及差錯更正的說明；報表重要項目的說明；或有和承諾事項、資產負債表日後非調整事項、關聯方關係及其交易等需要說明的事項；有助於財務報表使用者評價企業管理資本的目標、政策及程序的信息等。

第七節　財務報表的分析

一、財務報表分析的概念

財務報表分析，又稱為財務分析，是指以企業財務會計報告中的有關數據為基礎，並結合其他有關信息，運用專門的方法對企業的財務狀況、經營成果和現金流量情況進行分析計算，以便通過計算結果進行綜合比較和評價，為有關人員提供參考的一項

管理活動。財務報表分析產生於19世紀末20世紀初的美國，最先由美國的銀行家所倡導。當時是發放貸款的銀行為了保障其貸款資金的安全性而對接受貸款企業進行信用調查的一種手段，以后隨著經濟的發展，財務報表分析的服務範圍擴大，分析內容增加，分析方法增多，財務報表分析發展成為了一門獨立學科。

二、財務報表分析的內容

一套完整的財務報表至少應當包括「四表一註」，因此，財務報表分析通過對資產負債表、利潤表、現金流量表、所有者權益變動表、附註等會計信息的分析，可以揭示企業財務狀況、經營成果和現金流量變動的情況及其影響因素。企業償債能力分析、企業營運能力分析、企業盈利能力分析、現金流量分析、發展能力分析、投資價值分析以及它們之間相互聯繫、相互制約的辯證關係的綜合分析，就構成了財務報表分析的基本內容。

三、財務報表分析的步驟

不同的利益相關者，對財務報表分析的要求不同，內容也有所不同，進行分析時沒有一種固定不變的步驟，也不存在唯一通用的分析程序與方法。因此，財務分析的具體步驟和程序，是根據分析目的、分析的方法和特定的分析對象，由分析人員根據分析對象的需要而設計的。財務報表分析的一般步驟如下：
（1）根據分析對象的需要收集有關信息；
（2）根據分析目的把整體的各個部分分類歸納整理，使之符合需要；
（3）採用一定的分析方法進行具體分析；
（4）撰寫分析報告。

四、財務報表分析的意義

企業財務報表按照統一的格式，以會計特有的語言全面、完整地反應了企業的財務狀況、經營成果和現金流量等信息，是企業會計信息使用者瞭解企業生產經營管理過程和結果的重要窗口，但是財務報表提供的數據還不能直接反應企業經營狀況的好壞、經營成果的高低、盈利能力的強弱以及未來的發展趨勢，因此要採用專門的方法，通過一系列財務指標來進行財務報表分析。通過分析可以評價企業過去的經營業績；審視現在的財務狀況、經營成果、現金流量；預測企業未來的發展趨勢。財務報表分析的意義具體體現在以下幾個方面：

（1）有利於投資者的投資決策和經濟預測。投資者最關注的是投資風險和投資報酬，通過財務報表分析可以為他們提供總資產利潤率、每股收益、每股淨資產等指標，為投資者的決策和預測提供參考。

（2）有利於債權人做出信用決策和經濟預測。金融機構、原料供應商最關注的是公司的信用狀況，通過財務報表分析可以評價企業的短期償債能力和長期償債能力，通過財務報表分析可以為金融機構、原料供應商等債權人提供流動比率、資產負債率、權益比率、利息保障倍數等指標，為債權人的有關決策和經濟預測提供參考。

（3）為政府部門制定宏觀政策和經濟預測提供參考。通過財務報表分析可以提供營業收入總額及變動情況、交稅總額及變動情況等統計數據，為政府部門制定產業、

財政、稅收、金融、貿易等政策和進行宏觀經濟預測提供參考。

（4）有利於企業管理層進行經營管理決策。通過財務報表分析，企業管理層可以看到企業的資金是否能維持日常所需，採用什麼方式籌集資金成本最低，庫存存貨週轉得快不快，銷售利潤率及其變化等，為企業管理層做出生產經營決策提供參考。

（5）有利於企業職工瞭解企業盈利與職工薪酬之間是否適應。企業職工最關注的是公司提供的就業機會及其穩定性、勞動報酬高低和職工福利好壞等信息，通過財務報表分析，職工可以看到企業管理層的薪酬、職工的薪酬水平、企業支付給職工以及為職工支付的現金等信息。

（6）有利於其他機構、組織、個人進行預測和決策。比如仲介機構（註冊會計師、諮詢人員等），註冊會計師通過會計報表分析可以確定審計的重點；比如財務分析師，在一些國家「財務分析師」已成為專門職業，他們為各類報表使用人提供專業諮詢；比如社會公眾（潛在的投資者），他們關注公司的現狀及發展前景信息，尋找投資機會，做出投資決策。

五、財務報表分析的局限性

（1）報表數據不真實導致分析結果不真實。由於會計準則、制度本身的可選擇性和會計人員的職業判斷能力不同，財務報表數據不能絕對地客觀真實，有的企業做假帳，導致財務報表數據不真實，使財務報表分析結果不真實。

（2）某些情況下造成財務報表分析結果不具可比性。企業多元化經營造成不可比，會計政策運用方面的彈性也造成不可比，因此，某些情況下造成財務報表分析結果不具可比性。

（3）很難準確地預測未來。財務分析是以歷史數據為依據進行的分析，它可以揭示過去的情況，對未來的預測也有一定的作用，但是，卻很難準確地預測未來。

六、財務報表分析的基本方法及其應用

（一）財務報表分析的基本方法

財務報表分析所運用的基本方法一般包括比較分析法、比率分析法、趨勢分析法和因素分析法等。

1. 比較分析法

比較分析法是通過對兩個或兩個以上有關的可比數據（或指標）進行對比，計算其差異額，分析和判斷企業財務狀況和經營成果的一種方法。比較分析法是會計報表分析最常用，也是最基本的方法。運用比較分析法時，要注意對比指標之間的可比性，這個可比性是指互相比較的指標必須在指標內容、計價基礎、計算口徑、時間長度等方面保持一致；如果是企業之間進行同類指標比較，還要注意企業之間的可比性。比較分析法只適用於同質指標之間的比較分析。

比較分析法又可以分為兩種，一種是絕對數比較分析法，另一種是相對數比較分析法。

（1）絕對數比較分析法是將各有關財務報表項目的數額與比較對象進行比較的分析方法。用於比較的數據可以進行縱向比較，即將企業不同時期的有關指標進行對比，或將企業的本期實際數與計劃或預算數進行對比，以評價企業業績；也可以進行橫向

比較，即與同行業平均數或競爭對手進行比較，以評價本企業在市場中的競爭力。絕對數比較分析可用下列公式表示：

報告期實際指標數額較基期的增減額＝報告期實際完成的金額－基期實際完成的金額

由於絕對數增減變動的結果仍然是絕對數，無法消除總量因素的影響，因此，為消除項目絕對數對規模因素的影響，可以採用相對數比較分析法。

(2) 相對數比較分析法是將企業不同時期的重要財務指標進行對比，計算其變動差異及變動百分比的一種分析方法。計算公式為：

增減變動百分比＝（報告期實際完成的金額－基期實際完成的金額）÷基期實際完成的金額×100%

2. 比率分析法

比率分析法是指通過計算有內在聯繫的兩個指標的比例關係，揭示企業經濟活動變動程度的一種分析方法。比率是相對數，能夠把某些條件下的不可比指標變為可比指標，有利於進行分析。比率指標主要有三種類型：結構比率、相關比率、效率比率。

(1) 結構比率

結構比率又稱構成比率，是某項財務指標的各個組成部分的金額占總體金額的比重，反應部分與總體之間的關係，比如在企業總資產中，流動資產、固定資產、無形資產等占總資產的比重。構成比率的計算公式為：

構成比率＝某一組成部分的金額÷總體的金額×100%

通過構成比率分析，可以考察總體中某個部分的形成或安排的合理性，便於協調工作，使其趨於合理，保障企業生產經營活動的順利進行。

(2) 相關比率

相關比率是用某個指標與相關但性質又不相同的另一個指標進行對比所得到的比率，可以反應有關經濟活動之間的相互關係。通過計算相關比率指標，可以考察有聯繫的業務是否安排合理，為企業經濟活動的順利進行提供保障。比如將負債總額與資產總額加以對比，計算出負債比率，用於判斷企業的償債能力。

(3) 效率比率

效率比率是經濟活動中所費與所得的比率，反應投入與產出之間的關係。利用效率比率指標，可以進行得失比較，考察企業的經營成果，評價企業的經濟效益。比如將利潤項目與銷售收入、銷售成本、資本等項目加以對比，可計算出銷售利潤率、成本利潤率、資本報酬率等利潤率指標，從不同角度分析比較企業的獲利能力高低及變化。

比率分析法計算簡便，計算結果容易判斷，在不同規模企業之間也可以進行比較。但是，在運用比率分析法進行計算時應注意對比項目要相關，對比口徑要一致，衡量標準要科學。如果對比指標不相關，對比口徑不一致，衡量標準不科學，財務分析人員就不能正確評價企業有關經濟活動之間是否協調、均衡，安排是否合理、適當，就不能為財務報表使用者提供有用的參考資料。

3. 趨勢分析法

趨勢分析法是通過對比兩期或連續若干期財務報表中的相同指標，確定其變動方向、數額、幅度，以便說明企業財務狀況、經營成果、現金流量變動趨勢和規律的一

種分析方法。運用趨勢分析法進行財務報表分析主要有以下三種方式：

(1) 重要財務指標或比率的比較

重要財務指標或比率的比較，是利用財務報表提供的數據資料，將不同時期財務報表中的相同指標或比率進行比較，通過比較，直接觀察其增減變動情況及變動幅度，考察其發展趨勢，預測其發展前景。比如，通過比較連續 3 年的營業利潤率（營業利潤÷營業收入）的變動情況，就可以瞭解營業利潤率在這 3 年的變動趨勢，並據此預測未來的營業利潤率情況。

(2) 財務報表項目變動金額及幅度的比較

財務報表項目變動金額及幅度的比較，是將連續多期的財務報表金額並列在一起，比較那些相同指標的變動金額和變動幅度，以便說明企業財務狀況、經營成果、現金流量變動趨勢和規律的一種分析方法。比如，通過比較連續 3 年的銷售收入的變動情況，就可以瞭解銷售收入在這 3 年的變動趨勢，並據此預測未來的銷售收入情況。

(3) 財務報表項目金額構成的比較

財務報表項目金額構成的比較，是以財務報表中某個總體指標作為 100%，再計算出該總體指標中的每個組成指標占該總體指標的百分比，然后比較各個組成指標百分比的變動情況，以此來判斷企業有關財務活動變化趨勢的一種分析方法。它是在財務報表項目金額比較的基礎上發展而來的。一般來說，用作 100%表示的項目，在資產負債表中為資產總額、負債總額、所有者權益總額，在利潤表中為銷售收入總額。

4. 因素分析法

因素分析法就是從數量上來確定一個綜合經濟指標所包含的各個因素的變動對該指標影響方向和影響程度的一種分析方法。運用這一方法的出發點是當有若干因素對綜合指標發生影響作用時，假定其他因素都不會發生變化，順序確定每一個因素單獨發生變化后所產生的影響。

常用的因素分析法有兩種，一種是連環替代法，另一種是差額計算法。

(1) 連環替代法

連環替代法是把綜合財務指標分解為各個可以計量的因素，然后根據各個因素之間的依存關係，依次用每個因素的比較值替代基準值，分別測定各個因素變動對綜合財務指標的影響方向和影響程度的一種分析方法。連環替代法的計算程序是：首先把綜合財務指標分解為幾個因素；其次將各因素排序，一般數量指標在前，質量指標在后主要因素在前，次要因素在后；最后按一定的順序依次替代每個因素，測算各個因素對指標變動的影響方向和程度。

(2) 差額計算法

差額計算法是連環替代法的簡化形式，基本原理是相同的，只不過它是以各個因素的比較值與基準值之差來測算各個因素變動對綜合財務指標的影響方向和影響程度的一種分析方法。

除了上述提到的四種財務報表分析的方法外，還有一些綜合性更強的方法，比如杜邦財務分析體系、雷達圖分析法、沃爾比重評分法、財務預警分析法等，這些方法將在后續的專業課程中作詳細介紹。這些方法能將企業的償債能力、營運能力、盈利能力、發展能力等各方面的分析納入一個有機的整體之中，將各項財務分析指標作為一個整體，全面、系統、綜合地對企業財務狀況、經營成果、現金流量進行分析和評

價,揭示企業整體經營情況、財務狀況、經濟效益的好壞。

(二) 常用財務指標的分析及應用

企業常用的財務分析指標一般包括償債能力指標、資產營運能力指標、盈利能力指標、發展能力指標。

1. 償債能力指標的分析及應用

償債能力是指企業償還到期債務的能力。償債能力可以分為短期償債能力和長期償債能力,短期償債能力是指企業償還 1 年內(含 1 年)到期的短期債務的能力,長期償債能力是指企業償還 1 年以上到期的長期債務的能力。因此,償債能力指標包括短期償債能力指標和長期償債能力指標。

(1) 短期償債能力指標的分析及應用

短期償債能力是衡量企業當前財務能力,特別是流動資產變現能力的重要標誌。短期償債能力指標在這裡只介紹兩個:流動比率、速動比率。

①流動比率

流動比率是企業流動資產總額與流動負債總額的比率。計算公式如下:

$$流動比率 = \frac{流動資產}{流動負債} \times 100\%$$

一般來說,流動比率越高,企業償還流動負債的能力越強,但是也不應過高或者過低,國際上認為流動比率 2:1 是比較合適的。

【例8-8】邕桂公司 20×5 年資產負債表和利潤表的簡化格式如表 8-12 和表 8-13 所示。假設邕桂公司所得稅稅率為 25%,財務費用均為利息支出。

表 8-12　　　　　　　　資產負債表(簡化格式)　　　　　　　會企 01 表

編製單位:邕桂公司　　　　　　20×5 年 12 月 31 日　　　　　　單位:萬元

資產	期末余額	年初余額	負債和股東權益	期末余額	年初余額
流動資產:			流動負債:		
貨幣資金	450	400	短期借款	1,150	1,000
應收票據	250	500	應付票據		
應收帳款	650	600	應付帳款	600	500
預付款項	35	20	預收款項	200	150
存貨	2,600	2,000	其他應付款	50	50
一年內到期的非流動資產			流動負債合計	2,000	1,700
其他流動資產	40	30	非流動負債:		
流動資產合計	4,025	3,550	長期借款	1,250	1,000
非流動資產:			非流動負債合計	1,250	1,000
持有至到期投資	200	200	負債合計	3,250	2,700
固定資產	7,000	6,000	股東權益:		
無形資產	275	250	實收資本(或股本)	6,000	6,000

表8-12(續)

資產	期末余額	年初余額	負債和股東權益	期末余額	年初余額
非流動資產合計	7,475	6,450	盈余公積	800	800
			未分配利潤	1,450	500
			所有者權益（或股東權益）合計	8,250	7,300
資產總計	11,500	10,000	負債和所有者權益合計	11,500	10,000

表 8-13　　　　　　　　　　利潤表（簡化格式）

會企02表

編製單位：邕桂公司　　　　　20×5 年　　　　　　　　　單位：萬元

項目	本期金額	上期金額
一、營業收入	10,600	9,400
減：營業成本	6,200	5,450
營業稅金及附加	600	540
銷售費用	950	810
管理費用	500	400
財務費用	150	100
資產減值損失		
加：公允價值變動收益（損失以「-」號填列)		
投資收益（損失以「-」號填列)	150	150
其中：對聯營企業和合營企業的投資收益		
二、營業利潤（虧損以「-」號填列)	2,350	2,250
加：營業外收入	75	50
其中：非流動資產處置利得		
減：營業外支出	325	300
其中：非流動資產處置損失		
三、利潤總額（虧損總額以「-」號填列)	2,100	2,000
減：所得稅費用	525	500
四、淨利潤（淨虧損以「-」號填列)	1,575	1,500
五、其他綜合收益		
六、綜合收益總額		
七、每股收益		
(一)基本每股收益		
(二)稀釋每股收益		

根據上述資料計算的流動比率如下：

邕桂公司 20×5 年年初流動比率 = 3,550÷1,700×100% = 208.82%

邕桂公司 20×5 年年末流動比率 = 4,025÷2,000×100% = 201.25%

從以上計算結果可以看出邕桂公司的流動比率較高，雖然年末比年初有所下降，但還是超過了國際公認標準，說明該企業的短期償債能力較強。

②速動比率

速動比率是企業速動資產總額與流動負債總額的比率。速動資產是從流動資產中扣除變現能力較差的部分后的剩餘金額，包括貨幣資金、交易性金融資產、應收帳款和應收票據，由於扣除了變現能力較差的流動資產，因此，速動比率能更加可靠地評價企業的短期償債能力。計算公式為：

$$速動比率 = \frac{速動資產}{流動負債} \times 100\%$$

式中，速動資產 = 流動資產 - 存貨 - 預付款項 - 一年內到期的非流動資產 - 其他流動資產。

一般來說，速動比率越高，企業償還流動負債的能力越強，但是也不應過高或者過低，國際上認為速動比率 1∶1 是比較合適的。

【例 8-9】根據表 8-12 的有關資料計算的速動比率如下：

邕桂公司 20×5 年年初速動比率 =（400+500+600）÷1,700×100% = 88.24%

邕桂公司 20×5 年年末速動比率 =（450+250+650）÷2,000×100% = 67.5%

從以上計算結果可以看出邕桂公司的速動比率較低，本年末比年初更低，而且都低於國際公認標準，說明該企業的短期償債能力較弱，原因是邕桂公司流動資產中的存貨較多，由於存貨變現能力較差，因此雖然公司流動比率較高，仍可能面臨較大的償債風險。

(2) 長期償債能力指標的分析及應用

反應長期償債能力的指標有很多，在這裡只介紹兩個：資產負債率、產權比率。

①資產負債率

資產負債率又稱為負債比率，是指企業所有負債總額與所有資產總額的比率。這個指標表明企業所有資產總額中通過舉借債務籌資的資金總額所占的比重，是衡量企業長期償債能力的一個重要指標。計算公式為：

$$資產負債率 = \frac{負債總額}{資產總額} \times 100\%$$

如果從企業所有者和經營者的角度來看，適當的負債是有益的；如果從債權人的角度來看，該比率越小越好。一般來說，資產負債率越小，表明企業償還債務的能力越強，但是也不應過高或者過低。國際上認為該比率為 0.6 是比較合適的。

【例 8-10】根據表 8-12 的有關資料計算的資產負債率如下：

邕桂公司 20×5 年年初資產負債率 = 2,700÷10,000×100% = 27%

邕桂公司 20×5 年年末資產負債率 = 3,250÷11,500×100% = 28.26%

從以上計算結果可以看出邕桂公司的資產負債率較低，而且都低於國際公認標準，說明該企業的長期償債能力較強，表明企業所有者權益對債權人權益的保障程度較高，債權人對企業充滿信心。

②產權比率

產權比率又稱為資本負債率，是指企業負債總額與所有者權益總額的比率，這個指標能夠反應出企業所有者權益對債權人權益的保障程度。計算公式為：

$$產權比率 = \frac{負債總額}{股東權益總額} \times 100\%$$

如果從債權人的角度來看，該比率越低越好，比率越低，風險就越小，債權人權益的保障程度就越高。如果從投資人的角度來看，只要資產報酬率高於貸款利率，則希望這個比率越高越好。因此，在評價資本負債率是否適度時，應權衡企業獲利能力和償債能力這二者的內在關係，在保障債權人權益的情況下，企業可以盡量提高資本負債率。

【例8-11】根據表8-12的有關資料計算的產權比率如下：

邕桂公司20×5年年初產權比率 = 2,700÷7,300×100% = 36.99%
邕桂公司20×5年年末產權比率 = 3,250÷8,250×100% = 39.39%

從以上計算結果可以看出邕桂公司的產權比率較低，說明該企業的財務結構比較穩健，企業以自有資金承擔償債風險的能力較強，表明企業所有者權益對債權人權益的保障程度較高。

2. 資產營運能力指標的分析及應用

資產營運能力是指資產有效配置賺取利潤的能力，可以分為流動資產營運能力、非流動資產營運能力、總資產營運能力。資產營運能力指標也可以分為流動資產營運能力指標、非流動資產營運能力指標、總資產營運能力指標通過計算這些指標可以分析評價各項資產的運用效率。在這裡主要介紹幾個指標：應收帳款週轉率、存貨週轉率、流動資產週轉率、總資產週轉率。

(1) 應收帳款週轉率

應收帳款週轉率是企業在一定會計期間內的營業收入淨額與平均應收帳款餘額的比率。它的表現形式有兩種：應收帳款週轉次數、應收帳款週轉天數。計算公式為：

$$應收帳款週轉次數 = = \frac{營業收入淨額}{平均應收帳款餘額}$$

$$應收帳款週轉天數或週轉期 = \frac{計算期天數}{應收帳款週轉次數}$$

公式中的平均應收帳款餘額是這樣確定的：

平均應收帳款餘額 = (期初應收帳款餘額+期末應收帳款餘額) ÷2

這裡的應收帳款餘額是指未扣除「壞帳準備」的應收帳款金額。

公式中的計算期天數一般是這樣確定的：年度一般為360天，季度一般為90天，月份一般為30天。

從企業的角度看，在一定會計期間內，應收帳款週轉次數越多或週轉天數越少，表明企業應收帳款收回的速度越快，發生的壞帳損失和收帳費用就越少，企業資產的營運能力就越強，企業對資產的管理水平和利用效率就越高。

【例8-12】根據表8-12和表8-13的有關資料計算的邕桂公司20×5年應收帳款週轉率如下：

平均應收帳款餘額 = (650+600) ÷2 = 625 (萬元)

應收帳款週轉次數＝10,600÷625＝16.96（次）
應收帳款週轉天數或週轉期＝360÷16.96＝21.23（天）
或者：
應收帳款週轉天數或週轉期＝625×360÷10,600＝21.23（天）

從以上計算結果可以看出：邕桂公司的應收帳款週轉次數多，週轉天數也比較短，說明該企業應收帳款的流動性比較強，但是還要與本企業前期或歷史最好水平對比，與同行業先進水平對比才能看出本企業對應收帳款的管理水平和利用效率。

(2) 存貨週轉率

存貨週轉率是企業在一定會計期間內的營業成本淨額（或銷貨成本淨額）與平均應收帳款余額的比率。它的表現形式有兩種：存貨週轉次數、存貨週轉天數。計算公式為：

$$存貨週轉次數 = \frac{銷貨成本}{平均存貨余額}$$

$$存貨週轉天數或週轉期 = \frac{計算期天數}{存貨週轉次數}$$

平均存貨余額＝（期初存貨余額＋期末存貨余額）÷2

這裡的存貨余額是指未扣除「存貨跌價準備」的存貨金額。

從企業的角度看，在一定會計期間內，存貨週轉次數越多或週轉天數越少，表明企業存貨週轉的速度越快，企業資產的營運能力越強，企業對資產的管理水平和利用效率就越高。

【例8-13】根據表8-12和表8-13的有關資料計算的邕桂公司20×5年存貨週轉率如下：

平均存貨余額＝（2,600＋2,000）÷2＝2,300（萬元）
存貨週轉次數＝6,200÷2,300＝2.7（次）
存貨週轉天數或週轉期＝360÷2.7＝133.55（天）
或者：
存貨週轉天數或週轉期＝2,300×360÷6,200＝133.55（天）

從以上計算結果可以看出：邕桂公司的存貨週轉次數少，週轉天數也比較長，說明該企業存貨的流動性比較差，但是還要與本企業前期或歷史水平對比，與同行業水平對比才能看出本企業對存貨的管理水平和利用效率。

(3) 流動資產週轉率

流動資產週轉率是企業在一定會計期間內的營業收入淨額與平均流動資產總額的比率。它的表現形式有兩種：流動資產週轉次數、流動資產週轉天數。計算公式為：

$$流動資產週轉次數 = \frac{營業收入淨額}{平均流動資產總額}$$

$$流動資產週轉天數或週轉期 = \frac{計算期天數}{流動資產週轉次數}$$

平均流動資產總額＝（期初流動資產總額＋期末流動資產總額）÷2

從企業的角度來看，在一定會計期間內，流動資產週轉次數越多或週轉天數越少，表明企業流動資產變現的速度越快，企業流動資產的營運能力越強，企業對流動資產

的管理水平和利用效率就越高。

【例8-14】根據表8-12和表8-13的有關資料計算的邕桂公司20×5年流動資產週轉率如下：

平均流動資產總額＝（4,025+3,550）÷2＝3,787.5（萬元）
流動資產週轉次數＝10,600÷3,787.5＝2.8（次）
流動資產週轉天數或週轉期＝360÷2.8＝128.63（天）

或者：

流動資產週轉天數或週轉期＝3,787.5×360÷10,600＝128.63（天）

從以上計算結果可以看出：邕桂公司的流動資產週轉次數少，週轉天數也比較長，說明該企業流動資產的流動性比較差，主要是受存貨的影響，邕桂公司流動資產中存貨占的比重非常大，而存貨的週轉很慢，從而導致流動資產的週轉速度也快不起來。但是還要與本企業前期或歷史水平對比，與同行業水平對比，才能看出本企業對流動資產的管理水平和利用效率。

（4）總資產週轉率

總資產週轉率是企業在一定會計期間內的營業收入淨額與平均資產總額的比率。它的表現形式有兩種：總資產週轉次數、總資產週轉天數。計算公式為：

$$總資產週轉率＝\frac{營業收入淨額}{平均資產總額}$$

$$總資產週轉天數＝\frac{計算期天數}{總資產週轉次數}$$

平均資產總額＝（期初資產總額+期末資產總額）÷2

從企業的角度看，在一定會計期間內，總資產週轉次數越多或週轉天數越少，表明企業總資產的週轉速度越快，企業對資產的管理水平和利用效率就越高，帶來的利潤越多，企業對債權人權益的保障程度越高，企業的發展能力越強。

【例8-15】根據表8-12和表8-13的有關資料計算的邕桂公司20×5年總資產週轉率如下：

平均資產總額＝（11,500+10,000）÷2＝10,750（萬元）
總資產週轉次數＝10,600÷10,750＝0.99（次）
總資產週轉天數或週轉期＝360÷0.99＝365.09（天）

或者：

總資產週轉天數或週轉期＝10,750×360÷10,600＝365.09（天）

從以上計算結果可以看出：邕桂公司的總資產一年週轉了一次，週轉期為365天，說明該企業總資產的營運能力比較差，主要是受存貨的影響，邕桂公司總資產中存貨占的比重非常大，而存貨的週轉很慢，從而導致總資產的週轉速度也快不起來。但是還要與本企業前期或歷史水平對比，與同行業水平對比，才能看出本企業對資產的管理水平和利用效率。

3. 盈利能力指標的分析及應用

盈利能力是指企業投入一定的資源賺取利潤的能力。反應企業盈利能力的指標很多，在這裡只介紹三個：總資產報酬率、營業利潤率、成本費用利潤率。

(1) 總資產報酬率

總資產報酬率是企業在一定會計期間內獲得的報酬總額（息稅前利潤總額）占平均資產總額的百分比，用來分析評價企業運用全部資產獲利的能力，也是分析評價企業利用債權人和所有者的資本所取得盈利的重要指標。計算公式如下：

$$總資產報酬率 = \frac{息稅前利潤總額}{平均資產總額} \times 100\%$$

公式中的息稅前利潤總額＝利潤總額＋利息支出＝淨利潤＋所得稅＋利息支出

一般情況下，總資產報酬率越高，表明企業獲利能力越強，經營管理水平越高，企業的資產利用效益越好。

【例8-16】根據表8-12和表8-13的有關資料計算的邕桂公司20×5年總資產報酬率如下：

平均資產總額＝（11,500+10,000）÷2＝10,750（萬元）

總資產報酬率＝（2,100+150）÷10,750×100%＝20.93%

從以上計算結果可以看出：邕桂公司20×5年的總資產報酬率為20.93%，但是該公司本年度總資產的獲利能力是強還是弱，還要與本企業前期或歷史水平對比，與同行業水平對比才能進行分析評價。

(2) 營業利潤率

營業利潤率是企業在一定會計期間內的營業利潤總額與營業收入總額的比率。它是用來分析評價企業營業收入的獲利能力，也是分析評價企業市場競爭力的重要指標。計算公式如下：

營業利潤率＝營業利潤總額÷營業收入總額×100%

一般情況下，對於投資者和經營者來說，營業利潤率越大越好，營業利潤率越高，表明企業營業收入帶來的利潤越多，反之，則越少。

【例8-17】根據表8-12和表8-13的有關資料計算的邕桂公司20×5年營業利潤率如下：

營業利潤率＝2,350÷10,600×100%＝22.17%

從以上計算結果可以看出：邕桂公司20×5年的營業利潤率為22.17%，但是該公司本年度營業收入的獲利能力是強還是弱，還要與本企業前期或歷史水平對比，與同行業水平對比才能進行分析評價。

(3) 成本費用利潤率

成本費用利潤率是企業在一定會計期間內的利潤總額與成本費用總額的比率。它是一個所得與所費的比率，反應了企業為獲取利潤而付出的代價。計算公式如下：

$$成本費用利潤率 = \frac{利潤總額}{成本費用總額} \times 100\%$$

成本費用總額＝營業成本＋營業稅金及附加＋管理費用＋財務費用＋銷售費用

一般情況下，對於投資者和經營者來說，成本費用利潤率越大越好，成本費用利潤率越高，表明企業為獲取利潤而付出的代價越少，反之，則越多。

【例8-18】根據表8-12和表8-13的有關資料計算的邕桂公司20×5年成本費用利潤率如下：

成本費用利潤率＝2,100÷（6,200+600+950+500+150）×100%＝25%

從以上計算結果可以看出邕桂公司 20×5 年的成本費用利潤率為 25%，但是該公司本年度成本費用的控制水平怎麼樣，為獲取利潤而付出的代價怎麼樣，還要與本企業前期或歷史水平對比，與同行業水平對比才能進行分析評價。

4. 發展能力指標的分析及應用

發展能力是企業在生存的基礎上，擴大規模，壯大實力的潛在能力。反應企業發展能力的指標主要有八項：營業收入增長率、資本保值增值率、資本累積率、總資產增長率、營業利潤增長率、技術投入比率、營業收入三年平均增長率和資本三年平均增長率。在這裡只介紹其中的四個：營業收入增長率、資本保值增值率、總資產增長率、營業利潤增長率。

四個指標的有關資料如表 8-14 所示。

表 8-14　　　　　　　　　四個指標的有關資料

發展能力指標	概念	計算公式	舉例（根據表 8-12 和表 8-13 的有關資料）
營業收入增長率	企業當年營業收入增長額與上年營業收入總額的比率	當年營業收入增長額÷上年營業收入總額×100% 其中：當年營業收入增長額＝年末營業收入－年初營業收入	(10,600－9,400)÷9,400×100%＝12.77%
資本保值增值率	企業扣除客觀因素後的本年末所有者權益總額與年年初所有者權益總額的比率	扣除客觀因素後的本年年末所有者權益總額÷年初所有者權益總額×100%	假設無客觀因素，則資本保值增值率＝8,250÷7,300×100%＝113.01%
總資產增長率	企業當年總資產增長額同年初資產總額的比率	當年總資產增長額÷年初資產總額×100% 其中：當年總資產增長額＝年末資產總額－年初資產總額	(11,500－10,000)÷10,000×100%＝15%
營業利潤增長率	企業當年營業利潤增長額與上年營業利潤總額的比率	當年營業利潤增長額÷上年營業利潤總額×100% 其中：當年營業利潤增長額＝當年營業利潤總額－上年營業利潤總額	(2,350－2,250)÷2,250×100%＝4.44%

思考題：

1. 「四表一註」包括哪些內容？
2. 財務報表列報的基本要求有哪些？
3. 我國資產負債表採用什麼格式？列示的主要內容有哪些？
4. 我國利潤表採用什麼格式？列示的主要內容有哪些？
5. 財務報表有什麼意義？
6. 財務報表為什麼要列報比較信息？
7. 財務報表分析有什麼意義？
8. 現金流量表中的「現金」包括哪些內容？

第九章 帳務處理程序

【學習要求】

通過本章的學習，讀者需要掌握如何根據企業規模大小選擇合適的帳務處理程序；熟悉記帳憑證帳務處理程序、匯總記帳憑證帳務處理程序、科目匯總表帳務處理程序的特點、優缺點和適用範圍，能夠熟練運用這幾種帳務處理程序。

【案例】

管理與流程

肯德基和麥當勞的管理理念是：一流的流程，二流的管理，三流的員工。他們的流程，每一個動作都是有規範的，任何一件事情都是。比如烤爐的溫度是多少，下鍋的時間是多少，先做什麼，后做什麼，全部都是有流程規範的。總之就是流程規範化，管理人性化，人員機械化。他們有著世界上最好的流程規範，能精確控制每一個細節。而會計核算也需要規範的流程，怎樣設計與本單位規模大小、業務類型相符合的會計處理流程，以保證會計工作有秩序、高效地進行呢？

第一節　帳務處理程序概述

一、帳務處理程序的意義

帳務處理程序是指帳簿組織與記帳程序有機結合產生會計信息的步驟和方法，也稱之為會計核算程序或會計核算形式。其基本內容包括填製會計憑證，根據會計憑證登記各種帳簿，根據帳簿記錄提供會計信息這一整個過程的步驟和方法。其中帳簿組織是指帳簿的種類、格式和各種帳簿之間的相互關係；記帳程序是指運用一定的記帳方法，從填製和審核會計憑證、登記帳簿到編製會計報表的步驟與過程。如何組織會計憑證、會計帳簿和會計報表的編製，與企業的記帳程序有著直接關係。即使是對於同樣的經濟業務，如果採用的記帳程序不同，所選用的會計憑證、會計帳簿和會計報表的種類與格式也有所不同。不同種類與格式的會計憑證、會計帳簿、會計報表與一定的記帳程序相結合，就形成了在做法上有著一定區別的帳務處理程序。

科學、合理地設計帳務處理程序，是會計部門和會計人員的一項重要工作，對保證能夠準確、及時提供系統而完整的會計信息，具有十分重要的意義。科學、合理地設計帳務處理程序，可以保證憑證填製、帳簿登記、報表編製工作有秩序地進行，提

高核算工作效率；使提供的數據及時、清晰，能滿足企業內外部會計信息使用者的需要；簡化帳務處理程序；便於組織會計核算的分工、協作。

科學合理地設計帳務處理程序應滿足如下要求：
(1) 要適應企業單位的規模大小、業務簡繁、業務類型的特點和核算工作的基礎；
(2) 要能保證提供的會計數據正確、及時、全面、系統；
(3) 要能簡化財務處理程序，節約人力和物力，提高核算工作效率。

二、帳務處理程序的種類

在我國會計核算的實踐中，帳務處理程序主要有記帳憑證帳務處理程序、科目匯總表帳務處理程序、匯總記帳憑證帳務處理程序、多欄式日記帳帳務處理程序和日記總帳帳務處理程序五種。但常用的主要是前三種。

各帳務處理程序的共同點主要包括：①根據原始憑證編製記帳憑證；②根據原始憑證（或原始憑證匯總表）和記帳憑證登記日記帳和明細帳；③根據帳簿記錄編製會計報表。

各帳務處理程序的主要區別在於登記總帳的依據和程序不同。有些帳務處理程序是根據記帳憑證直接登記總帳的，如記帳憑證帳務處理程序和日記總帳帳務處理程序；有些帳務處理程序是先將記帳憑證進行匯總，再根據匯總后的憑證登記總帳，如科目匯總表帳務處理程序和匯總記帳憑證帳務處理程序；有些既要通過匯總憑證，又要通過匯總日記帳，再據此登記總帳，如多欄式日記帳帳務處理程序。

第二節　記帳憑證帳務處理程序

一、記帳憑證帳務處理程序的特點

記帳憑證帳務處理程序是根據記帳憑證登記總分類帳的一種帳務處理程序。其特點是直接根據記帳憑證，逐筆登記總分類帳。它是最基本的一種帳務處理程序，其他各種帳務處理程序，都是以它為基礎發展演化而成的。

二、記帳憑證帳務處理程序的憑證和帳簿組織

採用記帳憑證帳務處理程序時，其憑證組織與帳簿組織無特別的要求，在憑證組織方面，可以採用專用記帳憑證，即收款憑證、付款憑證和轉帳憑證，也可以採用通用記帳憑證；在帳簿組織方面，需要設置的帳簿主要包括特種日記帳（庫存現金日記帳和銀行存款日記帳）和分類帳（總分類帳和明細分類帳）。其中特種日記帳和總帳一般採用三欄式；明細帳則可視業務特點和管理需要，採用三欄式、數量金額式或多欄式等。在記帳程序上，主要的特點是直接根據記帳憑證登記總帳。

三、記帳憑證帳務處理程序的步驟
(1) 根據原始憑證或原始憑證匯總表填製記帳憑證。
(2) 根據收款憑證、付款憑證逐筆登記庫存現金日記帳和銀行存款日記帳。
(3) 根據各種記帳憑證及其所附的原始憑證或原始憑證匯總表登記各種明細分

類帳。

(4) 根據記帳憑證直接逐筆登記總分類帳。

(5) 將庫存現金日記帳、銀行存款日記帳的余額以及各種明細分類帳的余額或余額合計數，分別與總分類帳中有關帳戶的余額進行核對相符。

(6) 月末，根據核對無誤的總分類帳和各種明細分類帳的記錄編製會計報表。

記帳憑證帳務處理程序的步驟如圖 9-1 所示。

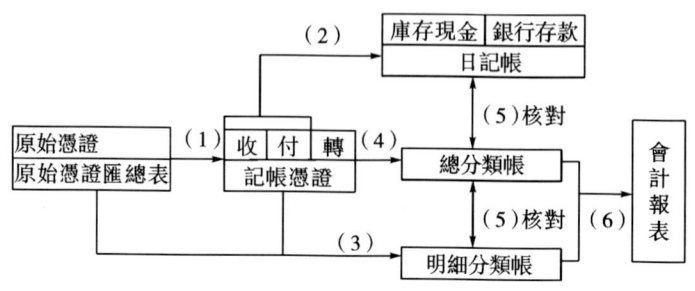

圖 9-1　記帳憑證帳務處理程序的步驟

四、記帳憑證帳務處理程序的優缺點及適用範圍

(1) 優點：手續簡便，易於掌握，並且在帳簿中能反應經濟業務的來龍去脈，直觀地反應會計處理的全過程。

(2) 缺點：由於登記總帳是根據記帳憑證逐筆登記的，倘若企業規模大，經濟業務量多，勢必登記總帳的工作量相對也就很大。

(3) 適用範圍：一般適用於規模小、經濟業務量較少的單位。

第三節　科目匯總表帳務處理程序

一、科目匯總表帳務處理程序的特點

科目匯總表帳務處理程序，是根據記帳憑證定期編製科目匯總表，再根據科目匯總表登記總分類帳的一種帳務處理程序。

科目匯總表帳務處理程序是在記帳憑證核算形式的基礎上，針對記帳憑證數量多的特點，為減輕登記總分類帳工作量而產生的一種方法。其主要特點是定期（一般為每隔五日或每旬）將會計期間內全部的記帳憑證匯總編製成科目匯總表（即記帳憑證匯總表），然后再根據科目匯總表登記總分類帳。

二、科目匯總表帳務處理程序的憑證和帳簿組織

在科目匯總表的核算形式下，與記帳憑證核算形式不同的是其憑證組織方面，除仍應設置收款、付款和轉帳等記帳憑證外，還應設置「科目匯總表」。

在帳簿組織方面則與記帳憑證帳務處理程序的設置基本相同。即應設置庫存現金日記帳、銀行存款日記帳、各種總分類帳和明細分類帳。庫存現金日記帳、銀行存款

日記帳一般採用三欄式的帳頁。由於據以登記總分類帳的科目匯總表只匯總填列各科目的借方發生額和貸方發生額，而不反應他們的對應關係，所以在這種會計核算形式下，總分類帳一般採用不設「對方科目」的三欄式的格式。各種明細分類帳應根據所記錄的經濟業務內容和經營管理上的要求，採用三欄式、數量金額式或多欄式等帳頁。

三、科目匯總表的編製方法

科目匯總表，又稱記帳憑證匯總表，是根據一定時期內的所有的收款憑證、付款憑證和轉帳憑證，按照相同的會計科目進行歸類，分借、貸方定期（如十天或一個月）匯總每一會計科目的本期發生額，填寫在科目匯總表的借方發生額和貸方發生額欄內並分別相加，以反應全部會計科目在一定期間借、貸方發生額。按照匯總的時間不同，科目匯總表的格式一般有兩種，如表 9-1 和表 9-2 所示。

表 9-1　　　　　　　　　　按月匯總的科目匯總表

科　目　匯　總　表

年　月　日　　　　　　　　　　　　　　單位：元

會計科目	借方發生額	√	貸方發生額	√	總帳頁數
合計					

表 9-2　　　　　　　　　　按旬匯總的科目匯總表

科　目　匯　總　表

年　月　日　　　　　　　　　　　　　　單位：元

日期	1~10日		11~20日		21~30日		合計		總帳頁數
會計科目	借方	貸方	借方	貸方	借方	貸方	借方	貸方	
合計									

科目匯總表的編製一般採用「兩次歸類匯總法」，即：分別歸類計算出全部記帳憑證的會計科目的借方發生額合計數和貸方發生額合計數後，再分別填列在科目匯總表中相應會計科目欄的借方發生額和貸方發生額中。對於庫存現金帳戶和銀行存款帳戶，也可根據庫存現金日記帳和銀行存款日記帳的本期收支數填列。此外，由於借貸記帳法的記帳規則是「有借必有貸，借貸必相等」，所以在科目匯總表內，全部借方發生額合計數，與貸方發生額合計數相等。登記總帳時，只需要根據科目匯總表中各個會計科目的本期借方發生額和貸方發生額，分次或月末一次記入總分類帳的相應帳戶的借方或貸方即可。

四、科目匯總表帳務處理程序的步驟

(1) 根據原始憑證或原始憑證匯總表填製記帳憑證。
(2) 根據收款、付款憑證逐筆登記庫存現金日記帳和銀行存款日記帳。
(3) 根據各種記帳憑證及其所附的原始憑證或原始憑證匯總表登記各種明細分類帳。
(4) 根據各種記帳憑證定期編製科目匯總表。
(5) 根據科目匯總表登記各種總分類帳。
(6) 庫存現金日記帳、銀行存款日記帳的余額和各種明細分類帳的余額或余額的合計數，分別與對應的總分類帳戶的余額核對相符。
(7) 月末，根據核對無誤的總分類帳和各種明細分類帳的記錄編製會計報表。
科目匯總表帳務處理程序的步驟如圖 9-2 所示。

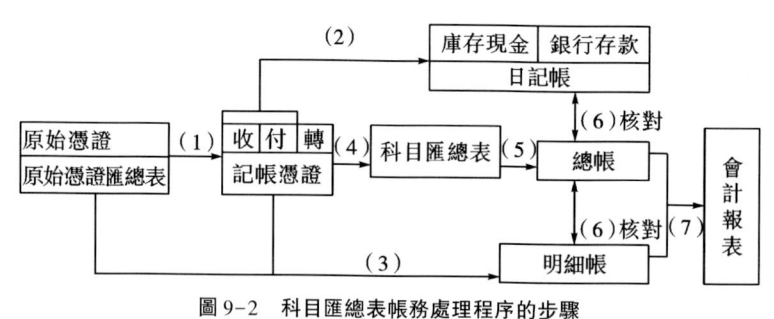

圖 9-2　科目匯總表帳務處理程序的步驟

五、科目匯總表帳務處理程序的優缺點及適用範圍

(1) 優點：依據科目匯總表登記總帳，與記帳憑證帳務處理程序相比，大大減少了登記總帳的工作量，並且匯總的方法簡便易行；另科目匯總表本身還能對所編製的記帳憑證起到試算平衡作用。
(2) 缺點：由於科目匯總表本身只反應各科目的借、貸方發生額，根據其登記的總帳，不能反應各帳戶之間的對應關係，所以不便於分析和檢查經濟業務的來龍去脈。
(3) 適用範圍：在實際工作中應用的範圍比較廣泛，尤其適用於經營規模較大，經濟業務較多的企事業單位。

第四節　匯總記帳憑證帳務處理程序

一、匯總記帳憑證帳務處理程序的特點

匯總記帳憑證帳務處理程序，是一種根據記帳憑證定期編製匯總記帳憑證，並據以登記總分類帳的帳務處理程序。

匯總記帳憑證帳務處理程序與科目匯總表帳務處理程序相似，主要特點是，首先定期（一般為每五天或每旬）地將全部的記帳憑證匯總編製成各種匯總記帳憑證，然後根據這些匯總記帳憑證登記各有關總分類帳。

二、匯總記帳憑證帳務處理程序的憑證和帳簿組織

匯總記帳憑證帳務處理程序與前述處理程序的不同點主要是憑證組織方面。採用匯總記帳憑證核算形式時，需要設置的憑證除了一般意義上的收款、付款和轉帳憑證外，還應該包括匯總收款憑證、匯總付款憑證和匯總轉帳憑證三種匯總記帳憑證。由於匯總記帳憑證是根據各種記帳憑證填製的，格式也應與記帳憑證一樣，採用專用格式的憑證，而不宜採用通用格式的憑證。對於專用匯總記帳憑證，庫存現金、銀行存款的匯總收款憑證應分別以庫存現金和銀行存款帳戶的借方來設置；庫存現金、銀行存款的匯總付款憑證應分別以庫存現金和銀行存款帳戶的貸方來設置；匯總轉帳憑證則應按照有關帳戶的貸方設置。

匯總記帳憑證帳務處理程序所設置的帳簿仍包括庫存現金日記帳、銀行存款日記帳、各種明細分類帳和總分類帳三種。庫存現金日記帳、銀行存款日記帳和總分類帳的格式一般採用三欄式；明細分類帳則應根據單位的經營管理上的需要來設置，可選用三欄式、多欄式、數量金額式的帳頁。

三、匯總記帳憑證的編製及其登帳方法

(一) 匯總收款憑證

1. 編製方法

匯總收款憑證是對庫存現金、銀行存款的收款憑證進行匯總，分別以庫存現金、銀行存款帳戶的借方設置並位於憑證的左上角，並按與會計分錄中對應的貸方科目定期（一般為5天或者10天）歸類匯總，每月填製一張。

2. 登帳方法

為了能夠在帳簿中反應科目的對應關係，設置科目的登記應在借方分別登記對應科目的金額，而不應登記合計數，與設置科目對應的貸方科目的金額應分別登記在貸方。

匯總收款憑證的格式如表9-3所示。

表 9-3　　　　　　　　　　　　　**匯總收款憑證**
借方帳戶：銀行存款　　　　　　　　20×5 年 12 月　　　　　　　　匯收第 1 號

貸方帳戶	金額（元）				總帳頁數	
	1 日至 10 日 收款憑證 第 1~18 號	11 日至 20 日 收款憑證 第 19~28 號	21 日至 31 日 收款憑證 第 29~57 號	合計	借方	貸方
主營業務收入	125,000			125,000	3	35
應收帳款		80,000		80,000	3	12
其他應收款			5,000	5,000	3	16
合計	125,000	80,000	5,000	210,000		

會計　　　　　記帳　　　　　審核　　　　　填製

（二）匯總付款憑證

1. 編製方法

匯總付款憑證是對庫存現金、銀行存款的付款憑證進行匯總，分別以庫存現金、銀行存款帳戶的貸方設置並位於憑證的左上角，並按與設置科目對應的借方科目定期歸類匯總，每月填製一張。

2. 登帳方法

為在帳簿中能夠反應科目的對應關係，設置科目的登記應在貸方分別登記對應科目的金額，而不應登記合計數，與設置科目對應的借方科目的金額應分別登記在借方。

匯總付款憑證的格式如表 9-4 所示。

表 9-4　　　　　　　　　　　　　**匯總付款憑證**
貸方帳戶：銀行存款　　　　　　　　20×5 年 12 月　　　　　　　　匯付第 1 號

借方帳戶	金額（元）				總帳頁數	
	1 日至 10 日 付款憑證 第 1~12 號	11 日至 20 日 付款憑證 第 13~25 號	21 日至 31 日 付款憑證 第 26~39 號	合計	借方	貸方
原材料	85,000			85,000	9	3
應付帳款		10,000		10,000	14	3
庫存現金			5,000	5,000	2	3
合計	85,000	10,000	5,000	100,000		

會計　　　　　記帳　　　　　審核　　　　　填製

（三）匯總轉帳憑證

1. 概念

匯總轉帳憑證是指按轉帳憑證每一貸方科目分別設置的，用來匯總一定時期內轉帳業務的一種匯總記帳憑證。

2. 編製方法

匯總轉帳憑證應當按照每一科目的貸方分別設置並位於憑證的左上角，按與設置科目對應的借方科目定期歸類匯總，每月填製一張。

3. 登記方法

月終，為在帳簿中能夠反應科目的對應關係，設置科目的登記應在貸方分別登記

對應科目的金額，而不應登記合計數，與設置科目對應的借方科目的金額應分別登記在借方。

倘若在匯總期內，某一貸方科目的轉帳憑證較少時，也可不填製匯總轉帳憑證，而直接根據轉帳憑證記帳。

注意：為了便於填製匯總轉帳憑證，平時填製轉帳憑證時，應使科目的對應關係保持一個貸方科目同一個或幾個借方科目相對應的會計分錄。

匯總轉帳憑證的格式如表 9-5 所示。

表 9-5　　　　　　　　　　匯總轉帳憑證

貸方帳戶：　　　　　　　　20×5 年 12 月　　　　　　　　匯轉第×號

借方帳戶	金額（元）			合計	總帳頁數	
	1 日至 10 日轉帳憑證第×號~第×號	11 日至 20 日轉帳憑證第×號~第×號	21 日至 31 日轉帳憑證第×號~第×號		借方	貸方

會計　　　　　　記帳　　　　　　審核　　　　　　填製

四、匯總記帳憑證帳務處理程序的步驟

（1）根據有關的原始憑證或原始憑證匯總表填製記帳憑證。

（2）根據收款憑證、付款憑證逐日逐筆登記庫存現金日記帳和銀行存款日記帳。

（3）根據收款憑證、付款憑證和轉帳憑證以及所附的原始憑證或原始憑證匯總表登記各種明細分類帳。

（4）根據收款憑證、付款憑證和轉帳憑證定期（一般每隔五天或十天）匯總編製匯總收款憑證、匯總付款憑證和匯總轉帳憑證。

（5）根據定期編製的各種匯總記帳憑證登記有關總分類帳戶。

（6）月終，將庫存現金日記帳、銀行存款日記帳的余額及各種明細分類帳戶的余額或余額的合計數，分別與總分類帳中的有關帳戶余額核對相符。

（7）月終，根據核對無誤的總分類帳和各種明細分類帳的資料編製會計報表。

匯總記帳憑證帳務處理程序的步驟如圖 9-3 所示。

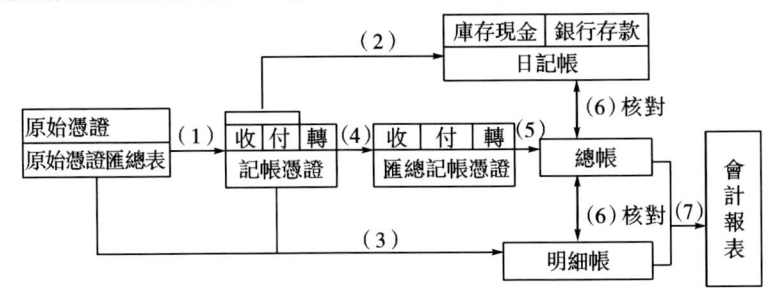

圖 9-3　匯總記帳憑證帳務處理程序的步驟

五、匯總記帳憑證帳務處理程序的優、缺點及適用範圍

(一) 優點

(1) 簡化了總分類帳的登記工作，從而節約了會計核算工作中的人力和物力投入，使企業在信息的提供方面更加符合效益大於成本的原則。尤其在經濟業務繁多的大中型企業，更加容易發揮它的分析和簡化作用。

(2) 收款憑證以借方科目匯總，付款憑證和轉帳憑證以貸方科目匯總，並且分類平衡，使記帳數字不容易失誤。

(3) 匯總記帳憑證在進行帳戶歸類匯總時能保持原有的會計帳戶之間的對應關係，以反應出各種經濟業務的來龍去脈，便於企業對經濟業務進行分析、檢查和查找錯帳。

(二) 缺點

匯總記帳憑證的編製在一定程度上加大了會計核算工作的工作量，並且在編製匯總記帳憑證的過程中，容易發生遺漏或重複。

(三) 適用範圍

它比較適合於經營規模較大、經濟業務較多的大中型企事業單位。

第五節　多欄式日記帳帳務處理程序

一、多欄式日記帳帳務處理程序的特點

多欄式日記帳帳務處理程序，是指根據多欄式庫存現金日記帳、多欄式銀行存款日記帳和轉帳憑證登記總分類帳的一種帳務處理程序。其主要特點是，首先根據收款憑證、付款憑證逐日逐筆登記多欄式庫存現金、銀行存款日記帳，然后據以登記總分類帳；對於轉帳業務不多的單位，可以根據轉帳憑證逐筆登記總分類帳，對於轉帳業務較多的單位，也可以根據轉帳憑證定期填製轉帳憑證科目匯總表登記總分類帳。

二、多欄式日記帳帳務處理程序的憑證和帳簿組織

在多欄式日記帳帳務處理程序下，需要設置的憑證也應包括收款憑證、付款憑證和轉帳憑證，格式一般也採用專用憑證格式。而其需要設置的帳簿有：多欄式庫存現金日記帳、多欄式銀行存款日記帳、各種明細分類帳和總分類帳。在現金、銀行存款日記帳中如需要設置專欄的對應帳戶較多時，可以分別設置庫存現金收入、庫存現金支出、銀行存款收入、銀行存款支出四本日記帳。總分類帳可以按全部帳戶開設帳頁，這種總分類帳稱為匯總式總帳，其帳頁格式一般採用三欄式。明細分類帳的設置與前幾種帳務處理程序一樣，在此不再贅述。其中，多欄式日記帳的具體格式和基本內容如表 9-6 所示。

表 9-6　　　　　　　　　　　多欄式庫存現金日記帳

年		憑證		摘要	收入				支出				結余
					應貸科目				應借科目				
月	日	字	號		銀行存款	主營業務收入	……	合計	其他應收款	管理費用	……	合計	

三、多欄式日記帳帳務處理程序下帳簿的登記方法

在多欄式日記帳帳務處理程序下，由於庫存現金日記帳和銀行存款日記帳按對應帳戶設置專欄后，都是根據收款憑證和付款憑證逐日逐筆進行登記，也就具備了一定的科目匯總作用。因此，月度終了，就可根據庫存現金、銀行存款日記帳的本月收付發生額和對應帳戶的發生額記錄直接登記庫存現金、銀行存款的總分類帳及其他有關總分類帳。其具體登記方法是根據多欄式日記帳收入合計欄的本月發生額，記入庫存現金、銀行存款總分類帳戶的借方，並根據收入欄下各專欄對應帳戶的本月發生額合計數，記入有關總分類帳戶的貸方；同時，根據多欄式日記帳支出合計欄的本月發生額，記入庫存現金、銀行存款總分類帳戶的貸方，並根據其支出欄下的各專欄對應帳戶的本月發生額合計數，記入有關總分類帳戶的借方。對於庫存現金和銀行存款之間的相互劃轉數額，因已分別包括在有關日記帳的收入欄和支出合計欄的本月發生額內，因此無須再根據有關對應帳戶專欄的合計數登記總分類帳，以避免重複記帳。

四、多欄式日記帳帳務處理程序的步驟

（1）根據原始憑證或原始憑證匯總表填製記帳憑證。

（2）根據收款憑證、付款憑證逐筆登記多欄式庫存現金日記帳和多欄式銀行存款日記帳。

（3）根據各種記帳憑證及其所附的原始憑證或原始憑證匯總表登記各種明細分類帳。

（4）根據多欄式庫存現金日記帳和多欄式銀行存款日記帳登記相關的總分類帳戶，同時根據轉帳憑證（或轉帳憑證匯總表）登記有關總分類帳戶。

(5) 月末，將各種明細分類帳的余額或余額合計數與總分類帳戶的余額進行核對相符。

(6) 月末，根據核對無誤的總分類帳和各種明細分類帳的記錄編製會計報表。

多欄式日記帳帳務處理程序的步驟如圖 9-4 所示。

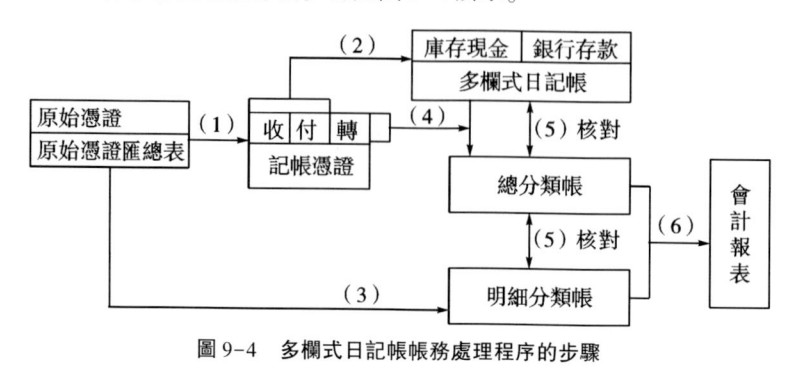

圖 9-4 多欄式日記帳帳務處理程序的步驟

五、多欄式日記帳帳務處理程序的優缺點及適用範圍

(1) 優點：由於收款業務、付款業務都是通過多欄式日記帳匯總后登記總分類帳的，因此在一定程度上加強了核算資料的清晰性，同時又減少了總帳的登記工作量。

(2) 缺點：在業務較多、較複雜，會計帳戶設置較多的企業裡，日記帳的專欄欄次會較多，帳頁過於龐大，不便於記帳。

(3) 適用範圍：經營規模較小、經濟業務比較簡單、使用會計科目不多的經濟組織。

第六節　日記總帳帳務處理程序

一、日記總帳帳務處理程序的特點

日記總帳帳務處理程序，是一種以日記總帳替代總分類帳，根據經濟業務發生後所填製的各種記帳憑證直接逐筆登記日記總帳，並據以編製會計報表的帳務處理程序。

二、日記總帳帳務處理程序的憑證和帳簿組織

與其他帳務處理程序相比，在日記總帳帳務處理程序下，仍應設置收款憑證、付款憑證和轉帳憑證三種專用格式的記帳憑證或通用格式的記帳憑證，以及庫存現金日記帳、銀行存款日記帳和各種明細分類帳，以便序時、分類地反應單位所發生的全部經濟業務。其中，庫存現金日記帳、銀行存款日記帳可採用「三欄式」帳簿；明細分類帳則根據單位實際情況可採用「三欄式」「多欄式」「數量金額式」等會計帳簿。不同之處就在於，這種帳務處理程序的總分類帳採用的是日記總帳的形式。其格式如表 9-7 所示。

表 9-7　　　　　　　　　　　　　日記總帳　　　　　　　　　　　單位：元

| 20×5年 || 記帳憑證號數 | 摘要 | 發生額 | 原材料 || 銀行存款 || 應付帳款 || 略 |
月	日				借方	貸方	借方	貸方	借方	貸方	
12	1		期初余額		1,000		80,000			50,000	
12	2	記1	償還前欠貨款	30,000				30,000	30,000		
12	3	記2	購買材料	20,000	20,000			20,000			
			……								
12	31		本月合計								
12	31		月末余額								

三、日記總帳的登記方法

在登記日記總帳時，對於單位所發生的收款、付款業務和轉帳業務，除了摘要欄的內容外其他欄目應分別根據收款憑證、付款憑證和轉帳憑證逐日、逐筆地登記日記總帳。對每筆經濟業務所涉及的各個會計科目的借方發生額或貸方發生額，都應分別登記在日記總帳中同一行的不同會計科目欄的借方或貸方欄內，並將借方或貸方發生額，記在「發生額」欄內。月度終了，分別結算出各會計科目欄的借方欄或貸方欄的合計數，並計算出各會計科目的期末余額，進行帳簿記錄的核對工作。核對帳簿記錄時，主要是核對「發生額」欄內的本月合計數是否與全部會計科目的借方發生額或貸方發生額的合計數相符，各會計科目的借方余額合計數是否與其貸方余額合計數相符。

四、日記總帳帳務處理程序的步驟

（1）根據原始憑證或原始憑證匯總表填製各種記帳憑證。
（2）根據收款憑證、付款憑證逐日、逐筆登記庫存現金日記帳和銀行存款日記帳。
（3）根據各種記帳憑證及其所附的原始憑證或原始憑證匯總表登記各種明細分類帳。
（4）根據收款憑證、付款憑證和轉帳憑證逐日、逐筆地登記日記總帳。
（5）月終，將庫存現金日記帳、銀行存款日記帳的余額和各種明細分類帳戶的余額或余額合計數，分別與日記總帳對應科目的余額核對相符。
（6）月末，根據核對無誤的總分類帳和各種明細分類帳的記錄編製會計報表。
日記總帳帳務處理程序的步驟如圖 9-5 所示。

五、日記總帳帳務處理程序的優缺點及適用範圍

（1）優點：
①不需要匯總各記帳憑證，會計憑證的處理比較簡單。
②日記總帳採用的是多欄式的帳頁格式，按經濟業務所涉及的全部會計科目設置專欄，因而帳面上可以反應出各個會計帳戶的對應關係，便於瞭解經濟業務的來龍去脈。

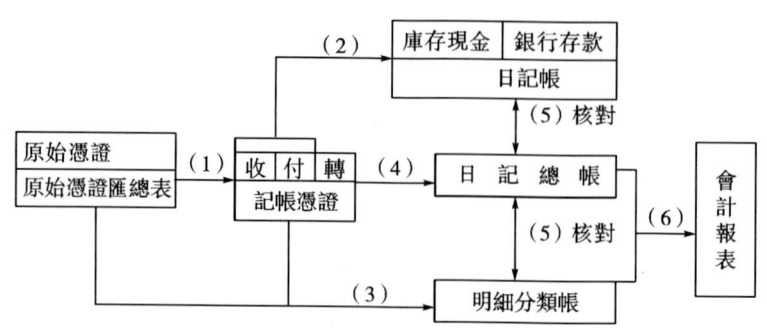

圖 9-5　日記總帳帳務處理程序的步驟

(2) 缺點：

①在這種帳務處理程序下，會計期間內的經濟業務都依據各記帳憑證逐日地登記在一張帳頁上，會計科目全部集中在這一張帳頁上，因而不利於單位進行會計核算工作的分工和查閱。

②如果單位會計科目較多，日記總帳的帳頁勢必較多，不僅加大了會計核算的工作量，而且也不便於登帳，容易登錯行次。

(3) 適用範圍：

一般適用於經濟業務簡單、使用會計科目較少的小型企事業單位。

思考題：

1. 不同的帳務處理程序的主要區別是什麼？
2. 企業應如何選擇帳務處理程序？

第十章
帳戶體系

【學習要求】

通過本章的學習，讀者需要瞭解不同分類標準下的帳戶體系，掌握按用途結構分類形成的帳戶體系以及各類帳戶的用途、結構、特點，熟悉帳戶體系和各帳戶之間的內在聯繫與區別，瞭解帳戶設置的規律性。

【案例】

帳戶的用途及結構

在資產類帳戶中，「固定資產」帳戶和「累計折舊」帳戶反應的經濟內容相同，都是反應固定資產增減變化和結存情況的。雖然都是資產類帳戶，但是結構卻不同。「固定資產」帳戶的結構是借方登記增加額，貸方登記減少額，期末餘額在借方；而「累計折舊」帳戶的結構卻剛好相反，其貸方登記增加額，借方登記減少額，期末餘額在貸方。二者的用途也不同，「固定資產」帳戶是用來核算固定資產原始價值的，「累計折舊」帳戶是用來核算固定資產在使用過程中的磨損價值的。都是資產類帳戶，可是經濟用途和結構卻都不相同，為什麼會出現這樣的情況呢？通過本章的學習，這些問題就會迎刃而解。

第一節　帳戶分類的意義

會計帳戶是根據會計科目開設的，是進行會計核算的基本工具。通過會計帳戶才能記錄企業發生的各種經濟業務，把分散在原始憑證、記帳憑證上的信息系統化，為企業經營管理和會計信息使用者提供決策有用的會計信息。每一個帳戶只能記錄特定的某一類經濟業務的變化和結果，帳戶與帳戶之間是存在對應關係的，各個帳戶相互聯繫在一起，組成一個科學、合理、完整的帳戶體系，這樣才能分工協作、全面系統地處理企業發生的能以貨幣計量的全部經濟業務，充分發揮復式簿記系統中帳戶的全部功能。因此，為了從各個角度理解、掌握、運用會計帳戶及其體系，就必須對帳戶進行科學分類。分類的標準不同，形成的帳戶體系就會不同。

（1）帳戶分類是全面認識和瞭解帳戶所反應內容的基礎，有助於正確運用設置帳戶這種專門的會計核算方法，為建立起更加完善的會計核算體系提供前提。

（2）帳戶分類是進一步瞭解各個帳戶內容之間聯繫和區別的關鍵，通過結合帳戶

的使用技術方法來區分帳戶的不同用途和結構，從而揭示帳戶在使用中的規律性，為準確、熟練地使用帳戶提供保證。

（3）帳戶分類有助於深入瞭解各會計要素的經濟內容，按報表列報的要求對數據進行分類和整理，形成報表所需要披露的信息，不僅適應會計實體業務的需要，也為利益相關者瞭解企業狀況提供了便利。

（4）帳戶分類體現了帳戶在反應會計對象的具體內容上既相互獨立又相互補充的關係，當國家統一制定的會計帳戶隨各個時期經濟管理的不同要求變動時，能夠盡快適應，並在統一的會計法規制度許可的範圍內，根據企業具體情況和經濟管理要求增設或合併會計帳戶。

第二節　帳戶按用途結構分類形成的帳戶體系

帳戶的用途是指設置和運用帳戶的目的是什麼，通過帳戶記錄能夠提供什麼核算指標。比如，設置「庫存現金」帳戶是為了提供庫存現金這一貨幣性資產的增減變動和變動結果的指標，設置「應付帳款」帳戶是為了提供應付帳款這一流動性負債的增減變動及其變動結果的指標。

帳戶的結構是指在帳戶中如何記錄經濟業務以獲得各種需要的指標，也就是帳戶的借方登記什麼內容，貸方登記什麼內容，余額在哪一方，表示什麼內容。比如，設置「銀行存款」帳戶，該帳戶屬於資產類帳戶，借方登記收到的銀行存款，貸方登記支付的銀行存款，期末余額在借方，反應銀行存款的實有數額。

帳戶的分類標準有很多，可以按照經濟內容分類，可以按照統馭與被統馭關係分類等。帳戶按經濟內容的分類是最基本的分類，一般來說，經濟內容相同的帳戶，其用途和結構也基本相同，但是也有一些帳戶，雖然經濟內容相同，其用途和結構卻不同。比如「固定資產」和「累計折舊」帳戶，按經濟內容分類都屬於資產類帳戶，但是二者的用途結構卻不同。「固定資產」帳戶用來反應固定資產的初始入帳金額，結構為借方登記增加，貸方登記減少；「累計折舊」帳戶則用來反應固定資產在使用過程中的價值磨損，結構為貸方登記增加，借方登記減少。因此，為了瞭解帳戶之間的內在聯繫，提供生產經營管理所需要的各種信息，有必要在帳戶按經濟內容分類的基礎上，再進一步按照其用途和結構進行分類。

帳戶按用途和結構分類，可以分為資本類帳戶、盤存類帳戶、結算類帳戶、調整類帳戶、跨期攤銷類帳戶、計價對比類帳戶、集合分配類帳戶、成本計算類帳戶、暫記類帳戶、匯轉類帳戶、財務成果類帳戶十一類。下面就以常用的基本帳戶為例來說明各類帳戶的用途、結構、特點。

一、資本類帳戶

（一）資本類帳戶的用途結構

資本類帳戶是用來核算和監督企業投資者投入的資本和資本發生增減變動及結存情況的帳戶。這類帳戶的結構為貸方記錄資本和公積金的增加數；借方記錄資本和公積金的減少數；期末余額在貸方，表示資本和公積金的結余額。資本類帳戶的結構如圖 10-1 所示。

借方	資本帳戶	貸方
本期借方發生額：本期資本或公積金的減少數	期初余額：期初資本和公積金的實有數 本期貸方發生額：本期資本或公積金的增加數	
	期末余額：資本和公積金的結余額	

圖 10-1　資本類帳戶的結構

（二）資本類帳戶的範圍

資本類帳戶在經濟內容上屬於所有者權益類帳戶，資本類帳戶有「實收資本（股本）」「資本公積」「盈余公積」等。

（三）資本類帳戶的特點

（1）資本類帳戶能夠在一定程度上反應企業的經營規模和持續經營能力。資本類帳戶反應了企業實際收到的投入資本、資本（股本）溢價、直接計入所有者權益的利得損失、根據當年實現的淨利潤提取的盈余公積等情況，因此能夠在一定程度上反應一個企業的經營規模和持續經營能力。

（2）資本類帳戶只能提供價值量核算指標。資本類帳戶的總分類帳戶及所屬明細分類帳戶只能提供價值量指標。

二、盤存類帳戶

（一）盤存類帳戶的用途結構

盤存類帳戶是指用來核算和監督企業各項財產物資和貨幣資金增減變動及結存情況的帳戶。這類帳戶的結構為借方登記財產物資的增加數和貨幣資金的增加數，貸方登記財產物資的減少數和貨幣資金的減少數，期末余額在借方，表示期末各項財產物資和貨幣資金的實存數額。盤存類帳戶的結構如圖 10-2 所示。

借方	盤存帳戶	貸方
期初余額：期初財產物資和貨幣資金的實有數		
本期借方發生額：本期財產物資和貨幣資金的增加額	本期貸方發生額：本期財產物資和貨幣資金的減少額	
期末余額：期末財產物資和貨幣資金的實有數		

圖 10-2　盤存類帳戶的結構

（二）盤存類帳戶的範圍

盤存類帳戶在經濟內容上屬於資產類帳戶，盤存類帳戶有「庫存現金」「銀行存款」「原材料」「庫存商品」「固定資產」等。一般來說，凡是能夠通過盤點確定結存數量的帳戶都屬於盤存類帳戶。

（三）盤存類帳戶的特點

（1）盤存類帳戶能夠通過盤點確定結存數。盤存類帳戶可以通過實地盤點、核對

帳目等方法，檢查帳面結存額與實存額是否相符。

(2) 盤存類帳戶一般能提供實物和價值兩種核算指標。盤存類帳戶除「庫存現金」「銀行存款」等貨幣資金帳戶外，其他財產物資類明細帳都可以同時提供實物量和價值量兩種核算指標。

(3) 期末余額在借方。盤存類帳戶期末余額只能在借方，若出現貸方余額，則說明帳戶記錄或有關計算發生錯誤。

三、結算類帳戶

結算類帳戶是用來核算和監督企業與其他單位、個人之間發生的債權和債務結算情況的帳戶。按照企業結算業務性質的不同，可以將結算類帳戶劃分為三種類型，這三種類型分別為債權結算類帳戶、債務結算類帳戶、債權債務結算類帳戶。

（一）債權結算類帳戶

1. 債權結算類帳戶的用途結構

債權結算類帳戶是指用來核算和監督債權企業與各個債務單位或個人之間結算業務的帳戶。這類帳戶的結構為借方記錄債權的增加數額；貸方記錄債權的收回數額；余額一般在借方，表示期末尚未結算的債權數額。債權結算類帳戶的結構如圖 10-3 所示。

借方	債權結算類帳戶	貸方
期初余額：期初尚未結算的債權數額		
本期借方發生額：本期債權的增加數額	本期貸方發生額：本期債權的減少數額	
期末余額：尚未收回的債權數額		

圖 10-3　債權結算類帳戶的結構

2. 債權結算類帳戶的範圍

債權結算類帳戶在經濟內容上屬於資產類帳戶，債權結算類帳戶有「應收帳款」「應收票據」「其他應收款」「長期應收款」「預付帳款」等。

（二）債務結算類帳戶

1. 債務結算類帳戶的用途結構

債務結算類帳戶是指用來核算和監督債務企業與各個債權單位或個人之間結算業務的帳戶。這類帳戶的結構為貸方記錄債務的增加數額；借方記錄債務的減少數額；余額一般在貸方，表示期末尚未結算的債務數額。債務結算類帳戶的結構如圖 10-4 所示。

借方	債務結算類帳戶	貸方
	期初余額：期初尚未結算的債務數額	
本期借方發生額：本期債務的減少數額	本期貸方發生額：本期債務的增加數額	
	期末余額：尚未結算的債務實有數額	

圖 10-4　債務結算類帳戶的結構

2. 債務結算類帳戶的範圍

債務結算類帳戶在經濟內容上屬於負債類帳戶，債務結算類帳戶有「應付帳款」

「應付票據」「其他應付款」「長期應付款」「應付職工薪酬」「應交稅費」「應付利息」「預收帳款」等。

(三) 債權債務結算類帳戶

1. 債權債務結算類帳戶的用途結構

債權債務結算類帳戶是指用來核算和監督企業與某一個單位或個人之間發生的債權或債務往來結算業務的帳戶。這類帳戶的借方記錄債權的增加數額和債務的減少數額；貸方記錄債權的減少數額和債務的增加數額；期末餘額有時在借方，有時在貸方。若為期末借方餘額，表示企業的債權，性質為資產；若為期末貸方餘額，則表示企業的債務，性質為負債。因此，這類帳戶也稱為雙重性帳戶。債權債務結算類帳戶的結構如圖10-5所示。

借方	債權債務結算類帳戶	貸方
期初餘額：債權金額大於債務金額的部分		期初餘額：債務金額大於債權金額的部分
本期借方發生額：本期債權增加金額，本期債務減少金額		本期貸方發生額：本期債務增加金額，本期債權減少金額
期末餘額：淨債權（債權金額大於債務金額的部分）		期末餘額：淨債務（債務金額大於債權金額的部分）

圖10-5 債權債務結算類帳戶

通過設置債權債務結算類帳戶，可以集中反應企業與同一單位或個人發生的債權和債務結算情況。例如，企業會計準則規定，當一個企業的預付貨款業務不多時，可以不專門設置「預付帳款」帳戶，而是將預付的貨款記入「應付帳款」帳戶的借方，在這樣的情況下，「應付帳款」帳戶就成了一個具有雙重性質的債權債務結算類帳戶。它既反應購買商品或接受勞務的應付款項的增減變動情況，又反應預付款項的增減變動情況。但是這類帳戶會給資產負債表的編製帶來一定的麻煩，在編製資產負債表時，不能根據這類帳戶的總帳期末餘額來填列報表項目，而應該根據這類帳戶所屬的明細分類帳戶的餘額分析計算填列有關報表項目。

2. 債權債務結算類帳戶的範圍

債權債務結算類帳戶有「應付帳款」「應收帳款」「其他應付款」「其他應收款」「預付帳款」「預收帳款」，也有的企業不設上述帳戶，而是設置「往來帳」「其他往來」等債權債務結算類帳戶。

3. 債權債務結算類帳戶的特點

（1）只能提供價值量核算指標。債權債務結算類帳戶的總帳和明細帳都不能提供實物量核算指標，只能提供價值量核算指標。

（2）債權債務結算類帳戶的期末余額並不是企業實際的債權或債務數額。

四、調整類帳戶

調整類帳戶是指用來對某個帳戶的餘額進行調整，用以表明被調整帳戶實際餘額的帳戶。調整類帳戶與被調整類帳戶相對應，被調整類帳戶反應經濟活動的原始數據，調整類帳戶反應經濟活動導致的增減變化情況，通過二者之間的內在聯繫，反應經濟

活動的實質，得出滿足管理需要的有關數據。按調整方式的不同，可以將調整類帳戶分為三種類型。這三種類型分別為：抵減（備抵）類帳戶、附加類帳戶、抵減（備抵）附加類帳戶。

（一）抵減（備抵）類帳戶

抵減（備抵）類帳戶是指用來抵減被調整帳戶的余額，以便得出被調整帳戶的實際數額的帳戶。抵減（備抵）類帳戶與被調整類帳戶之間的抵減（備抵）調整關係可以用以下公式表示：

被調整類帳戶的實際數額＝被調整類帳戶的帳面余額－抵減（備抵）類帳戶的帳面余額

抵減（備抵）類帳戶的特點是抵減（備抵）類調整帳戶與被調整帳戶的余額方向相反，結構也相反。

抵減（備抵）類帳戶的結構為貸方記錄增加數額，借方記錄減少數額，期末余額在貸方。屬於抵減（備抵）類帳戶的有「累計折舊」「存貨跌價準備」「壞帳準備」「長期股權投資減值準備」「持有至到期投資減值準備」「固定資產減值準備」「無形資產減值準備」「在建工程減值準備」等。

下面以固定資產和累計折舊為例來說明抵減調整帳戶和被調整帳戶之間的結構和關係。「固定資產」是被調整帳戶，「累計折舊」是它的抵減調整帳戶，二者反應的經濟內容相同，余額方向相反，結構也相反。「固定資產」帳戶的期末為借方余額，表示固定資產的原始價值，「累計折舊」帳戶的期末余額為貸方，表示固定資產的磨損價值即累計折舊。「固定資產」帳戶的期末借方余額減去「累計折舊」帳戶的期末貸方余額后的差額，就是固定資產的淨值，反應企業在某一特定日期的固定資產新舊程度，有利於企業對固定資產進行更新改造，也有利於企業掌握固定資產的使用情況。「累計折舊」帳戶和「固定資產」帳戶之間的結構和關係如圖10-6所示。調整后固定資產帳戶的實有數額即固定資產淨值為2,080,000元。

借方	固定資產（被調整帳戶）	貸方
期末余額	2,600,000	

借方	累計折舊（抵減調整帳戶）	貸方
	期末余額	520,000

圖10-6 「累計折舊」帳戶和「固定資產」帳戶之間的結構和關係圖

（二）附加類帳戶

附加類帳戶是指用來增加被調整帳戶的余額，以便得出被調整帳戶實際數額的帳戶。

附加類帳戶與被調整類帳戶之間的附加調整關係可以用以下公式表示：

被調整類帳戶的實際數額＝被調整類帳戶的帳面余額＋附加類帳戶的帳面余額

附加類帳戶的特點是附加類調整帳戶與被調整帳戶的余額方向相同，結構也相同，二者余額相加就可以得出調整后的實際金額。在會計實務中，企業很少設置純粹的附加帳戶，一般是在企業溢價發行債券的情況下，為了同時反應債券的總面值和溢價金額，於是在「應付債券」帳戶下分別設置「債券面值」和「債券溢價」兩個明細帳戶。在這種情況下，「債券溢價」就是「債券面值」的附加帳戶。這兩個帳戶的余額相加，表示該企業應付債券這項負債的實際數額。

(三) 抵減（備抵）附加類帳戶

抵減附加帳戶又稱為備抵附加帳戶，是指既可以用來抵減又可以用來增加被調整帳戶的余額，以便得出被調整帳戶實際數額的帳戶。當被調整帳戶的期末余額與調整帳戶的期末余額方向相反時，二者是抵減調整關係；當被調整帳戶的期末余額與調整帳戶的期末余額方向相同時，二者是附加調整關係。在會計實務中，當工業企業的原材料採用計劃成本進行日常核算時，原材料的計劃成本與實際成本之間的差異通過「材料成本差異」帳戶來核算。這裡的「材料成本差異」帳戶就是「原材料」帳戶的抵減附加調整帳戶，「原材料」帳戶的期末借方余額反應庫存材料的計劃成本。當「材料成本差異」帳戶為期末借方余額時，「材料成本差異」帳戶的期末借方余額表示材料實際成本大於計劃成本的超支數，與其被調整的「原材料」帳戶的方向一致，兩者之間是相加關係，兩個帳戶的期末余額之和就是期末庫存原材料的實際成本；當「材料成本差異」帳戶是貸方余額時，「材料成本差異」帳戶的貸方余額表示材料實際成本小於計劃成本的節約數，與「原材料」帳戶的方向相反，兩者之間是抵減關係，兩個帳戶的期末余額之差就是期末庫存原材料的實際成本。「材料成本差異」帳戶與被調整的「原材料」帳戶之間的關係如圖 10-7、圖 10-8 所示。從資料可以看出當「材料成本差異」為借方余額時，庫存圓鋼的實際成本為 30,200 元，當「材料成本差異」為貸方余額時，庫存角鋼的實際成本為 11,700 元。

借方	原材料——圓鋼（被調整帳戶）		貸方
本期發生額：	60,000	本期發生額：	30,000
期末余額：	30,000		

借方	材料成本差異——圓鋼（調整帳戶）		貸方
本期發生額：	700	本期發生額：	500
期末余額：	200（超支額）		

圖 10-7　「材料成本差異」帳戶與被調整的「原材料」帳戶之間的關係

借方	原材料——角鋼（被調整帳戶）		貸方
本期發生額：	30,000	本期發生額：	18,000
期末余額：	12,000		

借方	材料成本差異——角鋼（調整帳戶）		貸方
本期發生額：	300	本期發生額：	600
		期末余額：	300（節約額）

圖 10-8　「材料成本差異」帳戶與被調整的「原材料」帳戶之間的關係

抵減附加類帳戶的特點是：同時具有抵減和附加兩種調整功能。這類帳戶是具有抵減功能還是具有附加功能，取決於該類調整帳戶的余額方向與被調整帳戶的余額方向是否一致。

五、跨期攤銷類帳戶

（一）跨期攤銷類帳戶的用途結構

跨期攤銷類帳戶是用來核算和監督企業已經發生但是應該根據權責發生制在幾個會計期間進行攤銷的有關費用的帳戶。這類帳戶的結構為借方記錄費用的實際支付數，貸方記錄本期攤銷的數額，期末余額在借方，表示尚未攤銷的費用數額。跨期攤銷類帳戶的結構如圖 10-9 所示。

借方	跨期攤銷類帳戶	貸方
期初余額：已經支付尚未攤銷的費用數額		
本期借方發生額：本期實際支付的費用數額		本期貸方發生額：本期費用的攤銷數額
期末余額：已經支付但尚未攤銷的費用數額		

圖 10-9　跨期攤銷類帳戶的結構

（二）跨期攤銷類帳戶的範圍

跨期攤銷類帳戶有「長期待攤費用」等。

（三）跨期攤銷類帳戶的特點

（1）跨期攤銷類帳戶充分體現了收入與費用的配比。這類帳戶能夠將有關耗費與各期的收益相配比，有利於企業合理確定各個會計期間的損益。

（2）跨期攤銷類帳戶只能提供價值量核算指標，不能提供實物量核算指標。

六、計價對比類帳戶

（一）計價對比類帳戶的用途結構

計價對比類帳戶是指用來核算和監督企業經營過程中某項經濟業務按照兩種不同的計

價標準進行對比，以便確定業務結果的帳戶。這類帳戶的結構為借方登記某項經濟業務的一種計價；貸方登記該項業務的另一種計價；期末將兩種計價對比，確定業務結果。「材料採購」帳戶的結構如圖 10-10 所示。

借方	材料採購	貸方
期初余額：期初在途材料的實際成本		
本期借方發生額： (1) 本期增加材料的實際成本 　　（第一種計價） (2) 節約差異（第二種計價大於第一種計價的差額）	本期貸方發生額： (1) 本期入庫材料的計劃成本 　　（第二種計價） (2) 超支差異（第二種計價大於第一種計價的差額）	
期末余額：期末在途材料的實際成本		

圖 10-10　「材料採購」帳戶的結構

(二) 計價對比類帳戶的範圍

計價對比類帳戶的典型代表有「材料採購」帳戶。

(三) 計價對比類帳戶的特點

(1) 計價對比類帳戶借貸兩方採用的計價標準不同，可以考核所採用的計價方式的合理性。

(2) 計價對比類帳戶明細分類核算可以提供價值量核算指標，也可以根據需要提供實物量核算指標。

七、集合分配類帳戶

(一) 集合分配類帳戶的用途結構

集合分配類帳戶是指用來歸集企業在一定會計期間發生的有關費用，然后在會計期末按適當的方法將所歸集的費用分配計入相關成本計算對象的帳戶。這類帳戶的結構為借方登記有關費用的發生數額，貸方登記費用的分配數額，期末分配后一般沒有余額。集合分配類帳戶的結構如圖 10-11 所示。

借方	集合分配類帳戶	貸方
本期借方發生額：實際發生或應計的有關費用數額		本期貸方發生額：分配給各有關成本計算對象負擔的費用數額
期末余額：尚未分配的有關費用總額		

圖 10-11　集合分配類帳戶的結構

(二) 集合分配類帳戶的範圍

集合分配類帳戶主要有「製造費用」等帳戶。

(三) 集合分配類帳戶的特點

(1) 集合分配類帳戶對一定會計期間發生的有關費用先歸集后分配，期末分配后無余額。

(2) 集合分配類帳戶是涉及產品成本計算的基本帳戶。

(3) 集合分配類帳戶只提供價值量核算指標，不能提供實物量核算指標。

八、成本計算類帳戶

(一) 成本計算類帳戶的用途結構

成本計算類帳戶是指用來核算和監督企業在一定會計期間所發生的有關費用，並按適當方法計算確定各有關成本計算對象實際成本的帳戶。這類帳戶的結構為借方登記某一特定成本計算對象在生產過程中所發生的有關費用，貸方登記轉出的已經完工的成本計算對象的實際成本，期末余額在借方，表示尚未完工的成本計算對象的實際成本。成本計算類帳戶的結構如圖 10-12 所示。

借方	成本計算類帳戶	貸方
期初余額：期初未完工的成本計算對象的實際成本		
本期借方發生額：某一特定成本計算對象在生產過程中所發生的材料費用、人工費用、間接費用等	本期貸方發生額：轉出的已完工的成本計算對象的實際成本	
期末余額：期末尚未完工的成本計算對象的實際成本		

圖 10-12　成本計算類帳戶的結構

(二) 成本計算類帳戶的範圍

成本計算類帳戶有「生產成本」「勞務成本」「開發成本」「材料採購」「在建工程」等。

(三) 成本計算類帳戶的特點

(1) 成本計算類帳戶對一定會計期間發生的有關費用先按成本項目進行歸集，然后按適當方法計算確定各有關成本計算對象的完工產品和在產品成本。
(2) 成本計算類帳戶若有期末余額則具有盤存類帳戶的性質。
(3) 成本計算類帳戶可以提供價值量和實物量核算指標。

九、暫記類帳戶

(一) 暫記類帳戶的用途和結構

暫記類帳戶又稱為過渡性帳戶，是指用來核算與監督企業在財產清查等經濟活動中發現的盤盈、盤虧和毀損，在尚未查明原因前暫時運用以保證帳實相符的帳戶。暫記類帳戶的典型代表為「待處理財產損溢」等。「待處理財產損溢」帳戶的結構如圖 10-13 所示。

借方	待處理財產損溢	貸方
(1) 發現的盤虧、毀損數額 (2) 經批准轉銷的盤盈數額	(1) 發現的盤盈數額 (2) 經批准轉銷的盤虧、毀損數額	
期末余額：等待批准處理的盤虧、毀損損失	期末余額：等待批准處理的盤盈利得	
年末無余額	年末無余額	

圖 10-13　「待處理財產損溢」帳戶的結構

(二) 暫記類帳戶的範圍

暫記類帳戶的典型代表有「待處理財產損溢」等。

(三) 暫記類帳戶的特點

(1) 暫記類帳戶具有明顯的暫記性，在期末結帳前應處理完畢，處理后無余額，如果在期末結帳前尚未經批准的，應在對外提供財務報告時先行處理，並在會計報表附註中作出說明。

(2) 暫記類帳戶明細分類核算可以提供價值量核算指標，也可以根據需要提供實物量核算指標。

十、匯轉類帳戶

匯轉類帳戶是指用來核算和監督企業在一定會計期間內從事生產經營活動形成的各項損益的匯集並於期末予以結轉的帳戶。這類帳戶從經濟內容上看屬於損益類帳戶，按照匯集結轉的經濟內容不同可以進一步劃分為收益匯轉類帳戶和費用匯轉類帳戶。

(一) 收益匯轉類帳戶

1. 收益匯轉類帳戶的用途結構

收益匯轉類帳戶是指用來匯集和結轉企業在某一期間內從事經營活動或其他活動的某種收入的帳戶。收益匯轉類帳戶的貸方登記收益的增加額，反應企業主營業務收入或其他收入的形成或確認，借方登記當期收益的減少數或轉銷數；該類帳戶期末結轉到「本年利潤」帳戶后，一般無余額。收益匯轉類帳戶的結構如圖 10-14 所示。

借方	收益匯轉類帳戶	貸方
發生額：本期因銷售返回等原因發生的收益減少數及期末轉入「本年利潤」帳戶的淨收益額		發生額：本期形成或確認的收益額
		期末：無余額

圖 10-14

2. 收益匯轉類帳戶的範圍

收益匯轉類帳戶有「主營業務收入」「其他業務收入」「投資收益」和「營業外收入」等。

(二) 費用匯轉類帳戶

1. 費用匯轉類帳戶的用途結構

費用匯轉類帳戶是指用來匯集和結轉企業在某一期間內從事經營活動或其他活動的某種費用或損失的帳戶。費用匯轉類帳戶的借方登記一定會計期間的費用數或損失數，貸方登記期末轉入「本年利潤」帳戶的費用或損失數；結轉后，該帳戶期末一般無余額。費用匯轉類帳戶的結構如圖 10-15 所示。

借方	費用匯轉類帳戶	貸方
發生額：費用（損失）的發生額		發生額：轉入「本年利潤」帳戶的費用（損失）額
期末：無余額		

圖 10-15　費用匯轉類帳戶的結構

2. 費用匯轉類帳戶的範圍

屬於這類帳戶的有「管理費用」「財務費用」「銷售費用」「營業稅金及附加」「其他業務成本」「所得稅費用」「營業外支出」等帳戶。

(三) 匯轉類帳戶的特點

(1) 對一定會計期間發生的各項損益先匯集后結轉，期末結轉后各損益類帳戶無余額。

(2) 是涉及財務成果形成的基本帳戶。

(3) 只提供價值量核算指標，不能提供實物量核算指標。

十一、財務成果類帳戶

(一) 財務成果類帳戶的用途結構

財務成果類帳戶是指用來核算和監督企業一定會計期間全部生產經營活動最終成果的帳戶。這類帳戶的結構為貸方登記各項收入、利得的轉入金額，借方登記各項費用、損失的轉入金額。期末將貸方發生額合計與借方發生額合計進行比較，若為貸方余額表示企業實現的淨利潤，若為借方余額則表示企業發生的淨虧損。財務成果類帳戶的結構如圖 10-16 所示。

借方	財務成果類帳戶	貸方
本期借方發生額：本期轉入的各項費用、損失		本期貸方發生額：本期轉入的各項收入、利得
期末余額：累計發生的虧損淨額		期末余額：累計實現的利潤淨額
年末結轉后無余額		年末結轉后無余額

圖 10-16　財務成果類帳戶的結構

(二) 財務成果類帳戶的範圍

這類帳戶的典型代表有「本年利潤」等。

(三) 財務成果類帳戶的特點

(1) 它是連接收入和費用類帳戶的紐帶。財務成果類帳戶將一定會計期間內確認的收入和該會計期間內發生的各項費用支出進行對比，計算出企業一定會計期間的最終財務成果。因此，從帳戶體系中各帳戶之間的關係來看，財務成果類帳戶是連接所有收入和費用類帳戶的紐帶。

(2) 年末結轉后無余額。年度終了，由於企業應將本年實現的淨利潤或虧損總額全部轉入「利潤分配」帳戶，因此，結轉后該類帳戶無余額。

（3）它只提供價值量核算指標，不能提供實物量核算指標。

帳戶按用途和結構分類可歸納為表 10-1。

表 10-1　　　　　帳戶按用途和結構分類的帳戶體系表

帳戶按用途和結構的分類		範圍
1. 資本類帳戶		實收資本、資本公積、盈余公積
2. 盤存類帳戶		庫存現金、銀行存款、原材料、庫存商品、固定資產
3. 結算類帳戶	債權結算類帳戶	應收帳款、應收票據、預付帳款、其他應收款
	債務結算類帳戶	應付帳款、應付票據、其他應付款、預收帳款、應付職工薪酬、應交稅費
	債權債務結算類帳戶	應收帳款、預付帳款、應付帳款、預收帳款
4. 調整類帳戶	抵減（備抵）類帳戶	累計折舊、壞帳準備、存貨跌價準備、利潤分配
	附加類帳戶	應付債券——債券溢價
	抵減（備抵）附加類帳戶	材料成本差異
5. 跨期攤銷類帳戶		長期待攤費用
6. 計價對比類帳戶		材料採購
7. 集合分配類帳戶		製造費用
8. 成本計算類帳戶		生產成本、材料採購、在建工程、勞務成本
9. 暫記類帳戶		待處理財產損溢
10. 匯轉類帳戶	收益匯轉類帳戶	主營業務收入、其他業務收入、營業外收入、投資收益
	費用匯轉類帳戶	主營業務成本、其他業務成本、營業稅金及附加、銷售費用、管理費用、財務費用、所得稅費用、營業外支出
11. 財務成果類帳戶		本年利潤

第三節　帳戶按其他標準分類形成的帳戶體系

會計帳戶的其他分類標準有：帳戶按照經濟內容分類，帳戶按照提供指標的詳細程度分類，帳戶按照期末是否有余額分類，帳戶按照所列入的會計報表不同分類等，其中，帳戶按照經濟內容進行的分類是最基本的分類。

一、帳戶按照經濟內容分類形成的帳戶體系

帳戶按照經濟內容分類在本書第二章已經介紹過，在這裡用表 10-2 將帳戶按照經濟內容分類形成的帳戶體系歸納如下：

表 10-2　　　　　　　　　　　帳戶按經濟內容分類的帳戶體系表

帳戶按經濟內容的分類	範圍
1. 資產類帳戶	庫存現金、銀行存款、應收帳款、其他應收款、應收票據、長期應收款、預付帳款、原材料、庫存商品、固定資產、累計折舊、固定資產清理、無形資產、待處理財產損溢、長期待攤費用、長期股權投資、持有至到期投資等
2. 負債類帳戶	短期借款、應付帳款、應付票據、其他應付款、預收帳款、應付職工薪酬、應交稅費、應付利息、長期借款、應付債券、長期應付款等
3. 共同類帳戶	清算資金往來、貨幣兌換、衍生工具等
4. 所有者權益類帳戶	實收資本、資本公積、盈餘公積、本年利潤、利潤分配
5. 成本類帳戶	生產成本、製造費用
6. 損益類帳戶	主營業務收入、主營業務成本、營業稅金及附加、其他業務收入、其他業務成本、管理費用、銷售費用、財務費用、投資收益、營業外收入、營業外支出、所得稅費用

二、帳戶按照提供指標的詳細程度分類形成的帳戶體系

帳戶按照提供指標的詳細程度分類在本書第二章已經介紹過，在這裡用表 10-3 將帳戶按照提供指標的詳細程度分類形成的帳戶體系的有關內容歸納如下：

表 10-3　　　　　　　　　帳戶按提供指標詳細程度分類的帳戶體系表

帳戶按提供指標詳細程度的分類	範圍	
1. 總分類帳戶	庫存現金、銀行存款、應收帳款、其他應收款、應收票據、長期應收款、預付帳款、原材料、庫存商品、固定資產、累計折舊、固定資產清理、無形資產、待處理財產損溢、長期待攤費用、長期股權投資、持有至到期投資、短期借款、應付帳款、應付票據、其他應付款、預收帳款、應付職工薪酬、應交稅費、應付利息、長期借款、應付債券、長期應付款、實收資本、資本公積、盈餘公積、本年利潤、利潤分配、生產成本、製造費用、主營業務收入、主營業務成本、營業稅金及附加、其他業務收入、其他業務成本、管理費用、銷售費用、財務費用、投資收益、營業外收入、營業外支出、所得稅費用等	
2. 明細分類帳戶	(1) 明細帳戶設置原則	①滿足會計主體內部管理需要 ②簡明適用 ③相對穩定
	(2) 明細帳戶設置舉例	「銀行存款」帳戶可按貨幣種類以不同的開戶銀行和帳號設置明細帳 「原材料」帳戶可按不同的品種、規格、型號等設置明細帳 「應收帳款」帳戶可按不同的債務人設置明細帳 「應付帳款」帳戶可按不同的債權人設置明細帳

三、帳戶按照期末是否有余額分類形成的帳戶體系

帳戶按照期末是否有余額進行分類，可以分為實帳戶和虛帳戶。實帳戶是指在會計期末有余額的帳戶，如資產類帳戶、負債類帳戶、所有者權益類帳戶、成本類帳戶

等。虛帳戶是指在會計期末沒有余額的帳戶，如損益類帳戶。

四、帳戶按照所列入的會計報表不同進行分類形成的帳戶體系

帳戶按照所列入的會計報表的不同進行分類，可以分為資產負債表帳戶和利潤表帳戶。資產負債表帳戶是指在資產負債表中列示的帳戶，例如資產類帳戶、負債類帳戶、所有者權益類帳戶和成本類帳戶等。利潤表帳戶是指在利潤表中列示的帳戶，例如損益類帳戶。

思考題：

1. 什麼是帳戶的結構，什麼是帳戶的用途？
2. 帳戶按用途結構可以分為哪些類別？
3. 結算類帳戶的用途、結構是什麼，這類帳戶具有什麼特點？
4. 調整類帳戶的用途、結構是什麼，這類帳戶具有什麼特點？
5. 匯轉類帳戶有哪些，這類帳戶具有什麼特點？
6. 財務成果類帳戶有哪些，這類帳戶具有什麼特點？
7. 計價對比類帳戶的結構是什麼？
8. 集合分配類帳戶的結構是什麼？
9. 盤存類帳戶有哪些，這類帳戶具有什麼特點？
10. 資產負債表帳戶有哪些，利潤表帳戶有哪些？

第十一章 會計工作組織

【學習要求】

通過本章學習，讀者需要瞭解組織會計工作的意義和要求；掌握會計機構的設置、會計人員的配備與職責權限以及會計人員應具備的素質；理解我國會計法規體系的構成及其具體內容；熟悉我國會計檔案管理與會計工作交接制度。

【案例】

公司人員調整與會計工作崗位的設置

邕桂公司王某調離某國有企業后，公司財務部負責人將其剛畢業的侄女李某調入財務部接替王某擔任出納。一段時間后，由於檔案管理員也離職，因人手不足，李某又被任命兼管會計檔案保管工作。為了自己職業生涯的發展，李某計劃當年考取會計從業資格證。

此外，公司另一名會計人員張某由於工作變動，辦理好會計交接工作后離開會計崗。接替人員劉某在事後發現張某移交的一些會計憑證存在問題。在追究到張某時，張某回答：「會計憑證之前已經都移交給你了，這事與我無關，憑什麼要我負責？」

請分析上述情況中哪些行為不妥，並說出理由。

第一節 會計工作組織概述

一、會計工作組織的含義

會計工作是一項綜合性的管理工作，企事業單位發生的各項經濟活動，需要通過會計加以反應和監督，而會計工作正常高效的運行，離不開科學的會計工作組織。

對會計工作組織的理解，有廣義和狹義之分。從廣義的角度看，凡是與組織會計工作相關的一切行為都可以包括在會計工作組織之內。

而本書對會計工作組織的定義是一種相對狹義的概念。所謂會計工作組織是根據會計工作的特點，對會計機構的設置、會計人員的配備、會計規範的制定與執行、會計檔案的保管以及會計交接等各項工作的統籌安排。其中，會計機構和會計人員是會計工作組織運行的必要條件，會計規範是保證會計工作組織正常運行的必要約束機制。

二、組織會計工作的意義

科學地組織好會計工作,對順利完成會計的各項任務,保證實現會計目標,充分發揮會計的作用,促進國民經濟健康有序發展等有十分重要的意義。具體體現為:

(一) 有利於貫徹執行有關法律法規,維護社會主義市場經濟秩序

會計通過核算如實反應企事業單位發生的經濟業務與事項,通過監督來貫徹執行國家有關法律法規、方針政策。科學地組織好會計工作,可以根據企事業單位的規模和管理要求,分層延伸到部門、個人,進而使國家相關財經法律法規得到很好的貫徹執行,為維護社會主義市場經濟秩序打下堅實的基礎。

(二) 有利於完善企事業單位的內部經濟責任制,加強內部管理

實行內部的經濟責任制是經濟管理的有效手段,而會計身為經濟管理的重要組成部分,自然與經濟責任制密不可分。正確地組織好會計工作,有利於會計主體內部各單位管好和用好資金,厲行節約,增收節支,更好地履行自己的經濟責任,進而通過提高經濟管理水平達到加強內部管理,提高經濟效益的目的。

(三) 有利於保證會計工作質量和提高會計工作效率

會計工作作為一種經濟管理活動,運用專門的會計方法,對企事業單位發生的經濟業務進行確認、計量和報告,並進一步進行分析監督檢查,最終為會計信息使用者提供真實可靠、有用的會計信息。這整個過程包括一系列的程序,它們之間前後銜接,環環相扣。任何一個環節出現差錯都會影響到其後程序的進度或是會計信息的可靠性,進而影響會計工作的質量和效率。為此,有必要結合會計工作的特點,科學地組織好會計工作,設置合理的會計機構,配備相應的會計人員,認真制定會計規章制度,使會計工作嚴格按事先規定的手續和處理程序有條不紊地進行。這樣,才有利於保證會計工作正常高效的進行,提高會計工作的質量和效率,圓滿完成各項會計工作。

(四) 有利於提高與其他經濟管理工作的協調一致性

會計工作是整個經濟管理工作的一個重要組成部分,它既有其獨立性,也與其他管理工作有著密切聯繫。它們相互補充,相互促進,相互制約。完善的會計工作組織需要其他經濟管理工作的配合,同時科學的會計工作組織也能促進其他經濟管理工作的順利開展。

三、組織會計工作的原則

組織會計工作的原則,是指為提高會計工作質量與效率,在組織會計工作時應遵循的基本規律,這是科學組織好會計工作的基本保障。具體體現為以下幾點:

(一) 統一性原則

統一性原則,是指組織會計工作必須按照國家對會計工作的統一要求來進行。會計工作組織受到各種法律法規、制度的制約,比如《中華人民共和國會計法》《企業會計準則》《總會計師條例》《會計基礎工作規範》等,組織會計工作應按照相關的統一要求,貫徹執行國家規定的法令制度,以更好地發揮會計工作在社會經濟發展中的作用。

(二) 適應性原則

適應性原則,是指組織會計工作應適應各企事業單位自身經營管理的特點。各企

事業單位應在遵循國家相關統一性規定的前提下，結合自身規模大小、經營管理特點等情況，對本單位會計機構的設置、會計人員的配備作出切合實際的安排，確定本單位會計核算方法等，以適應自身發展的需要。

(三) 效益性原則

效益性原則，是指組織會計工作時應在保證會計工作質量的前提下，節約人力、物力，講求經濟效益。會計工作通過一系列程序來完成，這些程序繁雜而又關係密切，如果組織不好，容易造成重複勞動，浪費人力物力。所以對會計工作的組織，都應力求精簡，避免重複繁雜，以防止會計機構過於重疊、龐大，人浮於事和形式主義的出現，進而影響會計工作質量與效率。

(四) 責任制和內部控制原則

責任制和內部控制原則，是指組織會計工作時，對會計工作進行合理分工，遵循內部控制原則，建立和完善會計工作責任制，不同崗位的會計人員各司其職，並形成各方面相互牽制的機制，避免會計工作出現失誤與舞弊。

第二節　會計機構

會計機構，是指各企事業單位內部設置的辦理會計事務的職能部門。建立健全會計機構，是做好會計工作、充分發揮會計職能的重要保證。《中華人民共和國會計法》《會計基礎工作規範》等法律法規對會計機構設置作出了相應的規範。

一、會計機構的設置

(一) 各級主管部門會計機構的設置

《中華人民共和國會計法》第七條規定，國務院財政部門主管全國的會計工作。縣級以上地方各級人民政府財政部門管理本行政區域內的會計工作。為此，我國財政部設置會計司，主管全國會計工作；地方財政部門、企業主管部門一般設置會計局、會計處等，主管本地區或本系統所屬企業的會計工作。

其中會計司的主要職能有：管理全國會計工作；研究提出會計改革和發展的政策建議；草擬會計法律法規和國家統一的會計制度，並組織貫徹實施；加強會計國際交流，推動會計國際趨同和等效；制定和組織實施內部控制規範及相關實施辦法；負責全國會計從業資格和會計專業技術資格考試工作；開展全國高級會計領軍（后備）人才培養工作，指導會計人員繼續教育；組織全國會計人員表彰評比；制定註冊會計師行業發展規劃和政策措施，辦理相關行政許可事項的審批、註冊備案和管理工作；指導會計理論研究等。地方會計局（財政局）、會計處等的主要職能有：根據財政部的統一規定，制定適合本地區、本系統的會計規則制度；負責組織、領導、監督所屬企事業單位的會計工作；審核、分析、批覆所屬企事業單位的財務會計報告，並編製匯總財務會計報告；負責本地區、本系統會計人員的業務培訓，並會同有關部門進行會計人員技術職稱評聘等。各企業主管部門的會計工作受同級財政部門的指導和監督。

(二) 基層企事業單位會計機構的設置

基層企事業單位內部，一般也都需要設置從事會計工作的職能部門以完成本單位

的會計工作。《中華人民共和國會計法》第三十六條規定：各單位應當根據會計業務的需要，設置會計機構，或者在有關機構中設置會計人員並指定會計主管人員；不具備設置條件的，應當委託經批准設立從事會計代理記帳業務的仲介機構代理記帳。由此可見，各基層企事業單位應根據本單位經營管理的實際情況和會計業務的繁簡等進行會計機構的設置。具體表現為以下三個層次：

1. 單獨設置會計機構

單獨設置會計機構的單位一般應設置會計處、會計科、會計股等，在廠長、經理或單位行政領導人的領導下，負責組織、領導以及從事會計工作。而一個單位是否單獨設置會計機構，一般取決於以下各因素：

（1）單位規模的大小。一個單位的規模，往往決定了這個單位內部職能部門的設置，進而決定是否設置會計機構。一般情況下，大中型企業和具有一定規模的行政事業單位，以及財務收支數額較大、會計業務較多的社會團體和其他經濟組織，都應單獨設置會計機構，如會計（或財務）處、部、科、股、組等。這有利於及時組織本單位各項經濟活動和財務收支的核算，實現有效的會計監督。

（2）經濟業務的多少和財務收支的繁簡。一般情況下，經濟業務多、財務收支大的單位，有必要單獨設置會計機構，以保證會計信息的質量和會計工作的效率。

（3）經營管理的要求。有效的經營管理是以信息的及時準確和全面系統為前提的。一個單位在經營管理上的要求越高，對會計信息的需求也相應增加，對會計信息系統的要求也越高，這決定了該單位單獨設置會計機構的必要性。

2. 在有關機構中設置專職會計人員

《中華人民共和國會計法》規定，不單獨設置會計機構的單位，應當在有關機構中設置會計人員並指定會計主管人員。

這種形式一般在行政事業單位和中小企業中比較常見。對於那些財務收支數額不大、會計業務比較簡單的機關團體、事業單位、企業等，因不具備單獨設置會計機構的條件，但為了適應這些單位的內部客觀需要和組織結構特點，應在有關機構中配備專職會計人員並指定會計主管人員，以強化責任制，防止出現會計工作無人負責的局面。

這類機構一般應該是單位內部與財務會計工作接近的計劃、統計或經營管理部門，或者是有利於發揮會計職能作用的內部綜合部門，如辦公室等。需要注意的是，此類單位雖然只配備專職會計人員但也必須具有健全的財務會計制度和嚴格的財務手續，其專職會計人員的專業職能不能被其他職能所替代。

3. 實行代理記帳

《中華人民共和國會計法》規定，對不具備設置會計機構和會計人員條件的單位，應當委託經批准設立從事會計代理記帳業務的會計諮詢服務機構、會計師事務所等仲介機構代理記帳。該項規定為那些不具備設置會計機構、配備會計人員的小型經濟組織記帳、算帳、報帳等問題的解決提出了有效途徑。

代理記帳，是指不設置會計機構和會計人員的獨立核算單位將其會計、記帳、算帳、報帳等一系列會計工作委託給從事代理記帳業務的社會仲介機構（會計諮詢服務機構、會計師事務所）完成，該單位只需要設立出納人員負責日常貨幣收支和保管等工作。從事代理記帳業務的社會仲介機構稱為代理記帳機構。

(1) 代理記帳機構的設立條件

除國家法律法規另有規定外，我國從事代理記帳業務的機構，應具備以下設立條件：①應當至少有三名持有會計從業資格證的專職從業人員，同時可以聘用一定數量相同條件的兼職從業人員；②主管代理記帳業務的負責人必須具有會計師以上的專業技術資格；③有健全的代理記帳業務規範和財務管理制度；④有固定的辦公場所。機構的設立依法經過工商行政管理部門或者其他管理部門核准登記；除會計師事務所外，其他代理記帳機構必須持有縣級以上財政部門核發的代理記帳許可證書。

(2) 代理記帳業務範圍

代理記帳機構可以接受委託，代表委託人辦理的業務主要有：①根據委託人提供的原始憑證和其他資料，按照會計制度的規定進行會計核算，包括審核原始憑證、填製記帳憑證、登記會計帳簿、編製財務報告等；②定期向有關部門和其他會計報表使用者提供會計報表；③定期向稅務機關提供稅務資料；④承辦委託人委託的其他會計業務。

(3) 委託人的責任和義務

委託人對代理記帳機構在委託合同約定範圍內的行為承擔責任。

委託人委託代理記帳機構代理記帳應當承擔相應的義務，具體包括：對本單位發生的經濟業務事項，應當填製或取得符合國家統一的會計制度規定的原始憑證；配備專門人員負責日常貨幣資金收支和保管；及時向代理記帳機構提供合法、真實、完整的原始憑證和其他相關資料；對代理記帳機構退回要求按照國家統一的會計制度規定進行更正、補充的原始憑證，應當及時予以更正、補充。

(4) 代理記帳機構及其代理記帳人員的義務

代理記帳機構及其代理記帳人員的義務主要包括：遵守會計法律法規和國家統一會計制度的相關規定，按照委託合同約定依法履行職責，辦理代理記帳業務；對在執行業務中知悉的商業秘密應當保密；對委託人示意其作出不當的會計處理，提供不實的會計資料，以及其他不符合法律法規規定的要求，應當拒絕；對委託人提出的有關會計處理原則問題應當解釋。

我國基層企事業單位的會計工作，受財政部門和單位主管部門的雙重領導。

由於會計工作與財務工作都是綜合性的經濟管理工作，二者關係十分密切，因此，在我國的實務工作中，通常把處理會計工作和財務工作的職能機構合併為一個部門。

二、會計工作崗位的設置

(一) 會計工作崗位的含義

會計工作崗位，是指一個單位會計機構內部根據業務分工而設置的從事會計工作、辦理會計事項的具體職能崗位。

在會計機構內部設置會計工作崗位，有利於明確分工和確定崗位職責，建立崗位責任制；有利於會計人員鑽研業務，提高工作質量和效率；有利於會計工作的程序化和規範化，強化會計管理職能。同時，它也是配備適當數量的會計人員的客觀依據之一。

(二) 會計工作崗位設置的要求

1. 根據本單位會計業務的需要設置

一個單位配備數量適宜的會計人員是提高其會計工作質量和效率的重要保證。一

個單位設置的會計崗位數量和配備的會計人員數量,應與其經濟業務活動規模、特點和管理要求相適應。各單位經濟業務活動規模、特點和管理要求不同,其相應的會計工作的組織方法、會計崗位的職責分工和會計人員的數量也會有所不同。

一般而言,經濟業務活動規模大、過程複雜、經濟業務量較多以及管理較嚴格的單位,相應的會計機構會比較大,會計機構內部的分工也會比較細,會計崗位和會計人員也比較多;反之,經濟業務活動規模小、過程簡單、經濟業務量較少以及管理要求不高的單位,相應的會計機構會比較小,會計機構內部的分工也比較粗,會計崗位和會計人員也比較少。

會計工作崗位可以一人一崗、一人多崗或者一崗多人。一般而言,小型企業中「一人一崗」「一人多崗」的現象比較多;而大、中型企業中則是「一崗多人」的現象比較普遍。

2. 符合單位內部牽制制度的要求

內部牽制制度,是指凡涉及款項或財務的收付、結算以及登記的任何一項工作,必須由兩人或者兩人以上分工辦理,以相互制約的一種工作制度。國際上也將會計機構的內部牽制制度稱為會計責任分離,其主旨與我國傳統的「錢帳分管」制度是一致的。內部牽制制度是單位內部控制制度的重要組成部分,各單位都應建立,而會計崗位的設置,應符合單位內部牽制制度的要求。

在一個單位中,會計的舞弊行為主要牽涉到對現金的貪污、挪用。因此,會計機構內部牽制制度的目的主要是保證貨幣資產的安全完整。《會計基礎工作規範》規定,會計工作崗位可以一人一崗、一人多崗或者一崗多人,但出納人員不得兼管稽核、會計檔案保管和收入、支出、費用、債權債務帳目的登記工作,這是會計機構內部牽制制度最基本的要求。根據復式記帳要求,對每一筆貨幣資金收付業務的發生,一方面要在特殊日記帳中進行記錄,另一方面要登記收入、費用或者債權、債務等有關帳簿,出納人員是各單位專門從事貨幣資金收付業務的會計人員,如果把這些帳簿登記工作都交由出納人員一人擔任,就會造成出納人員既管錢又管帳,無人監管無人控制的局面,這給貪污舞弊行為以可乘之機。同樣,為防止利用抽換單據、塗改記錄等手段進行舞弊,稽核、會計檔案保管工作也不得由出納人員擔任。

3. 建立輪崗制度

《會計基礎工作規範》規定,會計人員的工作崗位應當有計劃地進行輪崗。它不僅是會計工作本身的需要,也是加強會計人員隊伍建設的需要。定期、不定期地輪換會計人員的工作崗位,一方面有利於會計人員全面熟悉會計業務,不斷提高業務素質;另一方面也有利於增強會計人員之間的團結合作意識,進一步完善單位內部會計控制制度。

(三) 主要會計工作崗位

會計工作崗位,是指一個單位會計機構內部根據業務分工而設置的從事會計工作、辦理會計事項的具體職能崗位。會計工作崗位一般可分為:總會計師(或行使總會計師職權)崗位;會計機構負責人或者會計主管人員崗位;出納崗位;資金核算崗位;財產物資核算崗位;收入、支出、債權債務等核算崗位;工資核算崗位;成本費用核算崗位;財務成果核算崗位;總帳崗位;對外財務會計報告編製崗位;會計電算化崗位;會計部門內檔案管理崗位;稽核崗位等。

需要注意的是下列崗位不屬於會計工作崗位：
（1）單位內部審計、政府審計和社會審計工作崗位不屬於會計崗位。
（2）商場收銀崗、醫院收費崗、藥品庫房記帳崗不屬於會計崗位。
（3）對於會計檔案管理崗位，在會計檔案正式移交到檔案管理部門之前，屬於會計崗位；在會計檔案正式移交到檔案管理部門之後，則不再屬於會計崗位，即檔案管理部門管理會計檔案的崗位不屬於會計崗位。

第三節　會計人員

一、會計人員的含義

會計人員通常是指在國家機關、事業單位、社會團體、企業和其他組織中從事會計工作的人員。它包括會計機構負責人（會計主管人員）、會計師、會計員和出納員等。

在建立健全會計機構的前提下，合理地配備與工作相適應的會計人員，提高會計人員的綜合素質對會計核算管理系統的運行起著關鍵的作用，是做好會計工作、充分發揮會計職能作用的重要保證，是每個單位做好會計工作的重要因素。可以說提高會計人員的素質是企業自身發展的需要。

二、會計人員的職責和權限

為了充分法發揮會計人員的積極性，使會計人員在工作時有明確的方向和相應的辦事準則，以更好地完成各項會計工作，《中華人民共和國會計法》《會計基礎工作規範》等法律法規明確了會計人員的職責和權限。

（一）會計人員的主要職責

1. 制定本單位辦理會計事務的具體辦法

會計機構負責人（會計主管人員）應根據國家有關的會計法律法規、準則及其他相關規定，並結合本單位的具體情況，制定本單位辦理會計事務的具體辦法。例如單位會計政策的選擇、會計人員崗位責任制度、內部稽核制度、成本計算方法、費用開支報銷手續辦法、財產清查制度、會計檔案的保管制度等。

2. 進行會計核算，如實反應情況

《中華人民共和國會計法》規定會計人員應對下列經濟業務事項應進行會計核算：①款項和有價證券的收付；②財物的收發、增減和使用；③債權債務的發生和核算；④資本、基金的增減和經費的收支；⑤收入、費用、成本的計算；⑥財務成果的計算和處理；⑦其他需要辦理會計手續、進行會計核算的事項。

會計人員應按照相關的規定，根據實際發生的經濟業務事項進行會計核算工作，做好會計確認、計量、報告。即填製和審核原始憑證，編製記帳憑證，登記會計帳簿，正確計算各期收入、成本、費用以及財務成果，並按期結算核對帳目，進行財產清查，在保證帳證相符、帳帳相符、帳實相符的基礎上，按照內容完整、數字真實、手續完備等要求編製和報出財務會計報告。

3. 進行會計監督

進行會計監督，是指會計人員在進行會計核算的同時，對特定對象的經濟業務事項和會計手續的真實性、合法性、合理性進行審查監督。

合法性審查監督是指保證各項經濟業務事項符合國家有關法律法規，遵守財經紀律，執行國家的各項方針政策，杜絕違法亂紀行為發生。例如：會計人員對不真實、不合法的原始憑證不予受理；會計人員對帳簿記錄與實物、款項不一致的問題，應及時向本單位負責人報告或按有關規定進行處理；會計人員對違反會計法和國家統一會計制度規定的行為，有權予以糾正、拒絕辦理或檢舉。此外，會計人員也要接受審計、財政、稅務機關等的監督，如實提供會計憑證、會計帳簿、會計報表和其他會計資料。

合理性審查監督是指會計人員應檢查監督特定會計對象的財務收支是否符合其財務收支計劃，是否有利於預算目標的實現，是否有違背內部控制制度要求的情況等，為提高企業經濟效益嚴格把關。

4. 編製經濟業務計劃和財務預算，並考核、分析其執行情況

會計人員應按照國家各項政策制度的規定，結合本單位情況，認真編製並嚴格執行經濟業務計劃、財務預算，根據經濟責任制原則，深入瞭解計劃和預算的執行情況，定期分解各項指標，歸口落實管理責任，挖掘增收節支的潛力，考核資金的使用規範和效率，揭露經濟管理中的問題，並利用各種會計手段參與經營管理，對本單位的經濟效益進行預測等。

(二) 會計人員的主要權限

為了保障會計人員更好地履行其職責，《中華人民共和國會計法》《會計基礎工作規範》等相關法規在明確會計人員職責的同時，也賦予了會計人員一定的權限。

1. 會計人員有權履行其管理職能

會計人員有權參與本單位編製計劃、制定定額、對外簽訂經濟合同，有權參加有關的生產經營管理會議。即會計人員有權以其特有的專業地位參與企業的各種管理活動，瞭解企業的生產經營情況，並提出自己的意見和建議。

2. 會計人員有權要求有關部門和人員認真執行計劃和預算

會計人員有權要求有關部門和人員認真執行經相關部門批准的計劃和預算，督促有關部門和人員嚴格遵守國家財經法紀、會計準則以及相應的會計制度。如發現本單位內部有違反規定的，會計人員有權拒絕執行，不予付款、報銷等。對違規行為，屬會計人員職權範圍內的，由會計人員予以糾正，超過其職權範圍的則應及時向單位領導人或上級有關部門匯報，請求依法處理。

3. 會計人員有監督權

會計人員有權對本單位所有會計事項進行監督檢查，即會計人員有權監督檢查本單位各部門的資金使用，財務收支和財物收發、計量、檢驗、保管等情況。

會計人員應當按規定行使上述權限，也應廣泛宣傳解釋國家財經制度，以求正確行使自己權限的同時取得更好的管理效果。此外，單位各部門都有責任保證會計人員依法行使職權，協助會計人員工作，不能阻礙，更不能違法干預。任何人干擾、阻礙會計人員依法行使其正當權利的，都會受到法律的追究甚至是制裁。《中華人民共和國會計法》規定，單位負責人對依法履行職責、抵制違反本法規定行為的會計人員以降職、撤職、調離工作崗位、解聘或者開除等方式進行打擊報復，構成犯罪的，依法追

究刑事責任；尚不構成犯罪的，由其所在單位或者有關單位依法給予行政處分。對受到打擊報復的會計人員，應當恢復其名譽和原有職務、級別。

*① 三、總會計師

(一) 總會計師的設置

總會計師組織領導本單位的財務管理、成本管理、預算管理、會計核算和會計監督等方面的工作，是參與本單位重要經濟問題的分析和決策的單位行政領導人。總會計師是一種行政職務，協助單位主要行政領導人的工作，直接對單位主要行政領導人負責。凡設置總會計師的單位，在單位行政領導成員中，不再設與總會計師職權重疊的行政副職。《中華人民共和國會計法》《總會計師條例》等都對總會計師作出了相關要求。

《中華人民共和國會計法》規定，國有的和國有資產占控股地位或者主導地位的大、中型企業必須設置總會計師。其他單位是否設置總會計師在《中華人民共和國會計法》中沒有明確，可根據自身業務與經營管理需要自行決定。

(二) 總會計師的任職條件與任免程序

1. 總會計師的任職條件

《總會計師條例》規定，擔任總會計師應具備以下條件：

(1) 堅持社會主義方向，積極為社會主義建設和改革開放服務。

(2) 堅持原則，廉潔奉公。

(3) 取得會計師任職資格后，主管一個單位或者單位內一個重要方面的財務會計工作時間不少於三年。

(4) 有較高的理論政策水平，熟悉國家財經法律、法規、方針、政策和制度，掌握現代化管理的有關知識。

(5) 具備本行業的基本業務知識，熟悉行業情況，有較強的組織領導能力。

(6) 身體健康，能勝任本職工作。

2. 總會計師的任免程序

《總會計師條例》規定，企業的總會計師由本單位主要行政領導人提名，政府主管部門任命或者聘任；免職或者解聘程序與任命或者聘任程序相同。事業單位和業務主管部門的總會計師依照幹部管理權限任命或者聘任；免職或者解聘程序與任命或者聘任程序相同。城鄉集體所有制企事業單位需要設置總會計師的，參照《總會計師條例》執行。

(三) 總會計師的職責和權限

《總會計師條例》對總會計師的主要職責權限進行了規定。

1. 總會計師的主要職責

(1) 編製和執行本單位的預算、財務收支計劃、信貸計劃，擬訂資金籌措和使用方案，開闢財源，有效地使用資金。

(2) 進行成本費用預測、計劃、控制、核算、分析和考核，督促本單位有關部門降低消耗，節約費用，提高經濟效益。

---

① 註：加*的內容，作為拓展知識理解。

（3）建立、健全經濟核算制度，利用財務會計資料進行經濟活動分析。
（4）負責對本單位財會機構的設置和會計人員的配備、會計專業職務的設置和聘任提出方案；組織會計人員的業務培訓和考核；支持會計人員依法行使職權。
（5）參與新產品開發、技術改造、科技研究、商品（勞務）價格和工資獎金等方案的制訂；參與重大經濟合同和經濟協議的研究、審查。
（6）協助單位主要行政領導人對企業的生產經營、行政事業單位的業務發展以及基本建設投資等問題做出決策。
（7）承擔單位主要行政領導人交辦的其他工作。

2. 總會計師的主要權限
（1）對違反國家財經法律、法規、方針、政策、制度和有可能在經濟上造成損失、浪費的行為，有權制止或者糾正。制止或者糾正無效時，提請單位主要行政領導人處理。
（2）有權組織本單位各職能部門、直屬基層組織的經濟核算、財務會計和成本管理方面的工作。
（3）主管審批財務收支工作。除一般的財務收支可以由總會計師授權的財會機構負責人或者其他指定人員審批外，重大的財務收支，須經總會計師審批或者由總會計師報單位主要行政領導人批准。
（4）簽署預算、財務收支計劃、成本和費用計劃、信貸計劃、財務專題報告、會計決算報表；涉及財務收支的重大業務計劃、經濟合同、經濟協議等，在單位內部須經總會計師會簽。
（5）會計人員的任用、晉升、調動、獎懲，應當事先徵求總會計師的意見。財會機構負責人或者會計主管人員的人選，應當由總會計師進行業務考核，依照有關規定審批。

四、會計人員的選拔任用

為規範我國會計人員的選拔任用，我國財政部對從事會計人員的相關資格條件進行了統一的規定。如《中華人民共和國會計法》規定，從事會計工作的人員必須取得會計從業資格證書。擔任會計機構負責人（會計主管人員）的，除取得會計從業資格證書外，還應具備會計師以上專業技術職務資格或者從事會計工作三年以上的經歷。《總會計師條例》規定，總會計師的任職條件之一是取得會計師專業技術資格后，主管一個單位或是單位內部一個重要方面的財務會計工作的時間不少於三年。

除總會計師由本單位主要行政領導人提名，政府主管部門任命或者聘任外，會計人員具備了相關資格或者是符合有關任職條件后，由所在單位自行決定其是否從事相關工作。各單位應根據法律法規、單位內部用人制度等的規定選拔任用適合相關崗位的會計人員，並負責對他們進行管理，督促他們依法履行職責。

此外，我國國有經濟占主導地位，為保證國有經濟健康有序地發展，基於會計工作的特殊性，《會計基礎工作規範》中對國有企事業單位會計人員的迴避問題作出了規定：國家機關、國有企業、事業單位任用會計人員應當實行迴避制度。單位領導人的直系親屬不得在本單位擔任會計機構負責人（會計主管人員）；會計機構負責人（會計主管人員）的直系親屬不得在本單位中擔任出納工作。其中，需要迴避的直系親屬包

括夫妻關係、直系血親關係（父母子女、祖父母、外祖父母、孫子女、外孫子女）、三代以內旁系血親（兄弟姐妹、叔侄等）和近姻親關係（岳父母和女婿、公婆和兒媳等）。

五、會計人員應具備的素質
(一) 會計專業素質
1. 會計從業資格

會計從業資格是進入會計職業的「門檻」，是進入會計職業、從事會計工作的一種法定資質。會計從業資格證書是具備會計從業資格的證明文件，《中華人民共和國會計法》規定，從事會計工作的人員，必須取得會計從業資格證書。會計從業資格證書的取得實行考試制度，會計從業資格考試全科目一次性考試合格的申請人，可以向會計從業資格管理機構申請取得會計從業資格證書。

《會計從業資格管理辦法》規定，在國家機關、事業單位、社會團體、企業和其他組織從事下列會計工作的人員（包括我國香港特別行政區、澳門特別行政區、臺灣地區居民，以及外籍人員在中國大陸境內從事會計工作的人員），應當取得會計從業資格，持有會計從業資格證書。這裡的「會計人員」包括出納；稽核；資本、基金核算；收入、支出、債權債務核算；職工薪酬、成本費用、財務成果核算；財產物資的收發、增減核算；總帳；財務會計報告編製；會計機構內會計檔案的管理；其他會計工作。

此外，《會計從業資格管理辦法》還規定，各單位不得聘用不具備會計從業資格的人員從事會計工作。不具備會計從業資格的人員，不得參加會計專業技術資格的考試或評審，不得參加會計專業職務的聘任，不得申請取得會計人員的榮譽證書。

2. 會計專業技術資格與職務

會計工作的專業性要求會計人員應具備一定的專業知識和技能。會計專業技術資格和會計專業職務都是我國用於考核和評價會計人員專業知識和業務技能的制度方式，通過考核來評價會計人員的技術等級，有利於促進會計人員加強業務學習，提高會計技能。

（1）會計專業技術資格

會計專業技術資格是指擔任會計專業職務的任職資格，分為初級資格、中級資格、高級資格三個級別，分別對應助理會計師或者會計員、會計師、高級會計師（含正高級會計師）。其中，初級、中級會計專業技術資格實行全國統一考試制度，高級資格實行考試與評審相結合的制度。

（2）會計專業職務

會計專業職務是區分會計人員業務技能的技術等級，分為助理會計師或者會計員、會計師、高級會計師。助理會計師或者會計員為初級職務；會計師為中級職務；高級會計師為高級職務。不同級別會計專業職務的任職條件及其基本職責各不相同，各單位的會計專業職務，應根據自身會計工作的需要，在規定的限額和批准的編製內進行設置。

而具體會計專業職務的評聘，由用人的單位根據工作需要和德才兼備的原則，從獲得會計專業技術資格的會計人員中擇優聘用。①取得初級會計資格的會計人員，具備大專畢業且擔任會計員職務滿兩年，或者中專畢業擔任會計員職務滿四年，或者不

具備規定的學歷，但擔任會計員職務滿5年並符合國家有關規定的，可以評聘助理會計師職務。不符合以上條件的，可評聘會計員職務。②取得中級會計資格並符合國家有關規定的會計人員，可評聘會計師職務。③申請參加高級會計師資格評審的會計人員，考試合格並符合規定條件的可在考試合格成績的有效期內向相關會計專業高級職務評審委員會申請進行評審。通過后即表示其已具備了擔任高級會計師的資格，經單位聘任或任命后擔任高級會計師。

(二) 會計職業道德

會計職業道德是指在會計職業活動中會計人員應當遵循的、體現會計職業特徵的、調整會計職業關係的職業行為準則和規範。它作為社會道德的重要組成部分，既體現了社會道德規範的一般要求，也突出了會計職業的特徵，是職業道德在會計職業行為和會計職業活動中的具體體現。根據我國會計工作的情況，結合國際上對會計職業道德的一般要求，我國會計人員的職業道德主要包括以下八個方面：愛崗敬業、誠實守信、廉潔自律、客觀公正、堅持準則、提高技能、參與管理、強化服務。

1. 愛崗敬業

愛崗敬業包括「愛崗」和「敬業」兩個方面。這裡的「崗」指的是會計工作崗位，「愛崗」就是熱愛自己的工作崗位，熱愛本職工作，這是對人們工作態度的一種普遍要求。會計人員應以正確的態度對待各項會計事務，努力培養熱愛自己所從事工作的幸福感、榮譽感。對自己的工作承擔應盡的責任和義務，在平凡的崗位上做出不平凡的事業。「敬業」就是以一種嚴肅的態度對待自己的工作，勤懇敬業、忠於職守、盡職盡責。會計人員應充分認識到會計工作在國民經濟中的重要地位和作用，尊重會計工作，以從事會計工作為榮，全身心投入到會計工作中。

「愛崗」和「敬業」的精神是相通的，二者相互聯繫。「愛崗」是「敬業」的基礎，「敬業」是「愛崗」的體現。不愛崗就很難做到敬業，不敬業也很難說是真正的愛崗。愛崗敬業是會計職業道德的出發點，是會計人員做好本職工作的基礎和條件，需要會計人員既有安心會計工作、獻身會計事業的熱情，也要有嚴肅認真的工作態度，忠於職守的工作作風。

2. 誠實守信

誠實守信包括「誠實」和「守信」兩個方面。誠實是指忠誠老實，不講假話。「誠實」的人一方面能忠於事物本來的面目，不歪曲、篡改事實；另一方面也能真實表達自己的想法，處事實在。它側重於對客觀事實的真實反應和對內心思想的真實表達。「守信」是指信守諾言，講信譽，重信用，履行自己應承擔的義務。它側重於對責任義務的履行和諾言的實踐。

「誠實」和「守信」意思相通，互相聯繫。「誠實」是「守信」的基礎，「守信」是「誠實」的體現。不誠實很難做到守信，不守信也很難說是真正的誠實。誠實守信是會計職業道德的精髓。它要求會計人員要做老實人，說老實話，辦老實事，不搞虛假；要保密守信，不為利益所誘惑；要執業謹慎，信譽至上。

3. 廉潔自律

廉潔自律是會計職業道德的前提。廉潔要求會計人員公私分明，經得起金錢、權力、美色的考驗，不貪污挪用，不監守自盜。自律是指會計人員按一定的標準作為其言行舉止的參照物，進行自我約束、自我控制。廉潔是自律的基礎，自律是廉潔的保

證。會計職業自律包括會計人員自律和會計行業自律兩個方面，前者是指會計人員的自我約束，這主要靠會計人員自身科學的價值觀和正確的人生觀來實現；後者是指會計職業組織對整個會計職業的會計行為進行約束、控制的過程。會計人員自律是整個會計行業自律的基礎和保障，每個會計人員的自身自律性強，則整個會計行業的自律性也就強。

會計人員要做到廉潔自律，應樹立正確的人生觀和價值觀，自覺抵制個人主義、拜金主義等錯誤思想；要公私分明，不貪不占；遵紀守法，一身正氣，正確處理會計職業權利與義務的關係，增強抵制行業不正之風的能力。

4. 客觀公正

客觀公正是會計職業道德的靈魂。客觀要求會計人員在處理經濟業務事項時，要以實際發生的交易或事項為依據，進行會計確認、計量、報告，會計核算結果要準確。公正是指會計人員應具備的正直、誠實品質，在履行會計職能時，摒棄私利，不偏不倚地對待相關利益各方。

客觀是公正的基礎，公正是客觀的反應。客觀公正是會計人員應具備的行為品德，既要求會計人員保持從業的獨立性，也要求會計人員保持客觀公正的從業心態。會計人員要做到客觀公正，首先要端正態度。做好會計工作，除了要求有過硬的專業技能外，也需要有實事求是的精神和客觀公正的態度。其次要依法辦事。會計人員在擁有專業技能和端正的態度後，在工作過程中，還需要遵守各種法律法規、準則和制度等，按照規定進行會計核算與監督，展開會計工作。最後要實事求是，不偏不倚，保持獨立。

5. 堅持準則

堅持準則是會計職業道德的核心。堅持準則是指會計人員在處理經濟業務事項過程中，要嚴格按照會計法律制度辦事，不為主觀意志或他人意志所左右。這裡所指的「準則」，除會計準則外，還包括會計法律法規、會計制度以及與會計工作相關的其他法律制度。

堅持準則是會計人員勝任會計工作的基礎，因此，會計人員要堅持準則，首先應當熟悉準則。熟悉和掌握準則的內容，並在會計工作中認真執行，對經濟業務事項進行會計確認、計量、報告時要符合會計準則的要求，為會計信息使用者提供真實完整的會計信息。同時，會計人員也應根據單位的需要，瞭解與熟悉其他與會計相關的法律制度。其次應遵循準則。會計人員應以會計準則作為自己開展會計工作的行動指南，在發生道德衝突時，應堅持準則，維護國家利益、社會公眾利益和正常的經濟秩序。最後應敢於同違法行為作鬥爭。會計人員在履行職責中，要敢於同違法行為作鬥爭，確保會計信息的真實性和完整性。

6. 提高技能

提高技能，是指會計人員通過自主學習、參加培訓等手段提高自身職業技能，以達到足夠的專業勝任能力的活動。會計是一門與經濟發展有密切聯繫的，隨著經濟和社會發展不斷發展變化的專業性較強的學科。隨著經濟全球化進程的加快，會計專業性和技術性日趨複雜，需要會計人員提供會計服務的領域也越來越廣泛，其專業化、國際化服務的要求也越來越高。會計人員只有具備過硬的會計專業知識和技能才能勝任會計工作。就當前的會計工作而言，其職業技能主要包括：會計理論水平、會計實

務操作能力、會計職業判斷能力、提供會計信息能力、自動更新信息能力、溝通交流能力、組織協調能力等。

會計工作質量會受到會計人員職業技能水平的影響，因此，會計人員要提高技能做好會計工作，首先應增強提高專業技能的自覺性和緊迫性。會計人員應緊跟時代發展的步伐，有危機感，自覺地不斷提高其專業技能。其次應有勤學苦練的精神和科學的學習方法。會計人員只有具備勤學的精神，刻苦鑽研，才能不斷提高自身的專業技能，以適應不斷發展的新情況和新形勢的需要。此外，科學的學習方法有利於會計人員在學習的道路上達到事半功倍的效果。

7. 參與管理

參與管理，是指為管理者當參謀，為管理者服務。會計管理是企業管理的重要組成部分，但會計工作的性質決定了會計在企業管理活動中，更多的是參與間接管理，會計人員與管理決策者在管理活動中分別扮演參謀人員和決策者的角色。

會計人員尤其是會計部門負責人，應強化自己參與管理、當好參謀的角色意識和責任意識，具體可以從以下方面做好工作：首先是在做好本職工作的同時努力鑽研相關業務，熟悉財經法規等相關制度，提高業務技能，為參與管理打下基礎。其次是全面熟悉本單位經濟活動和業務流程，使參與管理的職能更有針對性和有效性。

8. 強化服務

強化服務，是指會計人員要具有文明的服務態度、強烈的服務意識和優良的服務質量。會計人員要禮貌待人，以高度負責的態度樹立起強烈的服務意識，以優良的服務質量為會計信息使用者提供服務。

會計人員要強化服務，首先應強化服務意識。不論服務對象的地位高低，都要擺正自己的工作態度，做到謙虛謹慎，態度和藹，以誠相待。其次應提高服務質量。會計人員應做好會計工作，對經濟業務事項進行核算監督，為會計信息使用者提供真實完整的會計信息，向單位決策者反應經濟活動情況，指出存在的問題並提出合理化的建議，參與經濟管理活動，協助領導者做出正確決策。

第四節　會計規範體系

一、我國會計規範體系的總體構成

會計規範，是指在長期的會計實踐中，由國家有關機關部門和企事業單位制定的，用以指導會計人員工作，約束、協調、評價會計行為的法律法規、準則制度和職業道德的總稱。它是會計行為的標準。

會計規範體系是由不同層次的、相互聯繫的各項會計規範按照一定的邏輯順序組成的，具有一定結構並共同發揮作用的有機整體。

(一) 會計規範體系的構成

我國目前的會計規範體系主要由以下幾方面構成：

1. 會計法律規範

會計法律規範包括會計法律和會計行政法規，這是會計規範體系中最具有約束力的組成部分，是調整我國經濟生活中會計關係的法律規範，是調節和控制會計行為的

外在制約因素。我國當前的會計法律主要有《中華人民共和國會計法》《中華人民共和國註冊會計師法》；實施的會計法規主要有《總會計師條例》《企業財務會計報告條例》。

2. 會計準則制度和規範性文件

會計準則制度是指由國家財政部及其相關部委在其權限範圍內制定的、調整會計工作中某些方面內容的會計部門規章，包括國家統一的會計核算制度、會計機構和會計人員管理制度等。規範性文件既包括國家財政部及其相關部委制定的會計準則制度和規範性文件，也包括省、自治區、直轄市人民代表大會或常委會根據各地區情況制定的關於會計核算、會計機構和會計人員、會計工作管理等方面的地方規範性文件。

3. 會計職業道德

會計職業道德是指在會計職業活動中會計人員應當遵循的、體現會計職業特徵的、調整會計職業關係的職業行為準則和規範。會計職業道德是比較特殊的會計規範，它以道德的形式對會計人員進行理性規範，是對會計人員主觀心理素質的要求，促使會計人員樹立正確的人生觀、價值觀，需要會計人員自覺遵守，控制和把握著會計行為的方向與合理化程度。

(二) 會計規範體系的作用

1. 為指導會計人員工作提供了依據

會計規範體系包括統一會計人員處理工作過程中具有強制性的會計法律規範，也包括具有自主性的會計規範性文件和道德層面的會計職業道德。因此，它合理有效地為會計人員的工作提供了依據，有利於指導會計人員合法、合理地工作，從而有助於為會計信息使用者提供有效信息。

2. 為評價會計行為提供了客觀標準

會計信息的使用者既包括企業內部的管理者，也包括外部投資者、債權人、相關政府部門和社會公眾，他們分佈在社會各方，對會計信息的需求各有側重。為此，需要在全社會範圍內對特定會計主體的行為及其結果有一個統一的標準，用來評價特定會計主體的會計信息質量。會計規範體系就為此提供了客觀標準。

3. 為維護社會經濟秩序提供了重要保障

會計規範體系作為市場經濟運行的規則的重要組成部分，用以指導會計人員工作，規範、協調會計行為，對維護社會主義市場經濟秩序，國家進行宏觀調控有著重要作用。

(三) 會計規範體系的特徵

1. 統一性

會計規範體系在一定範圍內是統一的，適用對象不是針對具體和特定的某一單位，而是廣泛適用於全國範圍；不是針對具體和特定的某一經濟業務事項，而是適用於全部會計行為。當然，統一性不是絕對的統一，一些會計規範也是有一定的適用範圍的，比如地方性會計法規只適用於該地區；企業內部會計管理制度相關規定的約束力僅限於該企業內部。

2. 權威性

會計規範作為評價會計行為是否合理、合法的有效標準，必然具有充分的影響力和威望，通過標準，讓人明白哪些會計行為是符合規範的，哪些會計行為是不符合規

範的。權威性可以來自會計規範的制定機關，如國家權力機關和行政機關；也可以來自社會的廣泛性支持，如會計職業道德。

3. 科學性

科學性是指會計規範能體現會計工作內在規律和內在要求。會計規範與會計所處的客觀環境實現了有機結合，體現了會計規範體系的科學性。

4. 發展性與相對穩定性

會計是一門隨著社會政治經濟環境的變化而不斷發展的學科，會計規範體系也隨之發展以適應時代的需求，會計規範體系的建立和發展是一個動態演進的過程，但在一定時期、一定客觀環境下，會計規範體系是相對穩定的。

二、我國會計規範體系的具體內容

本書是從廣義角度理解我國會計規範體系的，即凡是對會計進行制約、限制和引導的規範都應視為會計規範體系的組成部分。具體說來，我國會計規範體系由六個層次構成，根據規範強制力大小排列如表 11-1 所示。

表 11-1　　　　　　　　　　我國會計規範體系

會計規範名稱	規範制定機關、強制力、代表等
會計法律	全國人民代表大會及其常務委員會制定；效力最高； 如《中華人民共和國會計法》《中華人民共和國註冊會計師法》
會計行政法規	國務院發布；效力僅次於會計法律； 如《總會計師條例》《企業財務會計報告條例》
會計部門規章	財政部發布；效力低於會計法律、會計行政法規； 如《企業會計準則》《會計基礎工作規範》等
地方性會計法規	地方人大或常務委員會制定；在本地區範圍內有效； 如《××省會計管理條例》等
內部會計管理制度	各單位制定；在本單位範圍內有效
會計職業道德規範	非強制力執行，有很強自律性

（一）會計法律

會計法律，是指由我國最高權力機關——全國人民代表大會及其常務委員會經過一定的立法程序制定的，用以調整我國經濟活動中會計關係的法律規範的總稱，是社會法律制度在會計方面的具體體現。我國目前的會計法律分別是《中華人民共和國會計法》《中華人民共和國註冊會計師法》。

1. 《中華人民共和國會計法》

我國的第一部《中華人民共和國會計法》於 1985 年 1 月 21 日由第六屆全國人民代表大會常務委員會第九次會議通過，於 1985 年 5 月 1 日起實施。此後經過幾次修訂，目前我國實施的《中華人民共和國會計法》於 1999 年 10 月 31 日修訂，於 2000 年 7 月 1 日起施行。該法共七章五十二條，分別為：總則；會計核算；公司、企業會計核算的特別規定；會計監督；會計機構和會計人員；法律責任；附則。

《中華人民共和國會計法》是我國會計法律制度中層次最高、法律效力最強的法律規範，是制定其他會計法規的依據，在全國範圍內適用。

2. 《中華人民共和國註冊會計師法》

《中華人民共和國註冊會計師法》於 1993 年 10 月 31 日第八屆全國人民代表大會常務委員會第四次會議通過，於 1994 年 1 月 1 日開始實施。該法是我國仲介行業的第一部法律，共七章四十六條，主要對註冊會計師行業管理體制、註冊會計師考試、註冊會計師事務所組織形式和業務範圍、法律責任等進行系統規範。

（二）會計行政法規

會計行政法規是指由我國最高行政機關——國務院制定並發布，或是由國務院有關部門擬定並經國務院批准發布，調整經濟生活工作中某些方面會計關係的法律規範。會計行政法規是一種重要的法律形式，其權威性和法律效力僅次於會計法律。我國當前實施的會計行政法規主要包括《總會計師條例》《企業財務會計報告條例》。

1. 《總會計師條例》

《總會計師條例》於 1992 年 12 月 31 日由國務院頒布，共五章二十三條。它主要對單位總會計師職責權限、任免和獎懲等進行規範。

2. 《企業財務會計報告條例》

《企業財務會計報告條例》於 2000 年 6 月 21 日由國務院頒布，於 2001 年 1 月 1 日起施行。該條例共六章四十六條，對企業財務會計報告的構成、編製、對外提供的要求、法律責任等進行了規定，是對《中華人民共和國會計法》中財務會計報告規定的細化。

（三）會計部門規章

會計部門規章是指由我國主管會計工作的行政管理部門——財政部以及其他相關部委根據相關法規、決定，在本部門權限範圍內制定的，調整會計工作中某些方面內容的國家統一的會計準則制度和規範性文件。它包括國家統一的會計核算制度、會計監督制度、會計機構和會計人員制度等。其效力低於會計法律、會計行政法規。

1. 國家統一的會計核算制度

國家統一的會計核算制度指的是狹義的會計制度，包括會計準則和會計制度。

國家統一會計核算制度的構成如圖 11-1 所示。

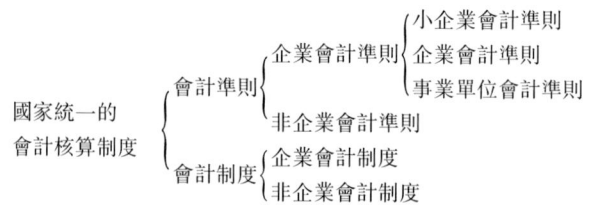

國家統一的會計核算制度
- 會計準則
  - 企業會計準則
    - 小企業會計準則
    - 企業會計準則
    - 事業單位會計準則
  - 非企業會計準則
- 會計制度
  - 企業會計制度
  - 非企業會計制度

圖 11-1　國家統一會計核算制度的構成

會計準則，是對企業實際活動的規律性總結，一般按會計對象要素、經濟業務的特點或會計報表的種類分別制定，主要規範會計要素的確認、計量與報告，不涉及會計科目和會計分錄的列示。會計準則是進行會計工作的標準和指導思想，包括企業會計準則和非企業會計準則兩個方面。

會計制度，是對企業核算的制度規範，以特定部門、特定行業的企業或所有的企業為對象，著重對會計科目的設置、使用和會計報表的格式及其編製加以詳細規範。會計制度包括企業會計制度和非企業會計制度。

2. 國家統一的會計監督制度

會計監督是會計兩大基本職能之一，在我國的會計規範體系中佔有重要地位。財政部根據《中華人民共和國會計法》的規定，制定的《會計基礎工作規範》中要求各企事業單位的會計機構、會計人員對本單位的經濟活動進行會計監督。

3. 國家統一的會計機構和會計人員制度

我國現行的會計機構和會計人員的統一管理制度主要包括《會計從業資格管理辦法》《會計從業資格管理辦法（徵求意見稿）》和《會計人員繼續教育暫行規定》。相關從業管理辦法用以加強會計從業資格管理，規範會計人員行為；后者主要規定了會計從業人員繼續教育的目的、任務、對象、內容、實施、檢查、考核等內容。

4. 國家統一的會計工作管理制度

為加強指導對會計電算化、會計檔案的管理，我國先後發布了《會計電算化管理辦法》《會計電算化工作規範》《會計檔案管理方法》等，就會計電算化管理部門採用電子計算機代替手工記帳的基本條件，會計檔案內容與種類、歸檔、保管以及銷毀等作了明確規定。

(四) 地方性會計法規

地方性會計法規，是指由省、自治區、直轄市人民代表大會或常委會在不抵觸我國憲法、相關法律法規的前提下，根據各地區情況制定的關於會計核算、會計機構和會計人員、會計工作管理等方面的地方規範性文件，其效力限於該地區範圍內。

(五) 內部會計管理制度

內部會計管理制度，是指各企事業單位根據國家會計法律法規、規章等有關規定，結合本單位情況和經營管理的特點及需要而制定的，用以規範本單位內部會計管理活動的制度、措施和辦法。

各單位內部會計管理制度的建設並沒有統一的規定和要求，可根據自身所處地區、部門和行業的特點，結合自身業務管理與會計核算的需求，制定適合自身的內部會計管理制度，以查錯防弊，完善自身的經營管理活動。

(六) 會計職業道德規範

會計職業道德規範，是會計人員在思想和行為方面的道德規範，是社會道德在會計工作中的具體體現，是引導、制約會計行為，調整會計人員與各方面利益主體關係的會計規範。

會計職業道德規範貫穿於會計工作的整個過程，反應了會計這個職業特殊的道德要求，其約束力主要來自人類良知、社會輿論和傳統習俗，而非國家強制力。

我國相關的規章制度與管理條例中也包含了會計職業道德的有關內容。

第五節　會計檔案管理和會計工作交接

一、會計檔案管理

會計檔案，是指各單位在進行會計核算過程中接收或形成的，記錄和反應單位經濟業務事項的，具有保存價值的文字、圖表等各種形式的會計資料，包括通過計算機等電子設備形成、傳輸和存儲的電子會計檔案。它是記錄和反應單位經濟業務的重要

史料和證據，對總結經濟工作、指導生產經營管理、研究經濟發展的方針戰略、查驗各種財務問題都有重要作用。《中華人民共和國會計法》《會計基礎工作規定》對會計檔案的管理作出了原則性的規定，《會計檔案管理辦法》① 則對會計檔案管理的相關內容作出了具體的規定。

國務院財政部和國家檔案局主管全國會計檔案工作，共同制定全國統一的會計檔案工作制度，對全國會計檔案工作實施監督和指導。縣級以上地方人民政府財政部門和檔案行政管理部門管理本行政區域內的會計檔案工作，並對本行政區域內會計檔案工作實施監督和指導。各單位應當加強會計檔案管理工作，設立檔案機構或配備檔案工作人員，建立和完善會計檔案的收集、整理、保管、利用和鑒定銷毀等管理制度，採取可靠的安全防護技術和措施，保證會計檔案的真實、完整、可用、安全。單位委託仲介機構代理記帳的，應在簽訂的書面委託合同中，明確會計檔案的保管要求及相應責任。

(一) 會計檔案的內容

1. 應進行歸檔的會計資料

《會計檔案管理辦法》規定，下列會計檔案應進行歸檔：

(1) 會計憑證：原始憑證、記帳憑證。

(2) 會計帳簿：總帳、明細帳、日記帳、固定資產卡片及其他輔助性帳簿。

(3) 財務會計報告：月度、季度、半年度、年度財務會計報告。

(4) 其他會計資料：銀行存款余額調節表、銀行對帳單、納稅申報表、會計檔案移交清冊、會計檔案保管清冊、會計檔案銷毀清冊、會計檔案鑒定意見書、其他具有保存價值的會計資料。

2. 電子會計檔案管理

單位可以利用計算機、網路通信等現代信息技術手段管理會計檔案。其內部形成的電子會計資料，同時滿足下列條件的，可僅以電子形式歸檔保存，形成電子會計檔案：

(1) 電子會計資料來源真實有效，由相應的電子設備生成和傳輸。

(2) 使用的會計核算系統能夠準確、完整、有效接收和讀取電子會計資料數據；能夠輸出符合歸檔格式的會計憑證、帳簿、報表等會計資料；設定並履行了經辦、審核、審批等必要的電子簽證程序。

(3) 使用的檔案管理系統能夠有效接收、管理、利用電子會計檔案數據，符合電子數據長期保管要求，並建立了電子會計檔案與相應紙質會計檔案的索引關係。

(4) 採取有效措施，防止電子會計檔案數據被篡改。

(5) 建立電子會計檔案備份制度，能夠有效防範自然災害、意外事故和人為破壞的影響。

(6) 不屬於永久保存或其他重要保存價值的會計檔案。

單位從外部接收的電子會計資料，附有符合《中華人民共和國電子簽名法》規定的第三方認證的電子簽名，且同時滿足上述規定條件的，可僅以電子形式歸檔保存，形成電子會計檔案。

---

① 本書會計檔案管理內容依據中華人民共和國財政部、國家檔案局令第79號《會計檔案管理辦法》編寫。

(二) 會計檔案的歸檔與移交
(1) 單位會計機構按照歸檔範圍和歸檔要求，負責定期將應當歸檔的會計資料整理立卷，編製會計檔案保管清冊。
(2) 屬於當年歸檔範圍的會計資料，一般應在會計年度終了后一年內，由單位會計機構向單位檔案機構或檔案工作人員進行移交。因工作需要確實需要推遲移交、仍由會計機構臨時保管的，應當經檔案管理機構同意，且最多不超過三年。臨時保管期間，會計資料的保管應當符合國家有關規定，且出納人員不得兼任會計檔案保管工作。
(3) 辦理會計檔案移交時，應當編製會計檔案移交清冊，並按國家有關規定辦理移交手續。移交的會計檔案為紙質會計檔案的，應當保持原卷的封裝；移交的會計檔案為電子會計檔案的，應當將電子會計檔案及其元數據一併移交，且文件格式應當符合國家有關規定。特殊格式的電子會計檔案應當與其讀取平臺一併移交。

(三) 會計檔案的查閱使用
各單位應當嚴格按照有關制度利用會計檔案。在使用會計檔案的過程中，嚴禁篡改和損壞會計檔案。此外，單位保存的會計檔案一般不得對外借出，確因特殊需要且根據國家有關規定必須借出的，應當嚴格按照規定辦理相關手續。

(四) 會計檔案的保管期限
會計檔案應分類保存，並建立相應的分類目錄隨時進行登記。《會計檔案管理辦法》規定，會計檔案的保管期限分為永久、定期兩類。永久是指會計檔案應永久保存。單位年度財務會計報告、會計檔案保管清冊、會計檔案銷毀清冊和會計檔案鑒定意見書應永久保管。定期保管期限分為 10 年、30 年兩類。會計檔案的保管期限，從會計年度終了后第一天算起，該期限為最低保管期限。企業和其他組織會計檔案保管期限詳如表 11-2 所示；財政總預算、行政單位、事業單位和稅收會計檔案保管期限如表 11-3 所示。

表 11-2　　　　　　　　　企業和其他組織會計檔案保管期限表

序號	檔案名稱	保管期限	備註
一	會計憑證		
1	原始憑證	30 年	
2	記帳憑證	30 年	
二	會計帳簿		
3	總帳	30 年	
4	明細帳	30 年	
5	日記帳	30 年	
6	固定資產卡片		固定資產報廢清理后保管 5 年
7	其他輔助性帳簿	30 年	
三	財務會計報告		
8	月度、季度、半年度財務會計報告	10 年	
9	年度財務會計報告	永久	

表11-2(續)

序號	檔案名稱	保管期限	備註
四	其他會計資料		
10	銀行存款余額調節表	10 年	
11	銀行對帳單	10 年	
12	納稅申報表	10 年	
13	會計檔案移交清冊	30 年	
14	會計檔案保管清冊	永久	
15	會計檔案銷毀清冊	永久	
16	會計檔案鑒定意見書	永久	

表 11-3　財政總預算、行政單位、事業單位和稅收會計檔案保管期限表

序號	檔案名稱	財政總預算	行政單位事業單位	稅收會計	備註
一	會計憑證				
1	國家金庫編送的各種報表及繳庫退庫憑證	10 年		10 年	
2	各收入機關編送的報表	10 年			
3	行政單位和事業單位的各種會計憑證		30 年		包括原始憑證、記帳憑證和傳票匯總表
4	財政總預算撥款憑證和其他會計憑證	30 年			包括撥款憑證和其他會計憑證
二	會計帳簿				
5	日記帳		30 年	30 年	
6	總帳	30 年	30 年	30 年	
7	稅收日記帳（總帳）			30 年	
8	明細分類、分戶帳或登記簿	30 年	30 年	30 年	
9	行政單位和事業單位固定資產卡片				固定資產報廢清理後保管5 年
三	財務會計報告				
10	政府綜合財務報告	永久			下級財政、本級部門和單位報送的保管 2 年
11	部門財務報告		永久		所屬單位報送的保管 2 年
12	財政總決算	永久			下級財政、本級部門和單位報送的保管 2 年
13	部門決算		永久		所屬單位報送的保管 2 年
14	稅收年報（決算）			永久	

表11-3(續)

序號	檔案名稱	保管限期			備註
		財政總預算	行政單位事業單位	稅收會計	
15	國家金庫年報（決算）	10年			
16	基本建設撥、貸款年報（決算）	10年			
17	行政單位和事業單位會計月、季度報表		10年		所屬單位報送的保管2年
18	稅收會計報表			10年	所屬稅務機關報送的保管2年
四	其他會計資料				
19	銀行存款余額調節表	10年	5年		
20	銀行對帳單	10年	5年	10年	
21	會計檔案移交清冊	30年	30年	30年	
22	會計檔案保管清冊	永久	永久	永久	
23	會計檔案銷毀清冊	永久	永久	永久	
24	會計檔案鑒定意見書	永久	永久	永久	

註：稅務機關的稅務經費會計檔案保管期限，按行政單位會計檔案保管期限規定辦理。

（五）會計檔案的銷毀

各單位應當成立會計檔案鑒定委員會（或小組），定期對已到保管期限的會計檔案進行鑒定，並形成會計檔案鑒定意見書。需要注意的是，對電子會計檔案的銷毀，還應符合國家有關電子檔案的規定。經鑒定，對保管期滿、確無保存價值的會計檔案，可以進行銷毀；如仍須繼續保存的會計檔案，則重新劃定保管期限。

1. 會計檔案的銷毀程序

經會計檔案鑒定委員會（或小組）鑒定可以銷毀的會計檔案，按照以下程序進行銷毀：

（1）編製會計檔案銷毀清冊並由相關人員簽署意見

檔案機構編製會計檔案銷毀清冊，列明銷毀會計檔案的名稱、卷號、冊數、起止年度和檔案編號、應保管期限、已保管期限、銷毀時間等內容。單位負責人、檔案機構負責人、會計機構負責人、檔案機構經辦人、會計機構經辦人在會計檔案銷毀清冊上簽署意見。

（2）組織銷毀工作並派人監銷

單位檔案機構負責組織會計檔案銷毀工作，並與會計機構共同派員監銷。此外，電子會計檔案銷毀時，還應當由信息系統管理機構派員監銷。

監銷人員在會計檔案銷毀前，應當按照會計檔案銷毀清冊所列內容進行清點核對；銷毀后，應當在會計檔案銷毀清冊上簽名或蓋章。

2. 期滿仍不能銷毀的會計檔案

保管期滿但未結清的債權債務的會計憑證和涉及其他未了事項的會計憑證，不得銷毀。其中，紙質會計檔案應當單獨抽出立卷，電子會計檔案應當單獨轉存，保管到

未了事項完結時為止。單獨抽出立卷或轉存的會計檔案，應當在會計檔案鑒定意見書、會計檔案銷毀清冊和會計檔案保管清冊中列明。

二、會計工作交接

會計工作交接，是指會計人員工作調動、離職或因病暫時不能工作時，與接管人員辦理交接手續的一種工作程序。會計人員工作交接是會計工作的一項重要內容，做好會計交接工作，有利於會計工作的前後銜接，保證會計工作的連續進行，防止因會計人員更換而出現帳目不清等現象，也有利於分清移交人員和接管人員的責任。

(一) 會計工作交接範圍

《中華人民共和國會計法》規定，會計人員調動工作或者離職，必須與接管人員辦清交接手續。

此外，《會計基礎工作規範》對會計人員的交接工作也作了明確規定：

(1) 會計人員因臨時離職或因病不能工作，需要接管或代理的，會計機構負責人 (會計主管人員) 或單位負責人必須指定專人接管或者代理，並辦理會計工作交接手續。

(2) 臨時離職或因病不能工作的會計人員恢復工作時，應當與接管或代理人員辦理交接手續。

(3) 移交人員因病或其他特殊原因不能親自辦理移交手續的，經單位負責人批准，可由移交人委託他人代辦交接，但委託人應當對所移交的會計憑證、會計帳簿、財務會計報告和其他有關資料的真實性、完整性承擔法律責任。

(二) 會計工作交接程序

1. 提出移交申請

會計人員在向單位或是有關機關提出調動工作或離職申請時，應當同時向所屬會計機構提出會計移交申請，以便會計機構早作安排。

2. 做好辦理移交手續前的準備工作

(1) 已經受理的經濟業務尚未填製會計憑證的，應填製完畢。

(2) 尚未登記的帳目應當登記完畢，結出余額，並在最后一筆余額后加蓋經辦人印章。

(3) 整理好應該移交的各項資料，對未了事項和遺留問題要寫出書面說明材料。

(4) 編製移交清冊，列明應該移交的會計憑證、會計帳簿、財務會計報告、公章、現金、有價證券、支票簿、發票、文件、其他會計資料和物品等內容；實行會計電算化的單位，從事該項工作的移交人員應在移交清冊上列明會計軟件及密碼、數據盤、磁帶等內容。

(5) 會計機構負責人（會計主管人員）移交時，應將財務會計工作、重大財務收支問題和會計人員等情況向接管人員介紹清楚。

3. 按移交清冊逐項移交

會計移交工作中，移交人員必須在規定的期限內將所負責的會計工作全部向接管人員移交清楚。移交人員在辦理移交時，按移交清冊逐項移交；接管人員應按移交清冊逐項點收。具體要求是：

(1) 現金要根據會計帳簿記錄余額進行當面點交，不得短缺。接管人員發現不一

致或「白條抵庫」現象時，移交人員在規定期限內負責查清處理。

（2）有價證券的數量要與會計帳簿記錄一致，有價證券面額與發行價不一致時，按照會計帳簿余額交接。

（3）所有會計資料必須完整無缺。如有短缺，必須查明原因，並在移交清冊中加以說明，由移交人負責。

（4）銀行存款帳戶余額要與銀行對帳單核對相符，如有未達帳項，應編製銀行存款余額調節表調節相符；各種財產物資和債權債務的明細帳戶余額，要與總帳有關帳戶的余額核對相符；對重要實物要實地盤點；對余額較大的往來帳戶要與往來單位、個人核對。

（5）公章、收據、空白支票、發票、科目印章以及其他物品等必須交接清楚。

（6）實行會計電算化的單位，交接雙方應在電子計算機上對有關數據進行實際操作，確認有關數字正確無誤后，方可交接。

此外，會計機構負責人（會計主管人員）移交會計工作時，還須將全部財務會計工作、重大財務收支、會計人員情況等向接管人進行詳細介紹，對遺留問題，要寫出書面材料。

4. 專人負責監交

為了明確責任，會計人員的交接工作，應有專人負責監交，以保證交接雙方都按有關規定認真辦理相關手續；保證會計工作連續進行；保證交接雙方平等地享有權利和承擔義務。對會計交接工作的監交要求如下：

（1）一般會計人員辦理交接手續，由會計機構負責人（會計主管人員）監交。

（2）會計機構負責人（會計主管人員）辦理交接手續，由單位負責人監交，必要時主管單位可以派人會同監交。

5. 交接后的相關事宜

（1）會計工作交接完畢后，交接雙方和監交人在移交清冊上簽名或蓋章，並應在移交清冊上註明單位名稱，交接日期，交接雙方和監交人的職務、姓名，移交清冊頁數以及需要說明的問題和意見等。

（2）接管人員應繼續使用移交前的帳簿，不得擅自另立帳簿，以保證會計記錄前后銜接，內容完整。

（3）移交清冊一般應填製一式三份，交接雙方各執一份，存檔一份。

（三）會計交接人員的責任

移交人員應對所移交的會計憑證、會計帳簿、財務會計報告和其他會計資料的真實性、完整性負責。因為這些資料是在其經辦會計工作期間內發生的。也就是說接管人員在交接時因疏忽沒有發現所接會計資料在真實性、完整性方面的問題，如事後發現仍應由原移交人員負責，原移交人員不應以會計資料已移交而推脫責任。

思考題：

1. 會計工作組織包含哪些基本內容？
2. 《中華人民共和國會計法》對單位會計機構的設置有哪些相關的規定？
3. 會計崗位的設置有哪些要求？主要會計崗位有哪些？

4. 會計人員有哪些職責權限？
5. 會計機構負責人（會計主管人員）的任職資格是什麼？
6. 會計人員應具備哪些素質？
7. 我國會計規範體系有何特徵？其具體內容有哪些？分別由誰制定？效力如何？
8. 會計檔案有哪些內容？如何做好會計檔案的保管工作？
9. 會計人員辦理交接手續須由什麼人負責監交？移交人員移交后，還應承擔什麼責任？

第十二章
會計信息系統

【學習要求】

通過本章的學習，讀者應瞭解會計信息系統的產生與發展、特點及意義，掌握會計信息系統的組成，熟悉會計信息系統的應用管理。

【案例】

提高會計工作效率的途徑有哪些？

邕桂公司隨著經營的不斷發展壯大，財務部門傳統的手工會計操作嚴重阻礙了會計工作的開展。如果你是公司的會計機構負責人，你會怎樣解決這個問題呢？

第一節 會計信息系統概述

一、會計信息系統的產生與發展

會計信息系統（Accounting Information System，AIS）是管理信息系統的一個子系統，是專門用於企事業單位處理會計業務、收集、存儲、傳輸和加工各種會計數據，完成會計核算工作，輸出會計信息，並將其反饋給各有關部門，為企業的經營活動和決策活動提供幫助，為投資人、債權人、政府部門提供財務信息的系統。

結合相關學者的研究，本書將會計信息系統的演變歷程劃分為手工會計系統、電算化會計信息系統、現代會計信息系統。

（一）手工會計信息系統

手工會計信息系統的核心是「資產＝負債+所有者權益」這一會計恒等式、會計科目表以及會計循環。顧名思義，手工會計信息系統就是通過手工方式來處理會計信息，會計信息記錄保存的載體是紙制的憑證、帳簿和會計報表等，以筆、算盤等作為主要會計處理工具。此階段信息技術的應用微乎其微。

手工會計信息系統的特點是依靠人工進行會計數據的收集、儲存、加工和傳遞。其最大優勢在於具有良好的適應性、靈活性和可靠性；此外，會計業務的處理不會因為計算機模式下諸如服務器硬件故障、停電等原因而無法正常使用。相較之下，手工會計信息系統的缺陷更為突出，由於其全過程為手工完成，存在著效率低下和差錯率較高等問題，難以滿足現代企業的管理要求。

（二）傳統自動化會計信息系統即電算化會計信息系統

隨著計算機技術的發展，原有手工會計信息系統的手工處理方式逐漸轉化為由計算機來完成，從而進入電算化會計信息系統。這種會計信息系統是在傳統會計循環的基礎上建立的，計算機應用程序對會計憑證、會計帳簿、會計報表的本質並沒有實質性的改變，但該系統在會計發展歷史中佔有重要地位，其將計算機引入會計信息處理領域，極大地提高了會計信息處理的速度和質量。我國從20世紀70年代末期由國外引入了會計電算化理念。這一階段，會計電算化是我國特有的專業稱謂，反應了會計工作中由計算機取代手工處理會計數據的變化和特徵。

（三）現代會計信息系統

隨著計算機和網路技術的飛速發展，現代會計信息系統應運而生。會計信息系統只有不斷進行發展完善，充分利用新技術、新工具、新方法進行創新，才能適應社會的需要。現代會計信息系統是以互聯網為網路技術手段，通過對會計信息的收集、處理、存儲、傳輸和應用，為企業經營管理、控制決策等提供充足、即時會計信息的系統。

該系統不再僅僅局限於傳統會計信息系統下的記帳工作，而是將財務工作提升到企業管理的角度，實現了會計核算與企業管理的集成、財務與業務的協同。會計信息系統從傳統的由財務會計部門負責構建和運行的部門層面系統轉變為在企業整體層面上進行統籌規劃並由各個相關部門共同協調運行的企業層面系統；參與的人員也從傳統的單一財務人員擴展到與信息處理過程相關的全部特定人員。

本書後面要討論的會計信息系統，主要基於電算化會計信息系統和現代會計信息系統展開。

二、會計信息系統的分類

根據所能提供會計信息的深度和服務層次可將會計信息系統劃分為會計核算系統、會計管理系統和會計決策支持系統。

（一）會計核算系統

會計核算系統是整個會計信息系統的基礎。其主要功能是處理傳統財務信息，並向會計管理系統和會計決策支持系統提供來自企事業單位經濟業務事項最原始的會計核算數據，如總帳核算、材料核算、成本核算、工資核算、銷售核算和固定資產核算等。

（二）會計管理系統

會計管理系統是會計決策支持系統的基礎，是會計信息系統的中間層次。其主要功能是在會計核算處理的基礎上，根據會計決策支持系統的決策信息完成對資金、成本、銷售收入和利潤等方面的管理和控制，並將決策執行的結果反饋給會計決策支持系統，充分發揮會計信息系統的監督、管理、控制職能。比如資金管理子系統用於對資金的使用、週轉、控制和分析。

（三）會計決策支持系統

會計決策支持系統是會計信息系統的最高層次。其主要理論依據是一些有關的數字經濟預決策模型；基本內容包括長短期投資預測、不同情況下的投入產出預測和決策、風險預測與控制、利潤預測等。同時，會計決策支持系統是建立在前兩個系統之上，其規模是具有彈性的，會由於各企業單位實際情況和管理水平的不同而對會計決策支持系統的要求產生很大不同，但其基本功能都是幫助決策者進行科學的經營預測

和決策工作。

可見，會計核算系統、會計管理系統、會計決策支持系統並不是截然分開的，它們相互之間有著密切的聯繫。

此外，按不同組織類型可將會計信息系統分為：工業企業的會計信息系統、商業企業的會計信息系統、科技貿易及服務類組織的會計信息系統、金融機構的會計信息系統、行政事業單位的會計信息系統。

三、會計信息系統的特點

(一) 數據的準確性

由於計算機具有高精度、高準確性和邏輯判斷的特點，記帳過程完全由計算機準確、快捷地完成，這在很大程度上避免了手工模式下人為因素造成的差錯，使得數據的準確性有了可靠的保障，進而提高了會計信息的質量。

(二) 數據處理速度的高效性

計算機具有高速處理數據的能力。會計信息系統利用計算機自動處理會計數據，極大地提高了數據處理的效率，增強了系統的及時性。例如，如果需要查詢某日會計信息，只要對計算機輸入相關提示，計算機便能快速、準確地按要求搜索到相關信息予以提供。會計信息系統從根本上改變了手工會計操作反應遲緩的弊病，同時也將廣大會計人員從繁雜的數據抄寫和計算中解脫出來，大大減輕了會計人員的工作強度。

(三) 會計信息的共享性

互聯網的全面普及，計算機網路的建設、運作、管理和發展已成為一個國家經濟發展的重要環節。互聯網作為世界信息高速公路的基本框架，信息的使用者從地球的任何一個地方，只需幾秒鐘就可以把信息傳遞到另一個地方，也可以從不同的地方獲取所需的信息。會計信息系統的發展實現了企業內部、同城的企業與企業之間、海內外數據共享和信息的快速傳遞，極大地提高了信息的使用效率和共享程度，加快了信息的披露，更好地為管理者、投資人、債權人、政府部門等會計信息使用者提供所需信息。

四、會計信息系統的意義

會計信息系統是傳統會計信息處理技術的重大變革，對提高會計人員在管理工作中的地位，促進微觀管理和宏觀管理的現代化有著十分重要的意義。

(一) 提高了會計工作的效率和會計信息的質量

運用會計信息系統后，計算機處理速度每秒達幾百萬次，是手工處理速度的幾百倍、幾千倍，從而使大量的會計信息得到及時、迅速的處理。同時，規範統一的輸入輸出格式，簡潔、清晰的輸入輸出數據，並能進行多重校驗，極大地提高了會計工作的效率和會計信息的質量。如：一張借貸不平的報表，計算機拒絕接受；一張憑證若缺少日期或科目等，計算機拒絕認可。

(二) 減輕了會計人員的勞動強度，使會計人員有時間和精力參與管理

運用會計信息系統后，只要將原始數據輸入計算機，大量的數據計算、分類、歸集、匯總、分析等工作，全部由計算機完成。這將使會計人員從繁重的記帳、算帳、報帳中解脫出來，減輕了勞動強度，很大程度上將會計人員從繁重的會計處理事務中解放出來，使之有時間和精力對會計信息進行分析，為相關領導、部門提供合理建議，

參與管理決策。同時，會計信息系統可以提供更全面、更科學的決策依據，更有助於充分地發揮會計的預測、決策職能。

此外，會計信息系統也促進了會計人員綜合素質的提高。一方面會計信息處理方式的改變，要求會計人員必須學習和掌握新知識與新技能；另一方面會計職能的擴展，需要會計人員提高素質，更好地參與經濟管理活動。

(三) 加快信息流速，促進組織管理的現代化

會計信息系統使會計信息可以得到及時、準確的處理，加快了信息流速，有助於管理者及時做出決策。同時，大量的信息也可以得到及時共享，促進和帶動其他業務部門、管理部門的管理決策，進而促進了整個管理現代化。

(四) 促進會計理論研究和會計實務發展

會計信息系統改變了傳統的會計信息處理技術，必然對會計核算方式、方法、程序內容等方面產生一定的影響。同時，也提出了許多新問題，如傳統的內部控制、審計方法如何應對網路環境下出現的新問題等，這促使會計理論和會計實務工作者去探索研究，從而推動了會計理論研究和實務發展。

第二節　會計信息系統的構成

會計信息系統從物理組成來看，是由計算機硬件、計算機軟件、數據、會計規範、會計人員組成的；從職能結構來看，是由會計核算系統、會計管理決策系統組成，各系統又由若干個職能子系統構成。

一、會計信息系統的物理組成

(一) 計算機硬件

計算機硬件，是指進行會計數據輸入、處理、存儲及輸出的各種電子設備。輸入設備有鍵盤、條形碼掃描儀、光電掃描儀等；處理設備有計算機主機；存儲設備有磁盤、光盤等；輸出設備有顯示器、打印機等；通信設備有傳輸介質、路由器等。硬件設備不同的結構及組合方式決定了會計信息系統的不同工作方式。目前常見的有單用戶結構、多用戶結構、局域網結構和廣域網結構。

(二) 計算機軟件

計算機軟件包括系統軟件和應用軟件。系統軟件是保證會計信息系統能夠正常運行的基礎軟件，如操作系統、數據庫管理系統等，一般在購買硬件設備時由計算機廠商提供或自行購買。會計信息系統中的應用軟件主要指會計軟件，它專門用於會計核算和會計管理，是會計信息系統的一個重要組成部分。沒有會計軟件的信息系統就不能稱為會計信息系統，擁有會計軟件是會計信息系統區別於其他信息系統的一個主要因素。會計軟件可通過購買商品軟件或者由使用單位組織開發設計等方式獲得。

(三) 數據

會計信息系統的數據包括輸入的各種數據。會計信息由於涉及面廣、量大，一般由數據庫系統集中處理。

（四）會計規範

會計規範，是指保證會計信息系統正常運行的各種制度與控制程序，如硬件管理制度、數據管理制度、會計準則、會計制度、會計人員崗位責任制度、內部控制制度等。

（五）會計人員

現代會計信息系統下的人員是廣義的會計人員，是指會計信息系統的使用人員和管理人員。它既包括傳統的會計人員如會計主管、憑證錄入人員、憑證審核人員、會計檔案保管人員等，也包括系統開發人員、系統維護人員等。會計人員也是會計信息系統中的一個重要組成部分，如果沒有一支高水平、高素質的會計人員隊伍，那麼即使有再好的計算機硬件和軟件，會計信息系統也不能穩定、正常地運行。

二、會計信息系統的職能結構

會計信息系統從其系統職能結構來看可分為會計核算系統和會計管理決策系統。會計核算系統相對較為成熟。下面以工業企業為例來探討其構成。

（一）會計核算系統

1. 總帳子系統

總帳子系統用於日常帳務處理。它從記帳憑證的填製開始，完成憑證的記帳、復核、結帳等業務處理，並對記帳憑證、科目匯總表、總帳、明細帳、日記帳等進行查詢，提供各種形式的查詢打印功能。

總帳子系統是整個會計信息系統的核心。各業務核算子系統如材料核算子系統、固定資產核算子系統等生成的憑證需要轉入總帳子系統進行登帳；同時，總帳、明細帳等會計信息也是會計報表子系統的數據基礎。

2. 材料核算子系統

材料核算子系統，用來進行與材料有關的採購、收發核算工作，並計算材料採購成本及差異（採用計劃成本法對原材料進行核算時需要），反應和監督材料的收發、領用、儲存等情況，計算產品或者部門材料的耗費情況。其主要功能包括：輸入材料入庫憑證、發料憑證以及委託加工憑證，自動登記材料採購明細帳、庫存材料明細帳，並定期編製材料收發存匯總表等。

3. 固定資產核算子系統

固定資產核算子系統，用於輸入固定資產卡片，根據原始憑證自動登記固定資產明細帳，每月編製折舊分配表。

4. 成本核算子系統

成本核算子系統，按一定的成本計算對象和標準對費用進行歸集和分配，並計算出成本計算對象的總成本，編製成本報表。

5. 往來管理子系統

往來管理子系統，專門負責組織各企事業單位的往來款項，其數據來源於總帳子系統。其功能包括往來目錄管理、往來業務查詢和核銷、帳齡分析等。

6. 銷售核算子系統

銷售核算子系統，專門負責產成品入庫、出庫和結存的核算和產品銷售收入、銷售費用、相關稅金、利潤等核算，並將有關憑證轉入總帳子系統。

7. 工資核算子系統

工資核算子系統，用於輸入職工工資標準以及考勤記錄、扣款等基礎數據，系統會自動計算職工實發工資、應發工資，完成職工薪酬的匯總、分配、福利費的提取等工作，輸出工資結算單，自動生成工資核算有關憑證。

8. 會計報表子系統

會計報表子系統，根據總帳子系統有關憑證、帳簿的數據，自動生成財務會計報表，包括資產負債表、利潤表、現金流量表等。根據企業內部管理的需求，該系統也可以自行設計內部報表，自動從帳務處理系統提取相關數據，進行會計信息分析等。

(二) 會計管理決策系統

1. 全面預算子系統

全面預算子系統，根據不同的管理理念採用不同的預算編製方法，以實現企業目標利潤為目的，以銷售預測為起點，對未來特定時期的生產、成本、現金收支等進行預測。

2. 資金預測子系統

資金預測子系統，是指根據企業生產經營的需求，對未來某一特定時期所需資金的估計和推測。

3. 短期經營決策子系統

短期經營決策子系統，是指根據不同的決策方法對企業內的生產經營活動在兩個或兩個以上方案中作出選擇。

4. 成本控制子系統

成本控制子系統，是根據不同的成本控制目的，採用不同的成本控制方法對產品進行事前、事中、事後控制，分析實際成本與標準成本的差異，找出成本變動的原因，為成本決策提供依據。

5. 存貨控制子系統

存貨控制子系統，是根據不同的存貨控制方法分析構成存貨成本的各項目，得出最適當的存貨儲存數量，使庫存存貨的成本總額最小化。

6. 長期投資決策子系統

長期投資決策子系統，是指根據不同的決策方法對企業長期投資方案進行測算、對比和分析，從中選擇最優的方案。

7. 銷售利潤預測分析子系統

銷售利潤預測分析子系統，是指根據預測的對象、目的、時間選擇不同預測方法，在銷售預測的基礎上，通過對銷售費用以及其他對利潤產生影響的因素進行分析，對未來銷售和可實現利潤作出預測和分析。

第三節　會計信息系統的應用管理

一、會計信息系統的組織與規劃

會計信息系統的組織與規劃是開展會計信息系統工作順利與否的關鍵性因素，可從以下幾方面予以關注：

(一) 領導的參與與支持

任何系統的實施，首先都應進行規劃。而會計信息系統的總體規劃，不僅涉及財會部門，也涉及相關聯的部門，為了更好地對各利益主體進行協調，會計信息系統的總體規劃需要單位領導的參與與支持。由單位領導牽頭組建強有力的核心小組，專門制訂會計信息系統實施規劃，負責組織會計信息系統的建立、制定會計信息系統的管理機制以及組織相關會計人員的培訓。此外，單位領導的參與，有利於其真正理解規劃會計信息系統的內涵與對單位發展的重要意義，從而全力支持單位會計信息系統的構建，協調好各方面的工作，把握規劃的正確方向。

(二) 資金和技術的支持

會計信息系統是一項高投入、高技術、高風險的系統工程。

其資金需求主要有三大類：一是設備費，包括軟、硬件等；二是人工費用，包括系統的開發費、相關人員的培訓費用等；三是變動費用，包括系統投入使用后，須消耗的打印紙、磁盤、管理人員工資、系統更新維護等費用。

技術方面，主要考慮計算機的內、外存容量，主頻速度、聯網能力、輸入、輸出設備可靠性和安全性等方面是否滿足會計信息系統數據處理的要求；網路和數據庫的可實現性如何；數據傳送與通信能否滿足用戶要求等。

因此，規劃會計信息系統時需要通過對資金需求的分析作出概略預算，以便領導對系統開發與否做出決策，並籌集安排所需資金。此外，還需要通過技術分析確定系統開發的高度，制訂開發計劃。

(三) 科學合理的組織管理

會計信息系統的開發「三分靠技術；七分靠管理」。科學合理的計劃管理是搞好會計信息系統開發的前提，制訂的計劃應詳盡，對在一定時期內要完成的工作有一個具體合理的安排，並按計劃循序漸進、分步實施的原則進行，有計劃、有步驟地安排工作。此外，也需要科學合理的管理體制，只有在合理的管理體制、完善的規章制度、配套的科學管理方法等基礎之上，才能作出高質量的會計信息系統的總體規劃。

(四) 培養配備複合型人員

會計信息系統涉及會計、計算機、通信、管理等多個學科的知識，因此，參與會計信息系統的人員應具備相應的知識結構。但當前我國缺乏相應的複合型人才，這就需要傳統會計人員、計算機專業人員及高級管理人員多討論、多學習，通過密切配合來完成相應的任務。當然，對會計信息系統中的不同人員素質的要求還是會因工作內容的不同而各有側重。

二、會計信息系統的取得

會計信息系統的取得，必須經過詳細嚴謹的軟件選擇過程。會計軟件的取得，主要有幾種方式：購買商品化會計軟件、自行開發會計軟件、委託其他單位開發會計軟件、與其他單位合作開發會計軟件。

(一) 購買商品化會計軟件

商品化會計軟件，是指專門的軟件公司研製的，在市場上對外銷售的會計軟件。如金蝶、用友、金算盤、小蜜蜂等會計軟件，它們一般都屬於通用會計軟件。

1. 商品化會計軟件的特點

（1）通用性。通用性包括縱向通用性和橫向通用性。其中縱向通用性，是指軟件能適應同一個單位不同時期的會計工作需求；橫向通用性，是指軟件能滿足不同單位會計業務的不同需求。

（2）保密性。保密性，是指商家不用向購買軟件的用戶提供源程序代碼，提供的是已經編譯並加密的會計軟件，是商家對購買商品化會計軟件用戶的保密性。

（3）軟件由商家統一維護與更新。由於商家對銷售的商品化會計軟件已加密，即使有相關技術人員，用戶幾乎不可能對會計軟件進行維護。商品化會計軟件的維護與更新一般通過由會計軟件的廠商或指定單位來實現。

2. 商品化會計軟件的選擇

一般來說，單位在購買商品化會計軟件時，應從以下幾個方面去考慮：

（1）根據單位業務量和規模選擇商品化會計軟件，瞭解軟件功能是否滿足本單位業務處理的要求，結合本單位計算機的硬件性能考慮可以在硬件上運行的會計軟件。

（2）瞭解軟件是否通過了財政部門的評審，考察商品化會計軟件是否符合國家統一標準。

（3）考察軟件系統設置的靈活性、開放性與擴展性。軟件與其他信息系統的數據交換功能以及二次開發功能對於適應單位不斷變化的管理工作是非常重要的。

（4）考察會計軟件的運行穩定性、效率性和易用性。軟件運行的穩定性是軟件質量和技術水平的體現，如果軟件在運行時經常死機或非法中斷，勢必會影響會計信息系統的運行效果和數據的安全性。同時，會計信息系統是一個人機交互系統，其易學易用性也是一個必須考慮的因素，它關係到會計人員能否順利掌握該軟件，能否順利開展工作。

（5）考察軟件開發商的發展前景和售後服務。軟件開發商的研發水平、售後服務體系是否健全等對選用的會計軟件能否順利投入實際使用，今后軟件運行過程中出現問題能否得到即時解決至關重要。

（二）需要開發的其他會計軟件

購買商品化會計軟件相對而言省時省錢，但該方法也存在一些不足。由於商品化會計軟件一般都是通用的，考慮的問題比較多，難以兼顧個別用戶會計工作的特殊需求。這就占用了較大的計算機系統資源；為了使通用的會計軟件專用化，操作者初始化工作量大。鑒於此，有的單位為滿足自身需求，會採用開發會計軟件的方式，具體方式可以分為：自行開發、委託其他單位開發或與其他單位合作開發。

需要開發的會計軟件是根據單位需求來進行的，具有專用性、易用性強的特點，但也存在一定的局限性，如技術要求高、軟件開發週期長、費用高、軟件的應變能力不強等。

三、會計信息系統的實施重點

基於會計信息系統的現狀，結合系統功能要求，各單位應將完善基礎、創造環境、完善會計信息系統內部控制，完善和發展會計信息系統作為會計信息系統實施的重點。

(一)完善基礎、創造環境

推進會計信息系統的建設，首先要完善單位管理的各種基礎，包括系統條件、業務標準、專業人員等。單位的信息系統環境及配置是否選擇恰當，將直接影響信息系統運行狀況好壞；業務流程中的業務標準及處理規則的嚴密性、規範性，則影響信息系統提供的準確性和時效性；通過對各職能部門的相關人員進行業務培訓，使其掌握信息系統的基本知識和使用方法。

會計綜合能力的提高涉及單位的各個部門和各個管理環節，需要領導的重視與支持，也需要各部門相關人員的用心參與，共同創造良好的工作環境，協調解決好相互協作中遇到的問題。

(二)完善會計信息系統內部控制

完善的內部控制是保證會計信息質量的重要環節，在會計信息系統設置與實施過程中必須充分考慮。

首先，對會計信息系統各類會計崗位人員應按系統授權要求重新劃分，按照權責利相結合的原則建立崗位責任制。對會計軟件的開發人員、維護人員、出納人員、會計業務處理人員等進行合理的崗位分工，形成系統設計維護、帳務處理、專業核算等工作崗位，堅持不相容崗位相分離的原則。同時，加強會計人員的誠信教育，積極引導會計人員在會計工作中恪守會計職業道德。

其次，應加強對會計信息系統操作和維護的控制，制定一套完整而嚴格的操作和維護規程，包括操作的具體流程，各環節的分工和職責，維護的時間、內容、程序等，保證會計軟件操作的規範化和運轉的安全性。

再次，建立和完善對會計信息系統的即時監控。企業實施會計信息系統後，日常經營管理活動幾乎完全依賴系統進行，系統的正常安全運行將直接關係到企業的經營。為確保系統的正常運行，應建立即時監控制度，隨時掌握系統的運行情況，防止非法使用和惡意攻擊可能造成的破壞。同時，應設立必要的預警保護措施，遇有可疑情況，系統會發出預警並進入自動保護狀態，以保證系統的安全。

最後，加強會計信息系統會計檔案的管理。存儲會計數據和程序的介質，例如日常數據的備份，打印輸出的各種會計憑證、會計帳簿、會計報表等，均應由專人按相應的制度規定進行保管。所有會計檔案均應做好防火、防潮、防塵、防盜等工作，並定期盤點整理。

(三)完善和發展會計信息系統

不斷地對會計信息系統進行完善，是會計信息系統真正發揮作用的保證。

由於會計環境經常發生變化，會計信息系統應增強對環境的適應能力。這樣，當會計環境發生變化時，可只需修改部分信息生成規則而無須對整個會計信息系統進行修改甚至重新設計。而經濟環境的變化，也會使信息使用者對會計信息提出新的需求，會計信息系統的開發維護人員應能及時進行信息指標體系的調整，最大限度地滿足信息使用者對會計信息的需求，更好地體現會計信息系統的價值，為企業的發展服務。

會計信息系統的發展離不開信息技術的發展，但先進的信息系統只能是保持當時條件下的先進性，因此，也應隨著信息技術的發展，及時調整和完善會計信息系統的

功能，使其發揮更好的作用。

思考題：

1. 什麼是會計信息系統？請簡述其發展。
2. 簡述會計信息系統的構成。
3. 什麼是商品化會計軟件？它有何特點？選擇商品化會計軟件需要考慮哪些問題？
4. 企業在實施會計信息化時需要關注哪些方面？

國家圖書館出版品預行編目(CIP)資料

會計學原理 / 劉衛，蔣琳玲 主編. -- 第一版.
-- 臺北市：崧博出版：財經錢線文化發行，2018.11

　面 ；　公分

ISBN 978-957-735-533-1(平裝)

1. 會計學

495.1　　　　107016292

書　　名：會計學原理
作　　者：劉衛、蔣琳玲 主編
發行人：黃振庭
出版者：崧博出版事業有限公司
發行者：財經錢線文化事業有限公司
E-mail：sonbookservice@gmail.com
粉絲頁　　　　　　網　址：
地　　址：台北市中正區延平南路六十一號五樓一室
8F.-815, No.61, Sec. 1, Chongqing S. Rd., Zhongzheng Dist., Taipei City 100, Taiwan (R.O.C.)
電　　話：(02)2370-3310　傳　真：(02) 2370-3210
總經銷：紅螞蟻圖書有限公司
地　　址：台北市內湖區舊宗路二段 121 巷 19 號
電　　話：02-2795-3656　傳真：02-2795-4100　網址：
印　　刷：京峯彩色印刷有限公司（京峰數位）

　　本書版權為西南財經大學出版社所有授權崧博出版事業有限公司獨家發行電子書及繁體書繁體版。若有其他相關權利及授權需求請與本公司聯繫。
定價：450 元
發行日期：2018 年 11 月第一版
◎ 本書以POD印製發行